Los ojos manipuladores del dragón

Los ojos manipuladores del dragón

JUAN DE LA CRUZ

Para realizar pedidos de este libro, contacte con:
Palibrio LLC
1663 Liberty Drive
Suite 200
Bloomington, IN 47403
Gratis desde EE. UU. al 877.407.5847
Gratis desde México al 01.800.288.2243
Gratis desde España al 900.866.949
Desde otro país al +1.812.671.9757
Fax: 01.812.355.1576
ventas@palibrio.com
451928

ÍNDICE

Dedicatoria 9
Preámbulo 11

1 Introducción 13
2 Antecedentes históricos y tecnológicos 20
3 Efectos e Influencia del Primer Ojo del Dragón; El Cine 83
4 Efectos e Influencia del Ojo más Potente del Dragón;
   La Televisión 138
5 La telaraña del Dragón; el Internet y su influencia 157
6 Efectos e Influencia del Ojo más Inteligente del Dragón;
   La Computadora 208
7 Efectos e Influencia del Ojo más Popular del Dragón;
   el Celular Inteligente 221
8 Efectos e Influencia del Ojo más Joven del Dragón;
   La Tableta Electrónica 236
9 Efectos e Influencia del Ojo más Agresivo del Dragón;
   El Videojuego 243
10 Influencia de los Comerciales a través de los Ojos
   Manipuladores del Dragón 256
11 Influencia de la genética humana en la violencia social 272
12 Cómo afrontar la violencia sin morir en el intento 279
13 Bibliografía 305

El peligro que encierran las imágenes del cine, la televisión, la computadora, el videojuego, el tablet, el celular y el Internet en un mundo por naturaleza violento.

Dedicatoria

A Dios, porque gracias a él tengo la dicha de existir y poder contribuir en nuestra sociedad a contrarrestar este gran problema.

A mi madre, por haber sido mi soporte y por haberme dado la fortaleza para afrontar las adversidades de la vida.

A mis hijos e hijas, a mi nieta, a mis sobrinos y sobrinas, a mis ahijados y ahijadas, y a toda la niñez y la juventud del mundo real y virtual.

En espera de que este libro les ayude a hacer consciencia y no dejarse hechizar por

"Los Ojos Manipuladores del Dragón".

Preámbulo

Consciente de que la libre difusión de información y comunicación son un derecho inalienable reconocido en la Declaración Universal de los Derechos Humanos, según las siguientes citas: "Todo individuo tiene derecho a la libertad de opinión y de expresión, lo que implica el derecho a no ser molestado por expresar sus opiniones y por buscar, recibir y propagar, sin consideración de fronteras, informaciones y opiniones por cualquier medio de expresión".

"Consciente de que vivimos en un mundo de ideas que chocan, se entrecruzan y a veces se organizan.

A sabiendas de que debe existir la más completa libertad para profesar y discutir cualquier doctrina, como forma de convicción ética.

Convencido de que el peculiar daño de acallar la expresión de una opinión, equivale a despojar a la raza humana de la oportunidad de cambiar el error por la verdad".

Analizo las opiniones de los diferentes tratadistas, escritores y especialistas de la materia y otras diferentes disciplinas para luego expresar mis consideraciones acerca de los "Efectos, Influencia y Peligros de los Medios Audiovisuales de Información y Comunicación de la sociedad moderna."

1

Introducción

Con el transcurso del tiempo la historia de la humanidad ha venido registrando avances extraordinarios en el desarrollo de la ciencia y la tecnología; unas veces inventando y otras innovando los ya existentes, hasta lograr desarrollar los más avanzados e influyentes Medios Audiovisuales de Información y Comunicación de Masas de todos los tiempos: el cine, la televisión, la computadora, la tableta electrónica, el celular inteligente, los videojuegos y el internet.

Estos Medios Audiovisuales de Comunicación Masiva han penetrado en la vida social de la humanidad ejerciendo un control absoluto en los individuos que la componen. Por lo cual es imperioso hacer un análisis bien profundo de las razones y circunstancias por las cuales estos medios ejercen tanta influencia en la vida individual y colectiva de los seres humanos, a todo lo largo y ancho del globo terráqueo.

Analizaremos los efectos positivos y los negativos de cada uno de estos medios, por separados y en conjunto, ya que estos instrumentos tecnológicos, aunque tienen identidades propias, cada uno, están llamados a actual unificados como un solo instrumento de manipulación social a través de las redes tecnológicas del Internet.

También analizaremos las razones por las cuales estas pantallas se han adueñado de nuestra interacción social y familiar, de las mentes de nuestros hijos e hijas y de nosotros mismos, de forma tal, que se han constituido en los dueños de nuestros tiempos; ellos nos ordenan que hacer, que comer, que beber, que comprar, que moda usar, que carro manejar, que ver, que decir, cómo "divertirnos", y cómo actuar, en otras palabras ellos manejan nuestras vidas a su antojo.

Demostraremos cómo hemos pasado, de forma inconsciente, de una mediana pantalla que la familia veía en la sala de estar o en el cuarto de la tele, a una casa con las paredes de cada habitación repletas de pantallas; un televisor, una computadora, un celular y una tableta para cada miembro de la familia, y una señal de internet que cuando se va, nos lleva la vida.

Es decir, hemos pasado a tener viviendas tecnológicas caracterizadas por cuartos repletos de televisores, videoconsolas, tabletas, celulares y computadoras; de una interrelación familiar sólida en donde todos sentados en un cuarto veíamos un mismo programa en un televisor, a un individualismo en donde cada uno ve un programa o película diferente en su propio cuarto, y de una sociedad de interacción personal a una sociedad virtualizada en donde hasta el papa de la Iglesia Católica ofrece y da indulgencias a través de las redes sociales. También las tiendas, el banco, el supermercado, las oficinas del gobierno, los amigos, los familiares, el novio o la novia, la iglesia y el mundo global están en el ágora virtual del Internet, a solo un clic. Lo que hace la vida más fácil y más ligera, pero a la vez mucho más peligrosa para las generaciones que vienen creciendo, si no se le sabe orientar acerca del uso correcto o adecuado de estos medios; de sus bondades y sus peligros.

Analizaremos los hechos y las circunstancias que han convertido estos medios tecnológicos en "Jueces Supremos de la Tierra", son ellos quienes deciden y dictan modas, consumos y modelos de vida, por doquier. Establecen que es lo correcto y qué es lo incorrecto, y deciden cuales son los hechos importantes y trascendentes del mundo. Estos medios son considerados como únicos portadores de la verdad. La Opinión Pública, hoy en día, está formada por dichos medios.

Hoy vivimos en una sociedad cada vez más consumista y donde los valores éticos y morales tienen muy poca importancia, porque así lo dictan, cada segundo, las pautas de las programaciones de estos medios. El esplendor que han alcanzado estos medios de comunicación es una consecuencia de la sociedad en que vivimos y ésta a su vez, es consecuencia del auge alcanzando por estos medios de comunicación e información.

Responderemos inquietudes tales como ¿Por qué la mayoría de las personas pasan más del 95% de su tiempo hábil frente a una pantalla, ya sea jugando videojuegos, mirando televisión, texteando, twiteando, chateando o subiendo fotos de la más mínima actividad de su vida, a través de un "Smartphone", en vez de leer un libro o conversar con alguien en persona? Todos estamos conscientes de que ya no nos sentamos a conversar e interactuar con otras personas cara a cara, el termino actual es "conéctate para que chateemos", el otrora hábito de lectura de libros hace tiempo que pasó al desuso para la gran mayoría de personas, y los que lo siguen haciendo son vistos como entes extraños.

Veremos por qué, actualmente, aun viviendo en una misma casa, las personas se comunican a través de mensajes de textos o por el internet, ya sea por la computadora, la tableta electrónica, el celular inteligente, la consola de videojuegos o la nueva televisión inteligente. La fiebre del celular y de la tableta electrónica ha llegado tan lejos que usted puede fijarse en cualquier oportunidad en donde haya una reunión de personas en una sala de espera, y veras que todos están concentrados, con la mente, los ojos y los dedos en el aparato electrónico. La impersonalización de la comunicación y el entretenimiento virtual están tan enraizados en nuestras mentes, que teniendo la persona frente a frente, preferimos textearle lo que queremos decirle.

Analizaremos cómo los Medios Audiovisuales de Comunicación Masiva aunque nacieron en un momento de cambio acelerado por el desarrollo de una sociedad industrializada que trajo consigo la demanda de una comunicación más rápida y eficaz -con mayor información y mayor entretenimiento- se ha venido constituyendo en un sistema estructural sostenido en donde nunca los avances posteriores han eliminado por completo la influencia de los medios precedentes, sino que se han superpuesto a ellos y han seguido coexistiendo juntos, llegando, en algunos casos, a fusionarse y complementarse unos a otros. Es así como la televisión a pesar de ser el más avanzado de estos medios, al igual que todos los medios de nueva tecnología han incorporado la difusión de películas creadas por el cine, que es el más antiguo de todos, y también se han fusionado con la computadora y el internet, así también la mayoría de las películas del cine y la televisión son adaptaciones hechas de obras impresas.

También es justo considerar cómo al mismo tiempo que la televisión, la computadora, la consola de videojuegos, la tableta electrónica, y el celular inteligente son considerados como la manera más rápida y eficaz para transmitir un mensaje en la sociedad moderna, también pueden constituirse en los medios más eficaces para manipular la conciencia de los individuos de esa misma sociedad. Me hago eco de algunos analistas que plantean que es a través de estos que los sectores de poder, políticos y económicos, imponen su voluntad sobre cada uno de los individuos que conforman la sociedad, pudiendo manipular las partes positivas y negativas de un hecho histórico específico desde su propia perspectiva.

Aprenderemos cómo en pleno siglo XXI estos medios audiovisuales de comunicación ejercen una influencia innegable en la sociedad, manipulando, cada vez más, la conciencia de gran parte de la humanidad, y creando una sociedad de consumo que obliga a los individuos a gastar más dinero del que ingresan, por lo cual vivimos sometidos a una deuda eterna; El producto que te venden hoy como el más avanzado te lo presentan mañana como obsoleto, a través de una espiral publicitaria en la cual es fácil entrar pero casi imposible salir.

Veremos cuan manipulador es el efecto de estos Medios Audiovisuales de Comunicación e Información y cómo moldean nuestras conciencias y nos hacen creer, soñar y pensar a la voluntad del productor, del creativo del medio o de la censura del poder político y económico. También, ¿cómo nos están obligando a vivir en una sociedad saturada de desinformación y falta de conocimientos de importancia social?

Sin embargo, este libro también está llamado a resaltar el incuestionable poder de socialización y educación de los medios audiovisuales de comunicación, muy especialmente el de la red de comunicación virtual, que tiene un efecto de persuasión sutil pero aglutinante. Hoy en día, el sistema de medios audiovisuales es la principal herramienta de persuasión que jamás haya existido, a través de éste se puede informar y educar de la manera más eficaz y sutil, aunque actualmente esté siendo usado para lo contrario; desinformar, ya que de esta forma produce más dinero, y de eso se trata en el mundo moderno.

Haremos consciencia de que estos medios de información y comunicación son la principal fuente de socialización con que cuenta la humanidad y, de los grandes riesgos que conlleva el haberlos convertido en fuentes de desinformación para deshumanizar, en un mundo donde la cultura y los valores éticos y morales no venden, porque la violencia, el sexo y la corrupción la llevamos en nuestros genes. Somos atraídos por las imágenes con contenidos violentos, agresivos, morbosos, sexuales, antisociales, etc., y es por esta razón que hoy en día estos medios de comunicación a través de las películas, algunos programas, noticieros y videojuegos han hecho de la cultura de la violencia su regla básica. Estos medios nos muestran en vivo y directo guerras, catástrofes y todo tipo de atrocidades, constituyéndose en la mejor terapia para desarrollar el gen de la violencia.

Expondremos cómo el perfil de la audiencia ha provocado, paulatinamente, que los videojuegos, noticieros, películas y series televisivas estén cargados de violencias, asesinatos, robos, atracos, violaciones, corrupción, masacres, etc. Cómo algunos de estos medios, incluso, les permiten a los usuarios interactuar en la generación de dicha violencia, y crear un mundo virtual con una conciencia colectiva "real" bajo la ideología de "que viva el más fuerte, el más bravo, el más insensato, el más depredador, el más avaro y el más inhumano. Un mundo en el que al parecer su creador antes de subir al cielo les dijo: *"me voy y los dejo, para que el más vivo viva del más pendejo"*.

Veremos algunos modelos culturales desfasados de la realidad, que están basados en valores falsos, pero que son utilizados por los medios audiovisuales de comunicación porque son los que cautivan la audiencia y generan mayores riquezas, aún sin importar que esto sea en detrimento de la sociedad a la cual ellos mismo pertenecen y en la cual crecerán sus hijos e hijas y todas sus descendencias. Siendo así, como los dueños, directores y productores de los Medios Audiovisuales de Comunicación de Masas y Videojuegos se han aprovechado de la psicobiológica condición innata en el ser humano que nos hace ser atraídos por el morbo y la violencia, reforzando una cultura en la cual la violencia, el sexo y el morbo se incrementan para hacerlos cada vez más atractivos. La audiencia disfruta al contemplar una película de terror, horror, morbo, sexo y violencia. Incluso los dibujos animados hoy son tan violentos como las películas para adultos. Los videojuegos presentan al grado máximo la violencia al mismo tiempo que enseñan una y otra vez a niños, niñas, jóvenes y adultos, cómo ser el más depredador, el más despiadado asesino, cómo se planean secuestros y robos, cómo se maneja un automóvil violando todas las leyes de tránsito, etc.

Analizaremos algunos estudios que han tratado este tema, especialmente uno que demuestra que durante un mes normal un individuo que ve televisión regularmente está expuesto a ver unos 3000 asesinatos y unos 1000 secuestros, torturas y robos. No existe ninguna película, ya sea para niños o adultos, que no tenga algún tipo de violencia ya sea verbal o física. Sin embargo, el mayor problema no está en las películas, sino en la falta de control de las autoridades competentes para regular las transmisiones de éstas, y a esto se suma algo más importante aún: *la falta de control y supervisión por parte de los padres o tutores para no permitir la recepción de materiales con violencia, morbo o sexo a los niños, niñas, jóvenes y personas adultas con algún tipo de patología psicosomática.*

De acuerdo a la comisión de Derechos Humanos y las leyes de difusión y expresión del pensamiento, los Medios Audiovisuales de Comunicación Masiva y los Videojuegos tienen absoluta libertad para proyectar en la pantalla los diferentes tipos de acontecimientos históricos o ficción que ayuden a cautivar audiencia para sus medios, aunque estos expongan métodos para dañar, matar y humillar individuos o grupos de la sociedad. Gracias a estas exposiciones los espectadores hemos hecho los asesinatos, los robos, los secuestros y la violencia parte de nuestro día a día. Vivimos en un mundo en donde la exposición de la violencia es tan normal que la vemos cuando comemos, al levantarnos, al acostarnos y por doquier. Como espectadores nos emocionamos ante la expresión de desastre, cual si fuera nuestro deporte favorito. Las Pantallas de estos medios audiovisuales de comunicación masivas se han constituido en "Los Ojos Manipuladores del Dragón", y con el paso del tiempo se constituirá en "La Bestia de un solo ojo que todo lo ve y lo controla".

Finalizaremos haciendo un análisis sobre el incremento de la violencia en la sociedad y, si el incremento de la violencia en la sociedad es fruto de las imágenes violentas expuesta por los Medios Audiovisuales de Comunicación, o si por el contrario, las imágenes expuestas en los Medios Audiovisuales de Comunicación son la secuela de la violencia en la sociedad. ¿Es el Hombre violento por naturaleza o los medios audiovisuales de comunicación lo están enseñando a ser violento? ¿Los Medios están creando violencia en el Hombre? o ¿Está el Hombre creando violencia en los Medios?

2

Antecedentes históricos y tecnológicos

De acuerdo a la Academia de la Lengua Española, comunicación es el proceso mediante el cual se transmite información de una entidad a otra. Siendo este proceso una interacción mediada por signos entre, al menos, dos agentes que comparten un mismo repertorio de signos y tienen unas reglas semióticas comunes, por ambos conocidas.

Según los analistas de la ciencia de la comunicación, la primera forma de comunicación masiva empleada por los seres humanos fueron los dibujos de arte rupestre. Millones de años más tarde, la civilización humana logró el desarrollo del sistema formal de escritura que marcó el hito que dio inicio a la redacción de la historia de la humanidad y a su desarrollo como tal.

En el período intermedio entre la expresión rupestre y la escritura existía la necesidad de almacenar de alguna forma en la memoria colectiva e individual toda clase de información, a través de la narrativa o romance popular, los cuales contenían historias, nombres, mitos, etc., y se clasificaban de la siguiente manera:

- Los nombres de lugares y personas: Los nombres propios hacían referencia a nombres de los diferentes canales y lugares, a pesar de ser limitados, eran clave para memorizar qué existía en el sitio mencionado.

- Las fórmulas: Introducción oral breve y acompañada de música, a partir de la cual se enganchaba una exposición extensa de todo aquello que se recordaba. Se utiliza en el aprendizaje ya que resultaba una fórmula fácil y sencilla.

- La poesía: Histórica, religiosa, mitológica, etc. solían ser musicales, teniendo ritmos muy definidos.

- Las narraciones: Históricas, personales, introducciones a historias más grandes pero que contienen mucha información histórica.

- Los repertorios legales o de otra índole: Son las más raras, escasas, ya que ocupan mucha memoria.

Estas narrativas se transmitían de boca en boca hasta que se logró el desarrollo de la escritura, el cual trajo consigo cambios socio económicos y culturales que permitieron el avance tecnológico fundamental para la invención de los distintos medios de comunicación de masas, que tenemos en la actualidad, comenzando por el primero de todos, la imprenta mecánica. Pero debo resaltar que aún varios siglos después de la invención de la escritura la gran mayoría de la sociedad siguió comunicándose a través de los llamados "Romances populares", ya que muy pocas personas sabían leer y escribir aún a comienzo del siglo XX.

Con la invención de la imprenta mecánica se logró la reproducción de textos e imágenes, a través de la fijación de cierta cantidad de tinta transferida sobre el papel desde una plancha metálica. Antes del desarrollo de la imprenta mecánica los monjes que se especializaban en la escritura y reproducción de textos bíblicos tardaban hasta diez años en hacer la reproducción de un solo ejemplar y es en el marco de esta situación que un alemán de nombre *Juan Gutenberg* expreso su capacidad de imprimir varias copias de la Biblia en menos de la mitad del tiempo del empleado por un monje eficaz en el proceso de copiado de libros, y con la misma calidad que el manuscrito. Este proyecto que fue financiado con dinero de su amigo **Johann Fust**, comenzó sin ninguno de ellos ser consciente de lo que éste invento representaría para el futuro de la humanidad.

"Gutenberg, en su labor de impresor, creó su famoso incunable Catholicon, de Juan Balbu de Janna. Pocos años después, imprimió hojas por ambas caras y calendarios para el año 1448. Además, junto a su amigo Fust editaron algunos libritos y bulas de indulgencia y en particular, aquel monumento de la imprenta primitiva, la Biblia de las 42 líneas, en dos tomos de doble folio, de 324 y 319 páginas respectivamente, con espacios en blanco para después pintar a mano las letras capitulares, las alegorías y viñetas que ilustrarían coloridamente cada una de las páginas de la Biblia."(La Imprenta, wikipedia.com)

A partir de mediado del siglo XIII, la imprenta alcanzó gran auge en toda Europa y comenzó a expandirse por el recién "descubierto" continente americano. La primera obra impresa en la Nueva España fue "Escala espiritual para subir al Cielo" de San Juan Clímaco en 1532.

Fue de esta manera como comenzó el primer medio de comunicación masiva a ejercer influencia en la sociedad. Gracias al desarrollo de la imprenta las personas podían tener acceso a muchas informaciones a través de los libros y otros medios impresos, y se hizo inminente la necesidad de que todas las personas se preocuparan por aprender a leer. Aunque en un principio éste era un lujo que solo podían tener algunos miembros de la iglesia y de la clase noble.

Pocos inventos han tenido una influencia tan positiva en la sociedad como lo ha tenido desde su comienzo la imprenta en la propagación de las artes, las ciencias, la literatura y la información. Aunque en la actualidad otros medios de comunicación de masa le han quitado protagonismo a la imprenta, ésta se ha seguido sosteniendo y desarrollando de tal forma que hoy día el concepto de impresión de imagen es mucho más complejo y se emplean diversas tecnologías que se combinan para hacen posible la reproducción mediante múltiples métodos de impresión como la xerografía, la flexografía, la fotolitografía, la serigrafía, el huecograbado, la litografía, el alto grabado, la fotografía electrolítica, la impresión offset, y los métodos digitales.

Pero a pesar de la gran influencia que ejercen los medios de comunicación impresos y la radiodifusión en la sociedad, no menos cierto es que hoy día vivimos en un mundo de imágenes digitales las cuales son proyectadas hacia todos los lados y ángulos de la sociedad de una forma incontenible provocando lo que yo llamo: "Efectos e influencia de los Medios Audiovisuales de Comunicación de Masas - Televisión, Cine, Videojuego, Computadora, Tableta Electrónica, Celular Inteligente e Internet -, en las diversas sociedades del mundo."

2.1. Orígenes y evolución del Cine.

En 1895 los hermanos Lumiere realizaron las primeras exhibiciones con una técnica de proyectar fotogramas de forma rápida y sucesiva que crea la impresión de movimiento llamada cinematografía la cual con el paso del tiempo le arrebató el protagonismo a la imprenta como principal medio de influencia masiva en la sociedad. A ésta proyección de imágenes en movimiento se le llama película y al lugar o sala en donde se proyecta se le llama cine al igual que la forma abreviada del nombre de la técnica; **cine**matografía. En la actualidad existen "proyectores cinematográficos digitales" que proyectan una imagen generada por medios digitales, sin hacer uso de una película, pero sí del haz de luz y de las lentes.

El Cine es una forma de narrar historias o acontecimientos por lo cual es considerado como un arte, y de hecho se le denomina como el séptimo arte. No obstante, debido a la diversidad de películas y a la libertad de creación, es complejo definir lo que es el cine en la actualidad. Sin embargo, las creaciones cinematográficas que se ocupan de la narrativa, guionísmo y montaje son consideradas manifestaciones artísticas.

En realidad el desarrollo del cine se logró como consecución de una larga cadena de inventos y descubrimientos en torno a la fotografía. El hechizo que causaba la proyección de sombras chinescas o dibujos de lejanos países mediante lámparas mágicas se unió a los avances de la fotografía. Aunque como fenómeno de masas, hemos hablado del nacimiento del cine con los hermanos Lumiere, debemos estar claros que éstos lo que hicieron fue perfeccionar el kinetoscopio de Thomas Alva Edison. Además hubo muchos otros inventos que giraron en torno a cómo captar el movimiento. Thomas Alva Edison fue también el creador del formato cinematográfico por excelencia, el de 35 mm, sobre un soporte de nitrato de celulosa.

El formato de pantalla ancha aparece en Hollywood a fines de la década de 1920, en diversos cortos e informativos para cine. Su estreno coincide con el boom de las películas en 3 dimensiones y la utilización de lentes estereoscópicas de color rojo y azul (anáglifo), estrenadas en 1915. Durante la Gran Depresión de la década de 1930 los estudios se vieron obligados a utilizar formatos de pantalla ancha de menor amplitud para bajar sus costos, pero fue hasta comienzos de la década 1950, ante la arrolladora irrupción de la televisión, que los estudios volvieron a utilizar relaciones de aspecto mayores. En 1953, la cadena FOX lanzó uno de los procesos de creación de formato de pantalla ancha más populares entre los años 1953 y 1967: el Cinemascope, el antecesor del sistema Panavisión, el más utilizado en la actualidad.

A partir de entonces, comenzó el verdadero desarrollo de la cinematografía con el surgimiento de grandes directores como Murnau, Stroheim y Charles Chaplin. En Estados Unidos se hicieron películas de aventuras, como las de Douglas Fairbanks y dramas románticos como las de Valentino. Sin embargo, las de mayor belleza fueron fruto de la escuela cómica americana nacida a partir de la comedia de Mack Senett, basada en slapsticks y en la estereotipización de figuras sociales como el policía, el gordo, el avaro y el bigotudo burgués. En 1927, se estrenó la primera película con sonido "El cantante de jazz", a partir de la cual el cine tal y como se conocía dejó de existir y de un lenguaje en que primaba la expresividad de segmentos que se contrastaban y juntaban se impuso una mayor continuidad del relato y mayor fluidez argumental. Ese mismo año apareció el doblaje. En 1935 se hizo la primera película a color, "La feria de la vanidad", de Rouben Mamoulian, aunque artísticamente consiguió su máxima plenitud en 1939 con "Lo que el viento se llevó".

El Cine revolucionó la forma en la cual la sociedad acedía a la información, superando la influencia de la imprenta como medio de comunicación. El Cine constituyó el paso de una cultura pasiva, basada en la lectura de libros, a una cultura fundamentalmente dinámica y audiovisual, que más tarde fue reforzada con el desarrollo de la televisión y el internet a través de las redes computacionales, constituyendo el mayor avance a través de las nuevas tecnologías de las computadoras personales, las tabletas electrónicas y los celulares inteligentes.

2.2. Orígenes y evolución de la Televisión.

Los orígenes de la televisión se pueden rastrear hasta Galileo Galilei y su telescopio. Pero, no es hasta 1884, con la invención del Disco de Nipkow de Paul Nipkow cuando se hizo un avance relevante para desarrollarla como un verdadero medio audiovisual. Sin embargo, el avance que traería la televisión tal y como la conocemos hoy, fue la invención del iconoscopio de Philo Taylor Farnsworth y Vladimir Zworkyn. Esto daría paso a la televisión completamente electrónica, que disponía de mucho mejor y mayor definición de imagen así como de iluminación propia.

Las primeras emisiones públicas de televisión las efectuó la BBC en Inglaterra en 1927 y la CBS y NBC en Estados Unidos en 1930. En ambos casos se utilizaron sistemas mecánicos y los programas no se emitían con un horario regular. Las emisiones con programación regular se iniciaron en Inglaterra en 1936, y en Estados Unidos el día 30 de abril de 1939, coincidiendo con la inauguración de la Exposición Universal de Nueva York. Las emisiones programadas se interrumpieron durante la Segunda Guerra Mundial, reanudándose cuando terminó la Guerra.

En 1945 se establecen las normas CCIR que regulan la exploración, modulación y transmisión de la señal de TV. Había multitud de sistemas que tenían resoluciones muy diferentes, desde 400 líneas a hasta más de 1,000. Esto producía diferentes anchos de banda en las transiciones. Poco a poco se fueron concentrando en dos sistemas, el de 512 líneas, adoptado por EE.UU. y el de 625 líneas, adoptado en Europa. También se adoptó muy pronto el formato de 4/3 para la relación de aspecto de la imagen.

A mediados del siglo XX la televisión se convirtió en bandera tecnológica de los países y cada uno de ellos fue desarrollando sus sistemas de TV nacionales y privados. En 1953 se crea Eurovisión que asocia a varios países de Europa conectando sus sistemas de TV mediante enlaces de microondas. Unos años más tarde, en 1960, se crea Mundovisión que comenzó a realizar enlaces con satélites geoestacionarios de cobertura mundial.

La producción de televisión se desarrolló con los avances tecnológicos que permitieron la grabación de las señales de vídeo y audio. Esto permitió la realización de programas grabados que podrían ser almacenados y emitidos posteriormente, tanto como repetidos. A finales de los años 50 del siglo XX se desarrollaron los primeros magnetoscopios y las cámaras con ópticas intercambiables que giraban en una torreta delante del tubo de imagen. Estos avances, junto con los desarrollos de las máquinas necesarias para la mezcla y generación electrónica de otras fuentes, permitieron un gran avance en la producción.

En los años 70 del siglo XX se implementaron las ópticas Zoom y se empezaron a desarrollar magnetoscopios más pequeños que permitían la grabación de las noticias en el campo. Poco después se comenzó a desarrollar equipos basados en la digitalización de la señal de vídeo y en la generación digital de señales, nacieron de esos desarrollos los efectos digitales y las paletas gráficas. A la vez que el control de las máquinas permitía el montaje de salas de postproducción que, combinando varios elementos, podían realizar programas complejos.

El desarrollo de la televisión no se paró con la transmisión de la imagen y el sonido. Pronto se vio la ventaja de utilizar el canal para dar otros servicios. En esta filosofía se implementó, a finales de 'los años 80 del siglo XX el teletexto que transmite noticias e información en formato de texto utilizando los espacios libres de información de la señal de vídeo. También se implementaron sistemas de sonido mejorado, naciendo la televisión en estéreo o dual, dotándola con un sonido de una calidad excepcional.

En tanto el desarrollo de la transmisión de imágenes a color comienza cuando John Logie Baird basándose en la teoría tricromática del fisiólogo Thomas Young, realizó experimentos con discos de Nipkow a los que cubría los agujeros con filtros rojos, verdes y azules logrando emitir las primeras imágenes en color el 3 de julio de 1928. Luego, El 17 de agosto de 1940, el mexicano Guillermo González Camarena patenta, en México y los Estados Unidos, un Sistema Tricromático Secuencial de Campos. Ocho años más tarde, en 1948, el ingeniero estadounidense Peter Goldmark, basándose en las ideas de Baird y Camarena, desarrolló un sistema similar llamado sistema secuencial de campos el cual estaba compuesto por una serie de filtros de colores rojo, verde y azul que giran anteponiéndose al captador y, de igual forma, en el receptor, se anteponen a la imagen formada en la pantalla del tubo de rayos catódicos. El éxito fue tal que la empresa Columbia Broadcasting System, para la cual trabajaba Goldmark, lo adquirió para sus transmisiones de TV.

El siguiente paso fue la transmisión simultánea de las imágenes de cada color con el denominado trinoscopio. El trinoscopio ocupaba tres veces más espectro radioeléctrico que las emisiones monocromáticas y, encima, era incompatible con ellas a la vez que muy costoso.

El elevado número de televisores en blanco y negro exigió que el sistema de color que se desarrollara fuera compatible con las emisiones monocromáticas. Esta compatibilidad debía realizarse en ambos sentidos, de emisiones en color a recepciones en blanco y negro y de emisiones monocromáticas a recepciones en color.

En búsqueda de la compatibilidad nace el concepto de luminancia y de crominancia. La luminancia porta la información del brillo, la luz, de la imagen, lo que corresponde al blanco y negro, mientras que la crominancia porta la información del color. Estos conceptos fueron expuestos por el ingeniero francés Georges Valensi en 1938, cuando creó y patentó un sistema de transmisión de televisión en color, compatible con equipos para señales en blanco y negro.

En 1950 la división de electrónica de Radio Corporation of America (RCA), desarrolló un tubo de imagen que contenía tres cañones electrónicos, los cuales eran capaces de impactar en pequeños puntos de fósforo de colores, llamados luminóforos, mediante la utilización de una máscara, la Shadow Mask o Trimask. Esto permitía prescindir de los abultados tubos trinoscópicos. Los electrones de los haces al impactar con los luminóforos emiten una luz del color primario correspondiente que, mediante la mezcla aditiva, genera el color original. En el emisor se mantuvieron los tubos separados, uno por cada color primario de luz. Para la separación en sus componentes, se hace pasar la luz, proveniente de la imagen, por un prisma dicroico que filtra cada color primario a su correspondiente captador.

A finales de los años 80 del siglo XX se empezaron a desarrollar sistemas de digitalización. La digitalización en la televisión tiene dos partes bien diferenciadas. Por un lado está la digitalización de la producción y por el otro la de la transmisión. En cuanto a la producción se desarrollaron varios sistemas de digitalización. Los primeros de ellos estaban basados en la digitalización de la señal compuesta de vídeo que no tuvo éxito. El planteamiento de digitalizar las componentes de la señal de vídeo, es decir la luminancia y las diferencias de color, fue el que resultó más idóneo. En un principio se desarrollaron los sistemas de señales en paralelo, con gruesos cables que precisaban de un hilo para cada bit, pronto se sustituyó ese cable por la transmisión multiplexada en tiempo de las palabras correspondientes a cada una de las componentes de la señal, además este sistema permitió incluir el audio, embebiéndolo en la información transmitida, y otra serie de utilidades.

Para el mantenimiento de la calidad necesaria para la producción de TV se desarrolló la norma de Calidad Estudio CCIR-601. Mientras que se permitió el desarrollo de otras normas menos exigentes para el campo de las producciones ligeras (EFP) y el periodismo electrónico (ENG).

La reducción del flujo binario de la señal de vídeo digital dio lugar a una serie de algoritmos, basados todos ellos en la transformada discreta del coseno tanto en el dominio espacial como en el temporal, que permitieron reducir dicho flujo posibilitando la construcción de equipos más accesibles. Esto permitió el acceso a los mismos a pequeñas empresas de producción y emisión de TV dando lugar al auge de las televisiones locales.

Las transmisiones de TV digital tienen tres grandes áreas dependiendo de la forma de la misma aun cuando son similares en cuanto a tecnología. La transmisión se realiza por satélite, cable y vía radiofrecuencia terrestre (TDT).

El avance de la informática, tanto a nivel del hardware como del software, llevó a sistemas de producción basados en el tratamiento informático de la señal de televisión. Los sistemas de almacenamiento, como los magnetoscopios, pasaron a ser sustituidos por servidores informáticos de vídeo y los archivos pasaron a guardar sus informaciones en discos duros y cintas de datos. Los ficheros de vídeo incluyen los metadatos que son información referente a su contenido. El acceso a la información se realiza desde los propios ordenadores donde corren programas de edición de vídeo de tal forma que la información residente en el archivo es accesible en tiempo real por el usuario. En realidad los archivos se estructuran en tres niveles, el on-line, para aquella información de uso muy frecuente que reside en servidores de discos duros, el near line, información de uso frecuente que reside en cintas de datos y éstas están en grandes librerías automatizadas, y el archivo profundo donde se encuentra la información que está fuera de línea y precisa de su incorporación manual al sistema. Todo ello está controlado por una base de datos en donde figuran los asientos de la información residente en el sistema.

La incorporación de información al sistema se realiza mediante la denominada función de ingesta. Las fuentes pueden ser generadas ya en formatos informáticos o son convertidas mediante conversores de vídeo a ficheros informáticos. Las captaciones realizadas en el campo por equipos de ENG o EFP se graban en formatos compatibles con el del almacenamiento utilizando soportes diferentes a la cinta magnética, las tecnologías existentes son DVD de rayo azul (de Sony), grabación en memorias ram (de Panasonic) y grabación en disco duro (de Ikegami).

2.3. Orígenes y evolución de la Computadora.

El primer dispositivo mecánico para contar fue el ábaco, cuya historia se remonta 1500 años a.c. Este dispositivo es muy sencillo, consta de cuentas ensartadas en varillas que a su vez están montadas en un marco rectangular. Al desplazar las cuentas sobre varillas, sus posiciones representan valores almacenados, y es mediante dichas posiciones que este representa y almacena datos. A este dispositivo no se le puede llamar computadora por carecer del elemento fundamental llamado programa.

Otro de los inventos de conteo mecánicos fue la Pascalina inventada por Blaise Pascal (1623 - 1662) en Francia y la de Gottfried Wilhelm von Leibniz (1646 - 1716) en Alemania. Con estas máquinas, los datos se representaban mediante las posiciones de los engranajes, y los datos se introducían manualmente estableciendo dichas posiciones finales de las ruedas, de manera similar a como leemos los números en el cuenta kilómetros de un automóvil.

En el año 1947 se desarrolló la primera computadora electrónica de propósito general en la Universidad de Pennsylvania por John P. Eckert y John W. Mauchly, la cual se denominó ENIAC que son las siglas de Electronic Numerical Integrator And Computer (Computador e Integrador Numérico Electrónico), fue utilizada por el Laboratorio de Investigación Balística del Ejército de los Estados Unidos.

Al comienzo de los años 60 del siglo XX se desarrollaron las primeras computadoras elaboradas con transistores y para propósitos generales. En el diseño de estas computadoras se prestó importancia a la velocidad en el cálculo científico, aunque sirvió en muchos otros ámbitos.

Las computadoras comenzaron a desarrollarse a niveles comerciales en la década del 70 del siglo XX, éstas tuvieron una influencia significativa en el desarrollo de secciones en la ciencia de la informática universitaria. La distribución de la Computadora 12-bit PDP-8 abrió las compuertas del comercio de minicomputadoras. Pero es a finales de la década del 80 del mismo siglo cuando las computadoras se pusieron al alcance de los bolsillos de las personas comunes.

A partir de la última década del siglo XX, el uso de las computadoras personales y el Internet se globalizó impactando gran parte del planeta, permitiendo avances como: los sistemas operativos Windows XP, Windows 2000, Windows Vista, Windows 7 y Windows 8, Apple lanza varias versiones del Max OS X entre ellas el Leopard 10.5, así como también se lanzó el MacBook Ais, la laptop más delgada del mundo en ese momento. Luego tenemos los lanzamientos de dispositivos como el iPad y otras tabletas táctiles que cumplen con gran parte de las funciones de una computadora, así como también los celulares inteligentes, los cuales pueden ser enlazados a través del internet al igual que las computadoras.

2.4. Orígenes y evolución del Celular Inteligente.

El teléfono es un dispositivo de telecomunicación diseñado para transmitir señales acústicas por medio de señales eléctricas a distancia. Durante mucho tiempo Alexander Graham Bell fue considerado el inventor del teléfono, junto con Elisha Gray. Sin embargo, Graham Bell no fue el inventor de este aparato, pero si quien lo patentizó, en año 1876. Alrededor de 19 años antes, Antonio Meucci había construido un teléfono para conectar su oficina, en el sótano, con su dormitorio, ubicado en el segundo piso, debido al reumatismo de su esposa. Sin embargo, carecía del dinero suficiente para patentar su invento, por lo que lo presentó a la empresa Western Union, quienes no le prestaron atención y más tarde promocionaron el invento de Graham Bell.

En 1876, tras haber descubierto que para transmitir voz humana sólo se podía utilizar una corriente continua, el inventor escocés nacionalizado en los Estados Unidos, Alexander Graham Bell, construyó y patentó unas horas antes que su compatriota Elisha Gray el primer teléfono capaz de transmitir y recibir voz humana con toda su calidad y timbre.

El 11 de junio de 2002 el Congreso de los Estados Unidos aprobó la resolución 269, por la que reconoció que el inventor del teléfono había sido Antonio Meucci y no Alexander Graham Bell. En la resolución, aprobada por unanimidad, los representantes estadounidenses estiman que "la vida y obra de Antonio Meucci debe ser reconocida legalmente, y que su trabajo en la invención del teléfono debe ser admitida".

El teléfono móvil es un dispositivo inalámbrico electrónico para acceder y utilizar los servicios de la red de telefonía móvil. También se denomina "celular" debido a que el servicio funciona mediante una red de celdas, donde cada antena repetidora de señal es una célula, si bien también existen redes telefónicas móviles.

El teléfono inteligente es un teléfono móvil construido sobre una plataforma informática móvil, con una mayor capacidad de almacenar datos y realizar actividades semejantes a una mini computadora y conectividad que un teléfono móvil convencional. El término "inteligente" hace referencia a la capacidad de usarse como una minicomputadora de bolsillo, llegando incluso a reemplazar a un computador personal en algunos casos.

El origen del Teléfono Inteligente (traducido del inglés "Smartphone") se remonta a la creación del teléfono SIMON por IBM en 1992. Éste además de ser teléfono portátil de pantalla táctil, tenía agenda de direcciones, calendario, reloj mundial, calculadora, libreta de anotaciones, correo electrónico, facilidad de enviar y recibir fax y no tenía teclado físico. Más tarde se desarrollaron el Nokia 9000, en 1996, el Ericsson R380 y el Nokia 9210, en 2000. Pero sin duda el verdadero desarrollo del teléfono inteligente lo constituyó la creación del Sistema Operativo de Microsoft exclusivo para teléfonos móviles, en 2002: Microsoft Windows Powered Smartphone. Hoy día existen una gran cantidad de sistemas operativos para Smartphone, entre ellos: Symbia OS, RIM, Linux, Palm y el iPhone OS de Apple.

Generalmente los teléfonos con pantallas táctiles son los llamados "teléfonos inteligentes", pero en la actualidad el completo soporte al correo electrónico y el acceso al internet son características indispensables encontradas en todos los modelos existentes desde 2007. Casi todos los teléfonos inteligentes también permiten al usuario instalar programas o aplicaciones adicionales, normalmente inclusive desde terceros. Hecho que dota a estos teléfonos de muchísimas aplicaciones en diferentes áreas.

Aunque el teléfono es considerado como un medio de comunicación individual o personal, a través del uso de las aplicaciones de Internet en los llamados Smartphone o teléfono inteligente, éste se ha convertido en un medio de comunicación masivo. Al propio tiempo, es a través de teléfono que se han podido lograr los grandes avances en las redes electrónicas.

La telefonía móvil de hoy en Día se ha convertido en un instrumento muy útil debido a la fácil comunicación entre personas, estos cuentan con características que los hacen ser muy eficaces para utilizarlos de cualquier manera. Los celulares cuentan con distintas aplicaciones que pueden facilitar diversas labores cotidianas.

Es a partir de la primera década del siglo XXI, cuando los teléfonos móviles adquieren funcionalidad que va mucho más allá de limitarse a solo llamar, traducir o enviar mensajes de textos, se puede decir que se han unificado (no sustituido) con distintos dispositivos tales como PDA, cámara de fotos, cámara de videos, agenda electrónica, calculadora, GPS, videojuegos, micro proyector, reproductores de música MP3, localizadores, reproductor multimedia, reloj despertador múltiple, minicomputadora, múltiples aplicaciones de Internet, así como poder realizar una multitud de acciones en un dispositivo pequeño y portátil que lleva prácticamente todo el mundo.

La primera red comercial automática fue la de NTT de Japón en 1974 y seguido por la NMT, que funcionaba en simultáneo en Suecia, Dinamarca, Noruega y Finlandia en 1981 usando teléfonos de Ericsson y Mobira (Nokia). Arabia Saudista también usaba la NMT y la puso en operación un mes antes que los países nórdicos. El primer antecedente respecto al teléfono móvil en Estados Unidos es de la compañía Motorola, con su modelo DynaTAC 8000X. El modelo fue diseñado por el ingeniero de Motorola Rudy Krolopp en 1983. El modelo pesaba poco menos de un kilo y tenía un valor de casi 4000 dólares estadounidenses. Krolopp se incorporaría posteriormente al equipo de investigación y desarrollo de Motorola liderado por Martin Cooper. Tanto Cooper como Krolopp aparecen como propietarios de la patente original. A partir del DynaTAC 8000X, Motorola desarrollaría nuevos modelos como el Motorola MicroTAC, lanzado en 1989, y el Motorola StarTAC, lanzado en 1996 al mercado. Básicamente podemos distinguir en el planeta dos tipos de redes de telefonía móvil, la existencia de las mismas es fundamental para que podamos llevar a cabo el uso de nuestro teléfono celular, para que naveguemos en Internet o para que enviemos mensajes de texto como lo hacemos habitualmente.

La primera es la Red de Telefonía móvil de tipo analógica (TMA), la misma establece la comunicación mediante señales vocales analógicas, tanto en el tramo radioeléctrico como en el tramo terrestre; la primera versión de la misma funcionó en la banda radioeléctrica de los 450 MHz, luego trabajaría en la banda de los 900 MHz, en países como España, esta red fue retirada el 31 de diciembre de 2003. Luego tenemos la red de telefonía móvil digital, aquí ya la comunicación se lleva a cabo mediante señales digitales, esto nos permite optimizar el aprovechamiento de las bandas de radiofrecuencia como la calidad de la transmisión de las señales. El exponente más significativo que esta red posee actualmente es el GSM y su tercera generación UMTS, ambos funcionan en las bandas de 850/900 MHz, en el 2004, llegó a alcanzar los 100 millones de usuarios. Martin Cooper fue el pionero en esta tecnología, a él se le considera como "el padre de la telefonía celular" al introducir el primer radioteléfono, en 1973, en Estados Unidos, mientras trabajaba para Motorola; pero no fue hasta 1979 cuando aparecieron los primeros sistemas comerciales en Tokio, Japón por la compañía NTT.

Las primeras conexiones se efectuaban mediante una llamada telefónica a un número del operador a través de la cual se transmitían los datos, de manera similar a como lo haría un módem de línea fija para PC. Posteriormente, nació el GPRS o 2G, que permitió acceder a Internet a través del protocolo TCP/IP. La velocidad del GPRS es de 54 kbit/s en condiciones óptimas, tarificándose en función de la cantidad de información transmitida y recibida. Otras tecnologías más recientes permiten el acceso a Internet con banda ancha, como son EDGE, EvDO, HSPA y 4G. Por otro lado, cada vez es mayor la oferta de tabletas tipo iPad, Samsung Galaxy Tab, ebook o similar, por los operadores para conectarse a internet y realizar llamadas GSM o 3G.

Aprovechando la tecnología UMTS, han aparecido módems que conectan a Internet utilizando la red de telefonía móvil, consiguiendo velocidades similares a las de la ADSL o WiMAX. Dichos módems pueden conectarse a bases WiFi 3G (también denominadas gateways 3G) para proporcionar acceso a internet a una red inalámbrica doméstica. En cuanto a la tarificación, aún es cara ya que no es una verdadera tarifa plana, debido a que algunas operadoras establecen limitaciones en cuanto a la cantidad de datos. Por otro lado, han comenzado a aparecer tarjetas prepago con bonos de conexión a Internet.

Entre otras características comunes está la función multitarea, el acceso a Internet vía WiFi o red 3G y 4G, función multimedia (cámara y reproductor de videos/mp3), a los programas de agenda, administración de contactos, acelerómetros, GPS y algunos programas de navegación así como ocasionalmente la habilidad de leer documentos de negocios en variedad de formatos como PDF y Microsoft Office y como lectores de tarjetas de crédito y débito para el procesamiento de pagos de transacciones comerciales, así como depósitos de cheque sin necesidad de ir al banco.

Las principales utilidades de estos dispositivos electrónicos son los siguientes:

- Lectura de libros electrónicos.

- Lectura fuera de línea de páginas web.

- Lectura de cómics.

- Consulta y edición de documentos de suites ofimáticas.

- Calculadora

- Agenda

- Navegación web; mediante Wi-Fi, USB o 3G Interno.

- Llamadas telefónicas, si son 3G, en su función como teléfono móvil; se suele utilizar un manos libre bluetooth.

- GPS

- Reproducción de música.

- Visualización de vídeos y películas, cargadas desde la memoria interna, memoria o disco duro USB o Wi-Drive y con salida mini-HDMI.

- Procesamiento de pagos con tarjetas de crédito y débito, y depósito de cheques sin necesidad de ir al banco.

- Cámara fotográfica y de vídeo HD.

- Videoconferencia.

- Videojuegos.

2.5 Orígenes y evolución de la Tableta Electrónica.

Una tableta electrónica o Tablet PC se puede considerar, en general, como un Smartphone sin las funciones de telefonía y con la pantalla grande. Algunos tienen la posibilidad de que se les acople un teclado con lo que se agiliza la entrada de datos. Pueden contar con algún conector como USB o HDMI para conectarlos con otros periféricos como monitores, televisores, impresoras, proyectores, unidades de almacenamiento externo, teclados, ratones, mandos de juegos, etc. Suelen contar con cámara para videoconferencia y algunos también con cámara fotográfica.

Otros opinan que en realidad la tableta electrónica es una computadora portátil de propósitos específicos, integrada con una pantalla táctil con la que se interactúa primariamente con los dedos o una pluma stylus, y donde el teclado físico y el ratón son reemplazados por un teclado virtual. El término puede aplicarse a una variedad de formatos que difieren en la posición de la pantalla con respecto a un teclado. El formato estándar se llama pizarra (slate) y carece de teclado integrado aunque puede conectarse a uno inalámbrico o mediante un cable USB. Otro formato es el portátil convertible, que dispone de un teclado físico que gira sobre una bisagra o se desliza debajo de la pantalla. Un tercer formato, denominado híbrido, dispone de un teclado físico, pero puede separarse de él para comportarse como una pizarra. También tenemos los Booklets incluyen dos pantallas, al menos una de ellas táctil, mostrando en ella un teclado virtual. Por último, los más modernos con una pantalla táctil con teclado virtual integrado.

Los orígenes del Tablet se remontan al 1945, cuando Vannevar Bush propuso el "MEMEX" un dispositivo conceptual que mezclaba memorias e índices donde el usuario podía almacenar tanto documentos como datos y podía luego consultarlos con facilidad. Este dispositivo estaba propuesto con una entrada de lápiz óptico. Pero los primeros ejemplos del concepto tableta de información se originaron en el siglo XX, principalmente como prototipos e ideas conceptuales, de los cuales el más prominente fue el Dynabook de Alan Kay en 1972. Los primeros dispositivos electrónicos portátiles basados en dicho concepto aparecieron a finales del siglo XX. Durante la década del 2000 Microsoft lanzó el Microsoft Tablet PC que tuvo relativamente poco éxito aunque logró crear un nicho de mercado en hospitales y negocios móviles. Finalmente en 2010 Apple Inc. presenta el iPad, basado en su exitoso Teléfono inteligente, iPhone, alcanzando el éxito comercial al proveer por fin de la interfaz adecuada.

En la actualidad, prácticamente todos los fabricantes de equipos electrónicos han incursionado en la producción de Tabletas y Teléfonos Inteligentes, lo cual ha provocado que el mercado se vea inundado de una inmensa cantidad de diferentes formas, tamaños, aplicaciones, precios y sistemas operativos. La tableta funciona como una computadora, solo que más ligera en peso y más orientada a la multimedia, lectura de contenidos y a la navegación web que a usos profesionales. Para que pueda leerse una memoria o disco duro externo USB, debe contar con USB OTG, también denominado USB Host.

Dependiendo del sistema operativo que implementen y su configuración, al conectarse por USB a una computadora, se pueden presentar como dispositivos de almacenamiento, mostrando sólo la posible tarjeta de memoria conectada, la memoria flash interna e incluso la flash ROM. Por ejemplo en el Android el usuario debe de activar el modo de dispositivo de almacenamiento, apareciendo mientras como una ranura sin tarjeta. Algunas tabletas presentan conectores minijack de 3,5, VGA o HDMI para poder conectarse a un televisor o a un monitor de computadora.

Las principales utilidades de estos dispositivos electrónicos son los siguientes:

- Lectura de libros electrónicos.

- Lectura fuera de línea de páginas web.

- Lectura de cómics.

- Consulta y edición de documentos de suites ofimáticas.

- Calculadora

- Agenda

- Navegación web; mediante Wi-Fi, USB o 3G Interno.

- Llamadas telefónicas, si son 3G, en su función como teléfono móvil; se suele utilizar un manos libre bluetooth.

- GPS

- Reproducción de música.

- Visualización de vídeos y películas, cargadas desde la memoria interna, memoria o disco duro USB o Wi-Drive y con salida mini-HDMI.

- Procesamiento de pagos con tarjetas de crédito y débito.

- Depósitos de cheques sin necesidad de ir al banco.

- Cámara fotográfica y de vídeo HD.

- Videoconferencia.

- Videojuegos.

2.6. Origen y evolución del Videojuego.

La historia del videojuego tiene su origen en la década de 1940 cuando, tras el fin de la Segunda Guerra Mundial, las potencias vencedoras construyeron las primeras supercomputadoras programables como el ENIAC, de 1946. Los primeros intentos por implementar programas de carácter lúdico (inicialmente programas de ajedrez) no tardaron en aparecer, y se fueron repitiendo durante las siguientes décadas.

Los primeros videojuegos modernos aparecieron en la década de los 60 del siglo XX, y desde entonces el mundo de los videojuegos no ha cesado de crecer y desarrollarse con el único límite que le ha impuesto la creatividad de los desarrolladores y la evolución de la tecnología. En los últimos años, hemos presenciado a una era de progreso tecnológico dominada por una industria que promueve un modelo de consumo rápido donde las nuevas superproducciones quedan obsoletas en pocos meses, pero donde a la vez un grupo de personas e instituciones -conscientes del papel que los programas pioneros, las compañías que definieron el mercado y los grandes visionarios tuvieron en el desarrollo de dicha industria- han iniciado el estudio formal de la historia de los videojuegos.

Los videojuegos se dividen por géneros, los más representativos son: los de acción, de rol, de estrategias, los de simulación, los de deportes y de aventuras. Asimismo existen ocho (8) generaciones de consolas, las cuales llevan a la transformación de los videojuegos de casete o cartuchos a CD-ROM O BLU-RAY los cuales tienen una capacidad mayor de almacenaje que los casetes y los cartuchos.

El más inmediato reflejo de la popularidad que ha alcanzado el mundo de los videojuegos en las sociedades contemporáneas lo constituye una industria que da empleo a 150,000 personas y que genera unos beneficios multimillonarios que se incrementan años tras años. El impacto que supuso la aparición del mundo de los videojuegos significó una revolución cuyas implicaciones sociales, psicológicas y culturales constituyen el objeto de estudio de toda una nueva generación de investigadores sociales que están abordando el nuevo fenómeno desde una perspectiva interdisciplinar, haciendo uso de metodologías de investigación tan diversas como las específicas de la antropología, la inteligencia artificial, la teoría de la comunicación, la economía o la estética, entre otras.

Al igual que ocurriera con el cine y la televisión, el videojuego ha logrado alcanzar en apenas medio siglo de historia el estatus de medio artístico, y semejante logro no ha tenido lugar sin una transformación y evolución constante del concepto mismo de videojuego y de su aceptación. Nacido como un experimento en el ámbito académico, logró establecerse como un producto de consumo de masas en tan sólo diez años, ejerciendo un formidable impacto en las nuevas generaciones que veían los videojuegos con un novedoso medio audiovisual que les permitiría protagonizar en adelante sus propias historias.

Durante la Segunda Guerra Mundial el matemático británico Alan Turing había trabajado junto al experto en computación estadounidense Claude Shannon para descifrar los códigos secretos usados por los submarinos alemanes U-Boot. Las ideas de ambos científicos, que ayudaron a establecer las bases de la moderna teoría de la computación, señalaban la Inteligencia artificial como el campo más importante hacia el que había que dirigir todos los esfuerzos de investigación.

En 1949 Shannon presentó un documento en una convención de New York titulado "Programming a Computer for Playing Chess" donde presentaba muchas ideas y algoritmos que son utilizados todavía en los programas modernos de ajedrez. Turing, en colaboración con D.G. Chapernowne, había escrito ya en 1948 un programa de ajedrez que no pudo ser implementado, puesto que no existía un ordenador con la potencia suficiente para ejecutarlo, pero en 1952 puso a prueba su programa simulando los movimientos de la computadora. El programa perdió una primera partida frente a Alick Glennie, un colega de Turing, pero ganó la segunda frente a la esposa de Chapernowe, sentando las bases prácticas de los programas de ajedrez modernos.

Tras la desaparición de Alan Turing distintos investigadores continuaron sus trabajos, implementando nuevos programas de ajedrez y otros juegos más sencillos. En 1951 un trabajador de la empresa Ferranti, el australiano John Bennett, presentó en una feria británica su Nimrod, un enorme computador capaz de jugar al nim que se había inspirado en el Nimatron, una máquina electromecánica presentada once años antes. La máquina generó una entusiasta aceptación, pero fue desmontada por Ferranti para utilizar sus piezas en otros proyectos más serios.

Otro juego que se había implementado tempranamente era el de las tres en raya, que Alexander Douglas había recreado en el

EDSAC de la University of Cambridge en 1952 como parte de su tesis doctoral. OXO incorporaba gráficos muy similares a los actuales y aunque fue mostrado únicamente a unos pocos estudiantes de la Universidad, es considerado por algunos como el primer videojuego moderno de la historia. Ese mismo año Arthur Samuel también había realizado un programa capaz de jugar a las damas aprendiendo de sus errores que había implementado en un IBM 701; Samuel pasó los siguientes años refinando su programa y finalmente, en 1961, consiguió que venciese a los campeones estadounidenses del juego.

En 1950 el 90% de los hogares norteamericanos disponían de al menos un aparato de televisión, una cifra que contrastaba fuertemente con el 9% de la década anterior. Era natural que diversas personas relacionadas con ese mundo comenzasen a preguntarse si era posible usar esos aparatos para otra cosa que no fuese la simple recepción de programas. Ya en 1947 la compañía Dumont había explorado la idea de permitir a los espectadores jugar con sus aparatos de televisión; Thomas Goldsmith y Estle Mann, dos de sus empleados, patentaron su tubo de rayos catódicos, un aparato basado en un simple circuito eléctrico que permitía a los espectadores disparar misiles hacia un objetivo, pero que no llegó a comercializarse nunca.

Pocos años más tarde un ingeniero de origen alemán que acabaría siendo considerado por muchos como el verdadero "padre de los videojuegos domésticos" tuvo una visión que resultaría crucial en el desarrollo posterior de la industria de los juegos electrónicos: en 1951 Ralph Baer trabajaba como técnico de televisión y, junto a algunos colegas, había recibido el encargo de construir un receptor desde cero. Para comprobar los equipos usaban instrumentos que dibujaban líneas y patrones de colores que los técnicos podían mover a través de la pantalla para ajustarla, y a partir de esa idea Baer se planteó la posibilidad de construir aparatos de televisión que permitiesen algo más que la simple recepción de los programas. Sin embargo el ingeniero mantuvo apartada su idea hasta algunos años más tarde, cuando presentó al mercado su Magnavox Odyssey, la primera consola de videojuegos doméstica de la historia.

A pesar de todos los avances, en 1958 el concepto de videojuego aún resultaba elusivo. El Nimrod de Bennett era lo más parecido a un videojuego que se había visto fuera del ambiente de los talleres de ingeniería y de los laboratorios de las universidades. Sin embargo, William Higinbotham un ingeniero norteamericano que había participado en el Proyecto Manhattan, presentó un proyecto que cautivó a todos los visitantes de su laboratorio: un juego de tenis que había construido con la ayuda del ingeniero Robert Dvorak usando la pantalla de un osciloscopio y circuitería de transistores. El juego, que recreaba una partida de tenis presentando una visión lateral de la pista con una red en el medio y líneas que representaban las raquetas de los jugadores, se manejaba con sendos controladores que se habían construido a tal efecto. El aparato tuvo un enorme éxito entre las personas que visitaron el laboratorio de Higinbotham en la Brookhaven National Library, pero en 1959 fue desmantelado para usar sus piezas en otros proyectos. Higinbotham continuó con sus actividades (que incluían la investigación básica y el activismo contra la proliferación nuclear) hasta su muerte, y es considerado por muchos como uno de los padres de los videojuegos modernos.

En 1962 en el Massachussets Institute of Technology existía un club de estudiantes que compartían su pasión de construir modelos de ferrocarriles a escala, el Tech Model Railroad Club. Muchos de los miembros del club compartían asimismo su pasión por los ordenadores y por las novelas de ciencia ficción de E.E. "Doc" Smith, y cuando el primer PDP-1 llegó al MIT, tres de los miembros del club se reunieron para decidir qué harían con él. Wayne Witaenem, Martin Graetz y Steve Russell decidieron que harían un juego, y bajo el liderazgo de éste último desarrollaron Spacewar!, un duelo espacial para dos jugadores. El juego ocupaba 9k de memoria y causó sensación entre los miembros del MIT; numerosas copias del mismo fueron distribuidas a través de ARPAnet y otros medios para demostrar las capacidades del nuevo PDP-1, que acabaría incluyéndolo de serie. No obstante, a pesar de su éxito, los jóvenes programadores no patentizaron su trabajo y tampoco se plantearon su comercialización, pues requería de una plataforma hardware que costaba 120,000 dólares. Con todo, el juego acabó resultando una de las ideas más copiadas en la historia de los videojuegos, y de él se escribieron numerosas versiones posteriormente, como por ejemplo las incluidas de serie en las famosas consolas domésticas de Atari y Magnavox.

En 1966 Ralph Baer, en ese momento diseñador jefe de Sanders Associates, una empresa que trabajaba para el ejército, reconsideró una idea que había abandonado unos años antes: un dispositivo que, conectado a un simple televisor, permitiese jugar al espectador con su aparato. Aprovechándose de su situación en la empresa, Baer comenzó a diseñar su aparato en secreto en los laboratorios de la misma por miedo a que su idea pudiese ser considerada como poco seria por sus superiores. Junto a Bill Harrison y Bill Rusch siguieron trabajando en el proyecto hasta que en marzo de 1967 finalizaron un primer prototipo que incorporaba ya una serie de juegos, entre los que se encontraban el ping-pong y un juego para dos jugadores en el que ambos debían acorralar al contrario. Baer y sus colaboradores también diseñaron un rifle que, conectado al dispositivo, permitía disparar a una serie de objetivos, y con el prototipo y varios juegos terminados decidió presentar su máquina a Herbert Campman, director de investigación y desarrollo de Sanders Associates. Interesado por la propuesta Campman ofreció 2000 dólares y cinco meses a Baer para que éste completara su proyecto, una cantidad insuficiente pero que "oficializaba" el trabajo de Baer. Su Brown Box, como la llamaba Baer tuvo un efecto mucho menor en otros altos cargos de la empresa, pero en todo caso, a finales de 1967 el proyecto estaba casi completado y atrajo la atención de TelePronter Corporation, una compañía de televisión por cable cuyos ejecutivos habían visto el aparato durante una visita a las instalaciones de Sanders. Tras unas negociaciones que duraron dos meses no se llegó a ningún acuerdo, y las ideas de Baer fueron relegadas por segunda vez al olvido.

A finales de la década de los 60 del siglo XX, Bill Pits, un estudiante de la Universidad de Stanford fascinado por Spacewar! tuvo la idea de hacer una versión del juego que funcionase con monedas para su explotación en los salones recreativos. Desafortunadamente, el precio del hardware requerido para ejecutar el programa era mucho más elevado de lo que los propietarios de los salones, acostumbrados a pagar unos mil dólares por las máquinas electromecánicas de la época, podían permitirse. Cuando el nuevo PDP-11 apareció en el mercado al económico precio de 20,000 dólares, Pitts pensó que tenía ante sí la oportunidad real de construir su máquina, y llamó a Hugh Tuck, un amigo del High School para construir un prototipo. En 1971 ambos formaron Computer Recreations, Inc., con el propósito de construir una versión operada con monedas de Spacewar!; Pitts se hizo cargo de la programación y Tuck, ingeniero mecánico, construyó la cabina. Tras tres meses y medio de trabajo habían finalizado la máquina, pero decidieron cambiar el título del programa a Galaxy Game. El invento obtuvo cierta resonancia, pero con un precio de 10 céntimos por partida, no resultaba rentable, de modo que construyeron una segunda versión de la máquina que permitía a un sólo computador PDP-11 hacerse cargo de hasta ocho consolas simultáneamente, amortizando así los gastos. La máquina fue instalada en junio de 1972 en el Coffe House de Tresidder Union, cerca de la Universidad de Stanford, y allí permaneció con bastante éxito hasta 1979, cuando fue desensamblada y almacenada en una oficina. De 1997 a 2000 fue expuesta en la Universidad de Stanford, y desde entonces se exhibe en el Computer Museum History Center de Mountain View, California.

El 24 de mayo de 1972 Nolan Bushnell estaba entre el público asistente a una demostración de la Magnavox Odyssey que estaba teniendo lugar en Burlingame, California, Bushnell tuvo la oportunidad ese día de jugar al Ping-pong, uno de los juegos que incluía de serie la nueva consola, y tras este episodio contrató a Alan Alcorn, un ingeniero de Ampex a quien puso a trabajar en una versión arcade del juego que recibió el nombre de "Pong". El juego, que se convirtió en el primer título de la compañía Atari, no suponía grandes innovaciones respecto al título de Baer, pero sí contaba con mejoras (rutina de movimientos mejorada, puntuación en pantalla, efectos de sonido, entre otras) que hacían presagiar el éxito que lograría en los salones. Cuando Brushnell y Dabney vieron el trabajo de Alcorn finalizado decidieron cambiar sus planes y probar la nueva máquina en el Andy Capp's Tavern, un local de Sunnyville, California. Al mismo tiempo Bushnell se presentó en las oficinas de Bally Midway, que por aquel entonces se dedicaba al negocio de los pinball, a presentar su trabajo, pero la propuesta fue rechazada porque, entre otras cosas, el juego no disponía de una opción para un sólo jugador. Sin embargo, cuando los dueños del Andy Capp's Tavern llamaron a Alcorn para comunicarle una avería en su prototipo éste descubrió que la máquina había dejado de funcionar porque su depósito de monedas se hallaba repleto. Este episodio animó a Bushnell, quien se dirigió a Nutting Associates, pero la respuesta fue también negativa, lo que terminó por convencerlo de que debía ser la misma Atari la que se hiciera cargo de la fabricación y distribución de las máquinas. Las primeras once unidades se vendieron con facilidad, lo que supuso una entrada de capital en la empresa que Bushnell utilizó para ampliar sus instalaciones; lo mismo ocurrió con la segunda entrega de 50 máquinas. Cuando la empresa se vio desbordada con pedidos que no podía atender, Bushnell pidió un préstamo de $50,000 para hacer frente a un pedido de 150 aparatos y se dirigió a una oficina de desempleo para contratar a un buen número de operarios. A pesar de los numerosos problemas que éstos ocasionaban, Bushnell pudo hacer frente a sus pedidos, lo que supuso el espaldarazo definitivo para el juego y para la nueva empresa. De repente el país se encontraba inundado de máquinas Pong, así como de copias manufacturadas por compañías de la competencia. La japonesa Taito lanzó al mercado oriental su propia versión del juego, y lo mismo ocurrió en países como Francia e Italia. El enorme éxito de la máquina de Atari impulsó las ventas de la Odyssey, la consola que le había dado origen, y a finales de 1974 había cerca de 100,000 máquinas arcade solamente en Los Estados Unidos que generaban más de 250 millones de dólares anualmente. La industria de los videojuegos había nacido definitivamente y este éxito provocó una reestructuración completa del negocio de entretenimiento.

Los videojuegos se hicieron más novedosos y confiables que los juegos electromecánicos típicos de la época, pues éstos carecían de elementos mecánicos susceptibles de rotura y desgaste. En 1973 quince compañías se habían lanzado al negocio de los videojuegos, un negocio que un año antes estaba exclusivamente en manos de Atari. Pero los videojuegos de estas otras compañías no dejaban de ser simples copias de Pong, mientras que la compañía que había creado el juego original seguía aportando nuevas innovaciones.

Bushnell llegó a editar un manifiesto de circulación interna de clara inspiración hippie en el que declaraba que la compañía "mantendría una atmósfera social donde todos serían amigos y camaradas, aparte de la organización jerárquica" y que "Atari no toleraría ningún tipo de discriminación, incluyendo la dirigida a los peludos y a los no peludos". En la práctica el manifiesto se tradujo en una falta de horarios establecidos, así como la eliminación de cualquier regla sobre el uso de indumentaria de trabajo y cosas por el estilo. El tipo de liderazgo ejercido por Bushnell resultaba también muy particular, pues entre otras cosas, celebraba formidables fiestas como una forma de incentivar a sus empleados, tolerando abiertamente el uso (y abuso) de todo tipo de drogas entre los mismos. Lejos de resultar contraproducentes, estas prácticas promovieron un excelente ambiente de trabajo y la firma comenzó a comercializar una serie de productos cada cual más innovador. Mientras sus competidoras no hacían más que lanzar nuevas copias de Pong, Atari comercializó nuevos éxitos como Space Race, Rebound, Gotcha, Quadrapong, Touch Me, Tank, Qwak!, Gran Trak 10, cada uno de los cuales suponía en la práctica la inauguración de un nuevo género.

Tras una fallida incursión en el mercado japonés, Bushnell crea Kee Games en 1973, una compañía filial dirigida por su amigo Joe Keenan que fue presentada como la competencia de Atari. La nueva firma comercializó varios clones de los productos de Atari permitiendo a ésta vender juegos "en exclusiva" a dos distribuidores al mismo tiempo. En diciembre de 1974 la relación entre ambas compañías salió a la luz, pero Kee Games siguió comercializando títulos hasta 1978, año a partir del cual sus máquinas llevaban el sello «Kee Games, a wholly owned subsidiary of Atari, Inc".

En 1975 salió al mercado el Telegames Pong, la primera consola doméstica de Atari distribuida por Sears. El nuevo producto, que permitía jugar a Pong en casa, obtuvo un éxito inmediato, vendiendo cerca de 150,000 unidades, generando una enorme cantidad de ingresos para la compañía y atrayendo a numerosos competidores. En las navidades de 1977 se podían contabilizar más de 60 copias diferentes del aparato de Atari, y sólo en los Estados

Unidos habían sido vendidas 13,000,000 de unidades. La llegada de un nuevo tipo de microchip – el microprocesador- a finales de la década supuso una nueva revolución en la incipiente industria de los videojuegos.

A partir de que Intel sacó al mercado el primer microprocesador de propósito general de la historia, su modelo Intel 4004 diseñado originalmente para una calculadora de sobremesa, Jeff Frederiksen de Nutting Associates diseñó un nuevo prototipo de pinball adaptando un 4004 en una máquina de Bally, el cual salió al mercado al año siguiente con el nombre de "Spirit of 76", la primera máquina recreativa de la historia que incorporaba tecnología digital. Todos los videojuegos de la época usaban circuitería TTL, lo que significaba que cualquier cambio que se quisiese introducir en el diseño requería la manipulación física del hardware, usualmente soldando y rescoldando los circuitos, y la tecnología del microprocesador eliminaba este inconveniente, de modo que resultaba natural que los diseñadores de videojuegos la adoptasen en cuanto tuvieron noticia de ella. La nueva tecnología permitía nuevas posibilidades en la programación de videojuegos, expandiendo las posibilidades gráficas y la jugabilidad mucho más allá de lo que permitía la tecnología TTL, pero sustituía la figura del ingeniero por la del programador como creador de los mismos, una noción a la que los fabricantes tuvieron que adaptarse. Es así como sale al mercado Gun Fight, un arcade de Bally Midway que se inspiraba en un título de Taito y que incorporaba por primera vez en la historia un microprocesador. El juego innovó además en otros sentidos, pues por primera vez se podía ver en la pantalla a dos figuras humanas combatiendo entre sí -inaugurando el género de lucha- y porque introducía asimismo la noción de controles separados para el movimiento y para la dirección.

Fue Steve Jobs, quien posteriormente sería presidente de Apple Computer, quien se encargó originalmente de la primera versión de Breakout. Bushnell había dicho a sus trabajadores que pagaría $100 por cada chip que se lograse eliminar de las placas de sus juegos, y Jobs aceptó el reto. Presentó la tarea a su amigo Steve Wozniak, quien logró reducir el número de chips necesarios a 42. Pero a la postre, el esfuerzo de Wozniak resultó en vano, pues su diseño no pudo ser reproducido en los laboratorios de Atari, y Al Alcorn, jefe técnico de la compañía, asignó el proyecto a otro ingeniero que terminó utilizando 100 chips en su diseño. El juego, terminado en abril de 1976, obtuvo un éxito inmediato, y ha sido portado a prácticamente todos los sistemas de videojuegos desde entonces, generando infinidad de imitaciones.

Death Race, lanzado en enero de 1976 se basaba en un juego anterior de la compañía, destruction Derby de 1975. La idea consistía en conducir un coche atropellando el mayor número posible de "zombies", pero la violencia explícita del juego no tardó en generar una importante polémica, poniendo por primera vez sobre la mesa la cuestión de hasta qué punto este tipo de videojuegos podría afectar negativamente a los usuarios de corta edad. Ante las crecientes protestas, Exidy no tardó en retirar algunas de sus máquinas del mercado, pero los pedidos, en realidad se incrementaron. El juego es considerado por muchos como el primer videojuego polémico de la historia.

Por su parte Night Driver de Atari, lanzado en 1976 y programado por Dave Sheppard, muestra un aspecto muy semejante a los modernos juegos de carreras, además de contar con una innovadora cabina con la que se pretendía simular la sensación real de estar conduciendo un coche.

Con la introducción de las nuevas computadoras personales como el Altair 8800 y el KIM-1 iban haciendo su aparición en el mercado. Steve Wozniak, tras finalizar su trabajo con el Breakout de Atari, y haber vendido sus primeros Apple I, había decidido construir una computadora personal más potente, una máquina que dispondría de gráficos en color, sonido y conectores para los controladores de juego y para los receptores de televisión. Junto con Steve Jobs presentó su idea a Nolan Bushnell, pero éste la rechazó. Finalmente, con el apoyo financiero de Mike Markkula consiguieron lanzar en 1977 su Apple II, un modelo mucho más avanzado que resultaba perfecto para el diseño de los videojuegos.

A pesar la competencia del PET de Commodore y del TRS-80 de Tandy, la nueva computadora se abre un importante hueco en el mercado, inaugurando definitivamente la era de la microinformática. Los primeros juegos para computadoras personales no tardaron en aparecer: Microchess para KIM-1 y Adventureland para TRS-80 estuvieron entre los primeros, pero muy pronto apareció una "industria casera" de fabricación y venta de videojuegos que no tardaría en dar jugosos frutos. Scott Adams recibió $7,000 por Adventureland, que era distribuido en bolsas Ziploc con las instrucciones fotocopiadas, Infocom, los creadores de Zork vendieron miles de copias del juego, y en 1980 Ken y Roberta Williams, futuros fundadores de Sierra Entertainment publicaron para Apple II Mystery House, un juego inspirado en Adventure que incluía por primera vez detalles gráficos y que logró vender más de 3,000 copias. Tanktics, en 1977 inauguró el género de los wargames y Alakabeth de Richard Garriot hizo lo propio con los juegos de rol en 1979. Mattel comercializó su Auto Race, la primera consola portátil de la historia, y seguidamente hizo lo propio con Football, con mucho más éxito. Texas Instrument lanzó su Speak & Read, un dispositivo portátil de carácter educativo dirigido a los niños que era capaz de una síntesis muy primitiva de la voz humana, y Ralph Baer volvió a revolucionar el mercado con su famoso Simon en 1978.

Mientras tanto, en Japón Tomohito Nishikado adopta la nueva tecnología de microprocesador e, influido por Speed Race, creó para Taito Space Invaders, un juego que originalmente consistía en disparar contra tanques y aeroplanos, pero que, en parte por la presión de la compañía y en parte por el gran éxito que el film Star Wars estaba cosechando en la época, acabó adoptando su forma definitiva de batalla espacial. El juego obtuvo inmediatamente un éxito de dimensiones descomunales, fue convertido a todos los formatos importantes de la época y dio lugar a numerosas continuaciones e infinitos clones. No sólo inició un género que resultaría basilar en el desarrollo posterior de los videojuegos (el de los Shoot'em up o "mata marcianos"), sino que situó definitivamente a la industria japonesa en el lugar que le correspondía e impulsó definitivamente la fiebre de los videojuegos a nivel mundial, iniciando la que en la literatura especializada se conoce como la Edad dorada de los videojuegos.

A principios de la década de 1990 se podían distinguir tres grandes categorías de videojuegos: 1) Juegos de acción destinados sobre todo a la recreación, 2) Juegos narrativos, que usaban el ordenador como medio para contar una historia aprovechando sus posibilidades de interacción, y 3) Juegos de simulación y estrategia, que daban al jugador la posibilidad de experimentar sin ningún objetivo predeterminado y la habilidad de crear todo un universo dentro del propio juego. A pesar de que las ideas básicas ya estaban establecidas, los límites entre los grandes géneros no eran del todo precisos y dentro de cada uno de ellos siempre sobresalía algún título, que redefinía en una dirección determinada la noción de hasta dónde podía un videojuego llegar.

En esta misma década de 1990 se asistió a un progresivo declive de las ventas del Commodore Amiga y del Atari ST que se vieron sustituidos progresivamente en el mercado doméstico por las PC compatibles, cuyas cifras de venta no había dejado de aumentar desde mediados de la década anterior. Al mismo tiempo, los avances tecnológicos de los sistemas de la época devolvieron la idea de llevar a cabo una de las mayores ambiciones desde los inicios de la informática moderna: la recreación de un mundo virtual en tres dimensiones en pantallas de dos dimensiones.

Desde mediado de la década 1960 Ivan Shuterland había presentado en un congreso un informe en el que delineaba las características de un futuro interfaz de visualización capaz, no sólo de mostrar el mundo tal y como es, sino de hacernos "sentirlo" como si fuese real. La creación de esa realidad virtual debía ser, según su visión, el principal objetivo de los investigadores en el campo de la informática.

En la década de 1990 la teoría de Shuterland fue retomada, en parte porque el incipiente desarrollo de Internet propiciaba un cierto tipo de relaciones a distancia que facilitaba la asimilación del concepto por parte del gran público. Repentinamente la realidad virtual se convirtió en uno de los tópicos más recurrentes en las conversaciones acerca de la investigación informática, lo que a su vez estimuló la aparición de documentales y programas de televisión que divulgaron la idea entre el gran público. Mientras, los desarrolladores de videojuegos se enfrentaban a los mismos retos que los investigadores del área de la realidad virtual.

Los primeros videojuegos en 3D, como Tailgunner o Battlezone usaban gráficos lineales para delinear el contorno de los objetos dando así la ilusión de profundidad. I, Robot de Atari fue la primera máquina en usar las técnicas del campo de la realidad virtual: empleaba bloques poligonales para construir los objetos de su mundo virtual y daba por primera vez al jugador la posibilidad de adoptar diversos puntos de vista. Los gráficos 3D de la época se conseguían mediante ecuaciones bastante simples que recalculaban la posición y tamaño de cada uno de los polígonos de los objetos respecto a la posición del jugador, pero un aumento del número o detalle de estos polígonos conllevaba un crecimiento exponencial de la potencia de cálculo necesaria para dar vida al sistema.

Los desarrolladores de simuladores de vuelo lideraban el área, pero pronto el uso de gráficos poligonales se extendió a otro tipo de juegos como los simuladores de carreras (Indianapolis 500 y Hard Drivin') o Alpha waves de Infogames, uno de los primeros videojuegos de plataformas en adoptar la nueva técnica. Alone in the Dark, un excelente título que inauguró el género del survival horror, fue el primer juego poligonal en obtener un éxito masivo gracias a su impresionante apartado gráfico y a su cuidada ambientación entre otras muchas innovaciones.

Sony había trabajado con Nintendo para crear una plataforma de juego basado en la tecnología CD-ROM. Para la época, Sony no tenía mucha fuerza en el campo de los videojuegos, y cuando Nintendo anunció que renunciaba a su colaboración para trabajar con Phillips, el presidente de Sony Norio Ohga ordenó inmediatamente la creación de una división de videojuegos llamada Sony Computer Entertainment que se encargaría, con Ken Kutaragi a la cabeza, de la creación de una máquina rival.

La primera versión de la nueva Playstation se presentó al mercado japonés el 3 de diciembre de 1994, y el 9 de septiembre de 1995 hizo lo propio en los Estados Unidos, habiendo causado una fuerte impresión previamente en la feria E3 de ese mismo año.

La nueva máquina alcanzó unas cifras de ventas en el mercado estadounidense de 100,000 unidades, tan sólo en la primera semana. En seis meses logró vender un millón de unidades, y en dos años el número de Playstation en todo el mundo era ya de 20 millones. En 2001 había una Playstation en el 30% de los hogares estadounidenses, y el éxito de Sony era total.

A comienzos del siglo XXI la industria del videojuego se había transformado en una industria multimillonaria de dimensiones inimaginables pocos años antes. En 2009 la industria de los videojuegos era uno de los sectores de actividad más importantes de la economía estadounidense, y en algunos países europeos generaba más dinero que la industria de la música y el cine juntos. El programador de videojuegos ya no era el aficionado a la electrónica que elaboraba sus programas prácticamente en solitario y con carácter artesanal y amateur, ahora era un profesional altamente cualificado que trabajaba con otros profesionales especializados (programadores, grafistas, diseñadores, probadores, etc.) en equipos o de desarrollo perfectamente estructurados a menudo bajo el control directo o indirecto de grandes multinacionales.

En 2000 Sony lanzó la anticipada Playstation 2, un aparato de 128 bits que se convertiría en la videoconsola más vendida de la historia, mientras que Microsoft hizo su entrada en la industria un año más tarde con su X-Box, una máquina de características similares que sin embargo no logró igualar su éxito. De 2001 fue también la GameCube, una nueva apuesta de Nintendo que no consiguió atraer al público adulto y cuyo fracaso comercial supuso un replanteamiento de la estrategia comercial de la compañía nipona que, a partir de ese momento, dirigió su atención al mercado de las handhelds. Gameboy Advance, de 2001 fue su primera tentativa en ese terreno, pero el verdadero éxito con el que Nintendo reconquistará parte del mercado perdido tardará aún en aparecer. En 2003 aparece el Nokia N-Gage, primera incursión de la compañía finlandesa en el campo de las videoconsolas.

Mientras tanto, el mercado de las PC seguía dominado por esquemas de juego que ya habían hecho su aparición con anterioridad. Triunfaban los videojuegos de estrategia en tiempo real (Warcraft, Age of Empires) y los juegos de acción en línea Call of Duty, Battlefield. En 2004 salió al mercado la Nintendo DS, primer producto de la nueva estrategia de una compañía que había renunciado al mercado de las videoconsolas clásicas, y poco después apareció la Sony PSP, una consola similar que no llegó a alcanzar a la primera en cifras de ventas. En 2005 Microsoft lanzó su Xbox 360, un modelo mejorado de su primera consola diseñado para competir con la Playstation 2. La respuesta de Sony no se hizo esperar, y pocos meses después lanzó su Playstation 3, una consola que inicialmente no consiguió el éxito esperado. La revolución de Nintendo tuvo lugar en abril de 2006 cuando presentó su Wii, una máquina que con su innovador sistema de control por movimiento y sus sencillos juegos puso de nuevo a su compañía creadora en el lugar que le correspondía dentro de la historia de los videojuegos.

Para muchos aficionados, la profesionalización de la industria trajo consigo un cierto estancamiento de la originalidad que había caracterizado el trabajo de los desarrolladores de décadas anteriores, en parte debido al agotamiento de nuevas ideas, o por la preferencia que las grandes multinacionales mostraban por la producción de títulos basados en personajes conocidos o en géneros y fórmulas de juego que ya se habían demostrado exitosas y en parte debido a la increíble potencia que entregaban las nuevas generaciones de máquinas, estimulando el desarrollo de videojuegos de gran potencia gráfica donde la originalidad quedaba relegada a un segundo plano. A pesar de ello las compañías continuaron lanzando títulos que suponían un soplo de aire fresco, como Guitar Hero un juego de 2005 con un original sistema de control que abrió una lucrativa franquicia, y cuyas cifras de venta en 2009 se situaban en 32 millones de juegos vendidos.

A principios de 2011 se asiste a una nueva era de creatividad gracias tanto a las superproducciones de las grandes compañías multinacionales como a los esfuerzos de innovación de los desarrolladores más pequeños. La creatividad que empujó a los programadores pioneros y amateurs de la década de 1960 se encuentra también en las grandes superproducciones actuales, transformada y adaptada a los medios y tecnologías actuales. Lejos de haber alcanzado su madurez creativa, los videojuegos siguen siendo una nueva forma de arte que parece estar dando aún, 50 años después de su aparición, sus primeros pasos.

Existen multitud de formas de interactuar con un videojuego, aunque se podría decir que siempre es necesario un dispositivo externo, esto no es del todo cierto, ya que existen consolas portátiles, que permiten jugar mediante su pantalla táctil o mediante la fuerza con la que soplamos en el videojuego, como el Nintento DS, mediante sensores de presión. O el movimiento del propio dispositivo que recrea el movimiento en el propio juego. Como dispositivos externos están los clásicos teclado y ratón, el gamepad, joystick, e incluso dispositivos detectores de movimiento, entre los que destacan los dispositivos de mano, por ejemplo el Wiimote de Wii, los de presión y los de captura de imágenes, como el EyeToy de PlayStation. También se puede emplear la voz en aquellos videojuegos que la soporten a través de procesadores de voz.

Los videojuegos se dividen en géneros, los más representativos son: acción, rol, estrategia, simulación, deportes y aventura. Los más modernos utilizan sonido digital con Dolby Surround con efectos EAX y efectos visuales modernos por medio de las últimas tecnologías en motores de videojuego y unidades de procesamiento gráfico. Los videojuegos deportivos, como los de béisbol, fútbol, baloncesto o hockey sobre hielo, adquirieron especial popularidad a finales de la década de 1980, cuando determinados equipos profesionales prestaron su nombre a estas versiones en video de su deporte. Las partidas se pueden jugar entre una persona y la máquina, entre dos o más personas en la misma consola, a través de una red LAN o en línea vía Internet y pueden competir con la máquina, contra la máquina o entre sí.

Los establecimientos dedicados a la venta exclusiva de videojuegos son ya clásicos en el mercado del ocio y del entretenimiento del mundo entero. Existen diversas tecnología de videojuegos, sin embargo desde hace unos años está creciendo la preferencia por la descarga desde Internet, al ser una tecnología extendida masivamente, de fácil acceso y menos costosa que la distribución física de discos, aparte de las ventajas de actualizaciones, disponibilidad y de seguridad al evitar pérdidas por daños o extravío de discos o claves, de esta forma el videojuego está virtualmente disponible las 24-7. La proliferación de la televisión 3D de alta definición y de las líneas de telecomunicaciones para la transmisión de este tipo de videojuegos contribuye a aumentar aún más su nivel de jugabilidad y realismo, especialmente al permitir múltiples jugadores.

2.7. Orígenes y evolución de la Red de Internet.

Los avances de la informática trajeron consigo el desarrollo de las redes de comunicación e información. Las cuales fueron diseñadas para permitir la comunicación general entre usuarios de varias computadoras, sean estas de nuevos desarrollos tecnológicos, infraestructura de redes ya existente o los sistemas de telecomunicaciones avanzados. La primera descripción documentada acerca de las interacciones sociales que podrían ser propiciadas a través del trabajo en redes está contenida en una serie de memorándums escritos por J.C.R. Licklider, del Massachusetts Institute of Technology, en Agosto de 1962, en los cuales Licklider habla sobre el concepto de Galactic Network.

Algunos de los servicios disponibles en Internet aparte de la WEB son el acceso remoto a otras máquinas (SSH y telnet), transferencia de archivos (FTP), correo electrónico (SMTP), conversaciones en línea (IMSN MESSENGER, ICQ, YIM, AOL, jabber), transmisión de archivos (P2P, P2M, descarga directa), etc.

Los inicios de Internet se remontan a los primeros años de la década del 1960. En plena guerra fría, Estados Unidos crea una red exclusivamente militar, con el objetivo de que, en el hipotético caso de un ataque ruso, se pudiera tener acceso a la información militar desde cualquier punto del país. Esta red se creó en 1969 y se llamó ARPANET. En principio, la red contaba con 4 ordenadores distribuidos entre distintas universidades del país. Dos años después, ya contaba con unos 40 ordenadores conectados. Tanto fue el crecimiento de la red que su sistema de comunicación se quedó obsoleto. Entonces los investigadores crearon el Protocolo TCP/IP, que se convirtió en el estándar de comunicaciones dentro de las redes informáticas.

ARPANET siguió creciendo y abriéndose al mundo, y cualquier persona con fines académicos o de investigación podía tener acceso a la red. Las funciones militares se desligaron de ARPANET y fueron a parar a MILNET, una nueva red creada por los Estados Unidos. La NSF (National Science Fundation) crea su propia red informática llamada NSFNET, que más tarde absorbe a ARPANET, creando así una gran red con propósitos científicos y académicos. El desarrollo de las redes fue abismal, y se crean nuevas redes de libre acceso que más tarde se unen a NSFNET, formando el embrión de lo que hoy conocemos como INTERNET.

En 1985 la Internet ya era una tecnología establecida, aunque muy poco conocida por la población común. El autor William Gibson hizo una revelación: el término "ciberespacio". En ese tiempo la red era básicamente textual, así que el autor se basó en los videojuegos. Con el tiempo la palabra "ciberespacio" terminó por ser sinónimo de Internet. El desarrollo de NSFNET fue tal que hacia el año 1990 ya tenía alrededor de 100,000 servidores.

En el Centro Europeo de Investigaciones Nucleares (CERN), Tim Berners Lee dirigía la búsqueda de un sistema de almacenamiento y recuperación de datos. Berners Lee retomó la idea de Ted Nelson (un proyecto llamado "Xanadú") de usar hipervínculos. Robert Caillau quien cooperó con el proyecto, cuenta que en 1990 deciden ponerle un nombre al sistema y lo llamaron World Wide Web (WWW) o telaraña mundial.

La nueva fórmula permitía vincular información en forma lógica y a través de las redes. El contenido se programaba en un lenguaje de hipertexto con "etiquetas" que asignaban una función a cada parte del contenido. Luego, un programa de computación, un intérprete, era capaz de leer esas etiquetas para desplegar la información. Ese intérprete sería conocido como "navegador" o "browser".

En 1993 Marc Andreesen produjo la primera versión del navegador "Mosaic", que permitió acceder con mayor naturalidad a la www.

La interfaz gráfica iba más allá de lo previsto y la facilidad con la que podía manejarse el programa abría la red a los legos. Poco después, Andreesen encabezó la creación del programa Netscape.

A partir de entonces, Internet comenzó a crecer más rápido que otro medio de comunicación, convirtiéndose en lo que hoy todos conocemos. De hecho en la actualidad se está fusionando con el medio de comunicación más potente que jamás haya existido; la televisión.

Hemos definido a Internet como una "red de redes", una red que no sólo interconecta computadoras, sino que interconecta redes de computadoras entre sí, tabletas electrónicas, teléfonos celulares y televisores inteligentes. Una red de máquinas inteligentes que se comunican a través de algunos de los siguientes medios: cable coaxial, fibra óptica, radiofrecuencia, líneas telefónicas, etc., con el objeto de compartir recursos.

De esta manera, Internet sirve de enlace entre redes más pequeñas y permite ampliar su cobertura al hacerlas parte de una "red global". Esta red global tiene la característica de que utiliza un lenguaje común que garantiza la intercomunicación de los diferentes participantes; este lenguaje común o protocolo se conoce como TCP/IP. Así pues, Internet es la "red de redes" que utiliza TCP/IP como su protocolo de comunicación.

El TCP / IP es la base de Internet que sirve para enlazar computadoras que utilizan diferentes sistemas operativos, incluyendo PC, minicomputadoras y computadoras centrales sobre redes de área local y área extensa. TCP / IP fue desarrollado y demostrado por primera vez en 1972 por el departamento de defensa de los Estados Unidos, ejecutándolo en ARPANET, una red de área extensa del departamento de defensa.

Aunque el uso comercial estaba prohibido, su definición exacta era subjetiva y no muy clara. UUCPNet y la IPSS X.25 no tenían esas restricciones, que eventualmente verían la excepción oficial del uso de UUCPNet en conexiones ARPANET y NSFNet. A pesar de ello, algunas conexiones UUCP seguían conectándose a esas redes, puesto que los administradores se hacían de la vista gorda ante su funcionamiento.

A finales de los años ochenta del siglo XX se formaron las primeras compañías Internet Service Provider (ISP). Compañías como PSINet, UUNET, Netcom y Portal Software se formaron para ofrecer servicios a las redes de investigación regional y dar un acceso alternativo a la red, e-mail basado en UUCP y Noticias Usenet al público. El primer ISP de marcaje telefónico, world.std.com, se inauguró en 1989.

Esto causó controversia entre los usuarios conectados a través de una universidad, que no aceptaban la idea del uso no educativo de sus redes. Los ISP comerciales fueron los que eventualmente bajaron los precios lo suficiente como para que los estudiantes y otras escuelas pudieran participar en los nuevos campos de educación e investigación.

Para el año 1990, ARPANET había sido superado y reemplazado por nuevas tecnologías de red, y el proyecto se clausuró. Tras la clausura de ARPANET, en 1994, NSFNet, actualmente ANSNET (Advanced Networks and Services, Redes y Servicios Avanzados) y tras permitir el acceso de organizaciones sin ánimo de lucro, perdió su posición como base fundamental de Internet. Ambos, el gobierno y los proveedores comerciales crearon sus propias infraestructuras e interconexiones. Los NAPs regionales se convirtieron en las interconexiones primarias entre la multitud de redes y al final terminaron las restricciones comerciales.

Internet desarrolló una subcultura bastante significativa, dedicada a la idea de que Internet no está poseída ni controlada por una sola persona, compañía, grupo u organización. Aun así, se necesita algo de estandarización y control para el correcto funcionamiento de todo el sistema.

El procedimiento de la publicación del RFC liberal provocó la confusión en el proceso de estandarización de Internet, lo que condujo a una mayor formalización de los estándares oficialmente aceptados. El IETF empezó en enero de 1986 como una reunión trimestral de los muchos investigadores del gobierno de los Estados Unidos. En la cuarta reunión del IETF (octubre de 1986) se pidió a los representantes de vendedores no gubernamentales que empezaran a participar en esas reuniones.

La aceptación de un RFC por el Editor RFC para su publicación no lo estandariza automáticamente. Debe ser reconocido como tal por la IETF sólo después de su experimentación, uso y su aceptación como recurso útil para su propósito. Los estándares oficiales se numeran con un prefijo "STD" y un número, similar al estilo de nombramiento de RFCs. Aun así, incluso después de estandarizarse, normalmente la mayoría es referida por su número RFC.

En 1992, se formó una sociedad profesional, la Internet Society (Sociedad de Internet), y la IETF se transfirió a una división de la primera, como un cuerpo de estándares internacionales independiente. La primera autoridad central en coordinar la operación de la red fue la NIC (Network Information Centre) en el Stanford Research Institute (también llamado SRI Internacional, en Menlo Park, California). En 1972, el manejo de estos problemas se transfirió a la reciente Agencia de Asignación de Números de Internet (Internet Assigned Numbers Authority, o IANA). En adición a su papel como editor RFC, Jon Postel trabajó como director de la IANA hasta su muerte en 1998.

Así como crecía la temprana ARPANet, se establecieron nombres como referencias a los hosts, y se distribuyó un archivo HOSTS. TXT desde SRI International a cada host en la red. Pero a medida que la red crecía, este sistema era menos práctico. Una solución técnica fue el Domain Name System, creado por Paul Mockapetris. La Defense Data Network - Network Information Center (DDN-NIC) en el SRI manejó todos los servicios de registro, incluyendo los dominios de nivel superior .mil, .gov, .edu, .org, .net, .us, y .com, la administración del servidor raíz y la asignación de los números de Internet, bajo un contrato del Departamento de Defensa de los Estados Unidos. En 1991, la Agencia de Sistemas de Información de Defensa (Defense Information Systems Agency o DISA) transfirió la administración y mantenimiento de DDN-NIC (hasta ese momento manejado por SRI) a Government Systems, Inc., que lo subcontrató al pequeño sector privado Network Solutions, Inc.

Como a este punto en la historia la mayor parte del crecimiento de Internet venía de fuentes no militares, se decidió que el Departamento de Defensa ya no fundaría servicios de registro fuera del domino de nivel superior .mil. En 1993 la National Science Foundation de los E.E.U.U., después de un competitivo proceso de puja en 1992, creó la InterNIC para tratar las localizaciones de las direcciones y el manejo de las bases de datos, y pasó el contrato a tres organizaciones. Los servicios de Registro los daría Network Solutions; los servicios de Directorios y Bases de Datos, AT&T; y los de Información, General Atomics.

En 1998 tanto IANA como InterNIC se reorganizaron bajo el control de ICANN, una corporación de California sin ánimo de lucro, contratada por el US Department of Commerce para manejar ciertas tareas relacionadas con Internet. El papel de operar el sistema DNS fue privatizado, y abierto a competición, mientras la gestión central de la asignación de nombres sería otorgada a través de contratos.

Se suele considerar el correo electrónico como la aplicación asesina de Internet; aunque realmente, el e-mail ya existía antes de Internet y fue una herramienta crucial en su creación. Empezó en 1965 como una aplicación de computadoras centrales a tiempo compartido para que múltiples usuarios pudieran comunicarse. Aunque la historia no es clara, entre los primeros sistemas en tener una facilidad así se encuentran Q32, SDC's, y los CTSS del MIT.

La red de computadoras de ARPANET hizo una gran contribución en la evolución del correo electrónico. Existe un informe que indica transferencias de e-mail entre sistemas experimentales poco después de su creación. Ray Tomlinson inició el uso del signo @ para separar los nombres del usuario del de la empresa de medios, en 1971.

Se desarrollaron protocolos para transmitir el correo electrónico entre grupos de ordenadores centrales a tiempo compartido sobre otros sistemas de transmisión, como UUCP y el sistema de e-mail VNET, de IBM. El correo electrónico podía pasarse así entre un gran número de redes, incluyendo ARPANET, BITNET y NSFNET, así como a hosts conectados directamente a otros sitios vía UUCP.

Además, UUCPnet trajo una manera de publicar archivos de texto que se pudieran leer por varios otros. El software News, desarrollado por Steve Daniels y Tom Truscott en 1979 se usarían para distribuir noticias mensajes como tablones de anuncios. Esto evolucionó rápidamente a los grupos de discusión con un gran rango de contenidos. En ARPANET y NSFNET, concretamente en la lista de correo de SFLOVERS se crearon grupos de discusión similares por medio de listas de correo, que discutían asuntos técnicos y otros temas, como la ciencia ficción.

A medida que Internet creció durante los años 1980 y principios de los años 1990, mucha gente se dio cuenta de la creciente necesidad de poder encontrar y organizar ficheros e información. Los proyectos como Gopher, WAIS, y la FTP Archive list intentaron crear maneras de organizar datos distribuidos. Desafortunadamente, estos proyectos se quedaron cortos en poder alojar todos los tipos de datos existentes y en poder crecer sin cuellos de botella.

Uno de los paradigmas de interfaz de usuarios más prometedor durante este periodo fue el hipertexto. La tecnología había sido inspirada por el "Memex" de Vannevar Bush y desarrollada a través de la investigación de Ted Nelson en el Proyecto Xanadu y la investigación de Douglas Engelbart en el NLS. Muchos pequeños sistemas de hipertexto propios se habían creado anteriormente, como el HyperCard de Apple Computer.

En 1991, Tim Berners-Lee fue el primero en desarrollar una implementación basada en red de concepto de hipertexto. Esto fue después de que Berners-Lee hubiera propuesto repetidamente su idea a las comunidades de hipertexto e Internet en varias conferencias sin acogerse—nadie lo implementaría por él. Trabajando en el CERN, Berners-Lee quería una manera de compartir información sobre su investigación. Liberando su implementación para el uso público, se aseguró que la tecnología se extendería. Posteriormente, Gopher se convirtió en la primera interfaz de hipertexto comúnmente utilizada en Internet. Aunque las opciones del menú Gopher eran ejemplos de hipertexto, éstas no fueron comúnmente percibidas de esta manera. Unos de los primeros populares navegadores web, modelados después de HyperCard, fue Violawww.

Los expertos generalmente están de acuerdo, sin embargo, que el punto decisivo para la World Wide Web comenzó con la introducción de Mosaic en 1993, un navegador web con interfaz gráfica desarrollado por un equipo en el Nacional Center for Supercomputing Applications en la Universidad de Illinois en Urbana-Champaign (NCSA-UIUC), liderado por Marc Andreessen. Los fondos para Mosaic vinieron desde la High-Performance Computing and Communications Initiative, el programa de ayudas High Performance Computing and Communication Act of 1991 iniciado por el entonces senador Al Gore. De hecho, la interfaz gráfica de Mosaic pronto se hizo más popular que Gopher, que en ese momento estaba principalmente basado en texto, y la WWW se convirtió en la interfaz preferida para acceder a Internet.

Mosaic fue finalmente suplantado en 1994 por Netscape Navigator de Andreessen, que reemplazó a Mosaic como el navegador web más popular en el mundo. La competencia de Internet Explorer y una variedad de otros navegadores casi lo ha sustituido completamente. Otro acontecimiento importante celebrado el 11 de enero de 1994, fue The Superhighway Summit en la Sala Royce de la UCLA. Esta fue la "primera conferencia pública que agrupó a todos los principales líderes de la industria, el gobierno y académicos en el campo donde comenzó el diálogo nacional sobre la Autopista de la Información y sus implicaciones."

La infraestructura de Internet se esparció por el mundo, para crear la moderna red mundial de computadoras que hoy conocemos. Atravesó los países occidentales e intentó una penetración en los países en desarrollo, creando un acceso mundial a información y comunicación sin precedentes, pero también una brecha digital en el acceso a esta nueva infraestructura. Internet también alteró la economía global.

Un método de conectar computadoras, prevalente sobre los demás, se basaba en el método de la computadora central o unidad principal, que simplemente consistía en permitir a sus terminales conectarse a través de largas líneas alquiladas. Este método se usaba en los años sesenta por el Proyecto RAND para apoyar a investigadores como Herbert Simon, en Pittsburgh, Pensilvania, cuando colaboraba a través de todo el continente con otros investigadores de Santa Mónica, California trabajando en demostración automática de teoremas e inteligencia artificial.

El pionero en red mundial, J.C.R Licklider, comprendió la necesidad de una red mundial, según consta en su documento de enero, 1960, Man-Computer Symbiosis (Simbiosis Hombre-Computadora), en donde se puede leer lo siguiente:

"Una red de muchas computadoras, conectadas mediante líneas de comunicación de banda ancha, las cuales proporcionan las funciones que existen hoy en día de las bibliotecas junto con anticipados avances en el guardado y adquisición de información y otras funciones simbióticas".
Joseph Carl Robnett Licklider

En octubre de 1962, Licklider fue nombrado jefe de la oficina de procesado de información DARPA y empezó a formar un grupo informal dentro del DARPA del Departamento de Defensa de los Estados Unidos para investigaciones sobre ordenadores más avanzadas. Como parte del papel de la oficina de procesado de información, se instalaron tres terminales de redes: una para la System Development Corporation en Santa Mónica, otra para el Proyecto Genie en la Universidad de California (Berkeley) y otra para el proyecto Multics en el Instituto Tecnológico de Massachusetts. La necesidad de Licklider de redes se haría evidente por los problemas que esto causó.

Robert W. Taylor, co-escritor, junto con Licklider, de "The Computer as a Communications Device" (La computadora como un Dispositivo de Comunicación), en una entrevista con el New York Times. Planteó que como principal problema en lo que se refiere a las interconexiones está el conectar diferentes redes físicas para formar una sola red lógica. Durante los años 60, varios grupos trabajaron en el concepto de la conmutación de paquetes. Actualmente se considera que Donald Davies (National Physical Laboratory), Paul Baran (Rand Corporation) y Leonard Kleinrock (MIT) lo inventaron simultáneamente.

La conmutación es una técnica que sirve para hacer un uso eficiente de los enlaces físicos en una red de computadoras. Un Paquete es un grupo de información que consta de dos partes: los datos propiamente dichos y la información de control, en la que está especificado la ruta a seguir a lo largo de la red hasta el destino del paquete. Mil octetos es el límite de longitud superior de los paquetes, y si la longitud es mayor el mensaje se fragmenta en otros paquetes.

La primera conexión ARPANET fuera de los Estados Unidos se hizo con NORSAR en Noruega en 1973, justo antes de las conexiones con Gran Bretaña. Todas estas conexiones se convirtieron en TCP/IP en 1982, al mismo tiempo que el resto de las ARPANET.

En 1984 América empezó a avanzar hacia un uso más general del TCP/IP, y se convenció al CERNET para que hiciera lo mismo. El CERNET, ya convertido, permaneció aislado del resto de Internet, formando una pequeña Internet interna.

En 1988 Daniel Karrenberg, del Instituto Nacional de Investigación sobre Matemáticas e Informática de Ámsterdam, visitó a Ben Senegal, coordinador TCP/IP dentro del CERN; buscando consejo sobre la transición del lado europeo de la UUCP Usenet network (de la cual la mayor parte funcionaba sobre enlaces X.25) a TCP/IP. En 1987, Ben Senegal había hablado con Len Bosack, de la entonces pequeña compañía Cisco sobre routers TCP/IP, y pudo darle un consejo a Karrenberg y reexpedir una carta a Cisco para el hardware apropiado. Esto expandió la porción asiática de Internet sobre las redes UUCP existentes, y en 1989 CERN abrió su primera conexión TCP/IP externa. Esto coincidió con la creación de Réseaux IP Européens (RIPE), inicialmente un grupo de administradores de redes IP que se veían regularmente para llevar a cabo un trabajo coordinado. Más tarde, en 1992, RIPE estaba formalmente registrada como una cooperativa en Ámsterdam.

Al mismo tiempo que se producía el ascenso de la interconexión en Europa, se formaron conexiones hacia el ARPA y universidades australianas entre sí, basadas en varias tecnologías como X.25 y UUCPNet. Éstas estaban limitadas en sus conexiones a las redes globales, debido al coste de hacer conexiones de marcaje telefónico UUCP o X.25 individuales e internacionales. En 1990, las universidades australianas se unieron al empujón hacia los protocolos IP para unificar sus infraestructuras de redes. AARNet se formó en 1989 por el Comité del Vice-Canciller Australiano y proveyó una red basada en el protocolo IP dedicada a Australia.

En Europa, habiendo construido la JUNET (Red Universitaria canadesa) una red basada en UUCP en 1984, Japón continuó conectándose a NSFNet en 1989 e hizo de anfitrión en la reunión anual de The Internet Society, INET'92, en Kōbe. Singapur desarrolló TECHNET en 1990, y Thailandia consiguió una conexión a Internet global entre la Universidad de Chulalongkorn y UUNET en 1992.

2.8. Origen y evolución de la Televisión Inteligente.

La televisión inteligente (traducido del inglés "Smart TV") describe la integración de Internet y de las características Web 2.0 a la televisión digital y muy especialmente a la televisión 3D y al set-top box (STB), así como la convergencia tecnológica entre las computadoras, los televisores y el STB. Estos dispositivos se centran en los medios interactivos en línea, en la televisión por Internet y en otros servicios como el vídeo a la carta.

La tecnología de los Smart TVs no sólo se incorpora en los aparatos de televisión, sino también en otros dispositivos como la set-top boxes, el grabador de video digital, los reproductores Blu-ray, las consolas de videojuegos y Home cinemas, entre otros. Estos dispositivos permiten a los espectadores buscar y encontrar vídeos, películas, fotografías y otros contenidos online, en un canal de televisión por cable, en un canal de televisión por satélite o almacenado en un disco duro local. Y muchos de ellos permiten grabar y verlos en 3D, a un precio asequible, por lo que la TV con estas características (3D, grabadora y Smart TV con Internet) se está convirtiendo en el estándar.

Algunas de las características de los llamados televisores inteligentes ya formaban parte de algunos televisores y de las set-top boxes desde el año 2005. Los televisores inteligentes o Smart TVs se empezaron a comercializar a finales del año 2010 bajo este nombre, antes eran conocidos como Internet TV. Nacieron con la intención de ampliar el alcance de los contenidos multimedia directamente a la televisión doméstica para que el telespectador pudiese acceder con más comodidad tanto al contenido de transmisión digital como al contenido multimedia de Internet en un televisor mediante un solo mando a distancia y una única interfaz de usuario en la pantalla. Los fabricantes de televisores aprovecharon la Feria Internacional de Electrónica de Consumo, que se realizó en Las Vegas durante el inicio del año 2011 para promocionar los televisores inteligentes.

Un dispositivo de Smart TV puede hacer referencia a dos conceptos diferentes; por un lado, puede referirse a un televisor que cuenta con la integración de Internet, pero por el otro, también puede hacer referencia a un set-top box para la televisión que ofrece una capacidad de computación más avanzada y una mayor conectividad que un conjunto básico de televisión contemporánea.

En este último caso, destaca el LG ST600 Smarty TV upgrader creado por LG, que es una pequeña caja que actualiza un televisor que originalmente sólo reproduce la salida de la antena del televisor, sin conexión a Internet. Este dispositivo, que cuenta con conexión Wi-Fi y Ethernet, le añade las funcionalidades propias de la televisión inteligente al televisor, como la conexión a Internet o la posibilidad de hacer streaming de video desde otros ordenadores.

La televisión inteligente permite instalar y ejecutar aplicaciones avanzadas o plugins basados en una plataforma específica, tal como haría el sistema informático de un ordenador integrado en el televisor. Los televisores inteligentes ejecutan un sistema operativo o el software completo de un sistema operativo móvil ofreciendo una plataforma para el desarrollador de software.

La televisión inteligente permite al usuario:

- Entregar contenidos de otros equipos o dispositivos de almacenamiento a la red, como fotografías, películas y música utilizando un programa de servicio DLNA, como Windows Media Player en el ordenador o NAS, o a través de iTunes.

- Proporcionar acceso a servicios basados en Internet, mediante IPTV, así como buscar y navegar por Internet, por los servicios de vídeo a la carta, EPG, personalización de contenidos, redes sociales y otras aplicaciones multimedia.

- Visualizar los contenidos en alta definición.

- Lanzar aplicaciones asociadas en un canal concreto, como vídeos relacionados con el contenido, sistemas de votaciones, sistemas de apuestas y participación en concursos, publicidad interactiva.

- Grabar en disco duro interno o externo USB los servicios que se están emitiendo en un momento determinado o copiarlos de internet.

- Reproducir el contenido de videos o música almacenado en un dispositivo USB.

- Instalar aplicaciones sobre la plataforma, como por ejemplo juegos, que se pueden hacer correr en cualquier momento.

- Facilitar las compras realizadas en Internet.

- Controlar de forma remota el televisor con el móvil del usuario, mediante aplicaciones desarrolladas por los dispositivos que cuentan con Android y el iPhone.

- Algunos también cuentan con redes de telefonía IP, como la Skype.

Si bien el concepto de los televisores inteligentes todavía se encuentra en su fase incipiente, con próximos marcos de software como la propiedad de Google TV y plataformas de código abierto XBMC que reciben una gran cantidad de atención pública en los medios de comunicación en el área de consumo del mercado, ofertas de compañías como Logitech, Sony, LG, Boxee, Samsung e Intel han indicado los productos que dará a los usuarios de televisión las capacidades de investigación, y la capacidad de ejecutar aplicaciones (también disponibles a través de un "app store"), interactividad de contenidos bajo demanda, comunicaciones personalizadas y funciones de redes sociales.

Los televisores inteligentes tienen un puerto Ethernet en su parte trasera que permite conectar un cable que se encamina a un módem de banda ancha o a un router. Este hecho implica que el televisor tiene que estar situado cerca de uno de estos, por lo que la mayoría de los televisores inteligentes disponen de conexión Wi-Fi y se pueden conectar sin cables a la red doméstica.

El diseño y el desarrollo de una interfaz de televisión inteligente son un desafío complejo, y no simplemente una cuestión de la integración de las fuentes de entrada diferentes. La experiencia de los consumidores tiene que ser optimizada porque todos los medios de comunicación se integren a la perfección y sean accesibles a través de una EPG única, lo que requiere la presencia de software avanzado. Los televisores inteligentes cuentan con una interfaz agradable por la cual se hace posible navegar de una forma intuitiva y cómoda, y a la vez permiten que el usuario cuente con un alto grado de interacción con el dispositivo. Algunos dispositivos también responden a órdenes de voz y movimiento.

La televisión inteligente permite a los usuarios ver servicios avanzados en su televisor de pantalla plana, a través de un único dispositivo. Además de una gama más amplia de los contenidos de los proveedores de televisión -que van desde la televisión tradicional de difusión, vídeo a la carta y servicios de catch-up

TV, como BBC iPlayer estos nuevos dispositivos también ofrecen a los consumidores acceso al contenido generado por los propios usuarios (ya sea almacenado en un disco duro externo, o almacenado en una nube), y una amplia gama de servicios interactivos avanzados y páginas de contenidos en Internet, como YouTube. Las set-top boxes de la televisión inteligente son cada vez más comunes entre los operadores de televisión de pago, puesto que buscan satisfacer las tendencias de consumo de mediados de contenido de vídeo, interactividad y aplicaciones avanzadas a Internet, como las redes sociales.

Las plataformas de televisión inteligentes se pueden ampliar con tecnologías que permiten la interacción del dispositivo con las redes sociales, con las cuales los usuarios pueden ver las actualizaciones y publicar sus propias actualizaciones en algunos de los servicios de redes sociales (como por ejemplo en Boxee, o en las interfaces de Google+, Facebook, Last.fm, SoundCloud y Twitter, entre otros servicios similares), incluyendo publicaciones relacionadas con el contenido que se está reproduciendo a tiempo real. La adición de la sincronización con las redes sociales proporciona una interacción entre los contenidos en pantalla y los espectadores que no está actualmente disponible para la mayoría de los televisores. Es decir, los usuarios pueden comentar los contenidos del servicio que están visualizando en directo en un momento determinado mediante las redes sociales con otros telespectadores.

Los televisores inteligentes permiten al usuario descargar de Internet e instalar una variada gama de aplicaciones. Los televisores tienen una página de inicio que permite al usuario acceder a todas las diferentes funciones, y también aparecen los enlaces a las tiendas de aplicaciones individuales. De momento, todas las aplicaciones disponibles en los televisores inteligentes son gratuitas, pero los fabricantes tienen planeado sacar a la venta próximamente las aplicaciones de pago más populares actuales de los teléfonos inteligentes. En algunos fabricantes, como es el caso de Sony, las nuevas aplicaciones se descargan automáticamente cuando están disponibles, y se pueden seleccionar desde la página principal. Las aplicaciones disponibles incluyen juegos, radio por Internet, información meteorológica y entretenimiento. Cada televisor tiene su propio entorno operativo, por lo que no es posible traducir aplicaciones de un dispositivo a otro.

2.9. Origen y evolución de las Redes Sociales.

Se le llama Red Social a una forma particular de representar una estructura social, asignándole un grafo, si dos elementos del conjunto de actores, sean estos individuos u organizaciones, están relacionados de acuerdo a algún criterio; profesional, amistad, parentesco, etc., entonces, se construye una línea que conecta los nodos que representan a dichos elementos. El tipo de conexión representable en una red social es una relación diádica o lazo interpersonal, que se pueden interpretar como relaciones de amistad, parentesco, laborales, políticas, religiosas, culturales, comerciales, entre otros.

El término red social es atribuido principalmente a los antropólogos ingleses John Barnes y Elizabeth Bott, ya que, para ellos resultaba imprescindible considerar lazos externos a los familiares, residenciales o de pertenencia a algún grupo social.

Sin embargo, los principales precursores de las redes sociales fueron Émile Durkheim y Ferdinand Tönnies. Este último argumentó que los grupos sociales pueden existir bien como lazos sociales personales y directos que vinculan a los individuos con aquellos con quienes comparte valores y creencias –gemeinschaft-, o bien como vínculos sociales formales e instrumentales – gesellschaft-. Durkheim aportó una explicación no individualista al hecho social, argumentando que los fenómenos sociales surgen cuando los individuos que interactúan constituyen una realidad que ya no puede explicarse en términos de los atributos de los actores individuales. Hizo distinción entre una sociedad tradicional que prevalece si se minimizan las diferencias individuales; y una sociedad moderna que desarrolla cooperación entre individuos diferenciados con roles independientes.

Por otra parte, Georg Simmel a comienzos del siglo XX, fue el primer estudioso que pensó directamente en términos de red social.

Sus ensayos apuntan a la naturaleza del tamaño de la red sobre la interacción y a la probabilidad de interacción en redes ramificadas, de punto flojo, en lugar de en grupos.

Después de una pausa en las primeras décadas del siglo XX, surgieron tres tradiciones principales en las redes sociales. En la década de 1930, Jacob Moreno fue pionero en el registro sistemático y en el análisis de la interacción social de pequeños grupos, en especial las aulas y grupos de trabajo, sociometría, mientras que un grupo de Harvard liderado por W. Lloyd Warner y Elton Mayo exploró las relaciones interpersonales en el trabajo. En 1940, en su discurso a los antropólogos británicos, A.R. Radcliffe-Brown instó al estudio sistemático de las redes. Sin embargo, tomó unos 15 años antes de esta convocatoria fuera seguida de forma sistemática.

La investigación multidisciplinar ha mostrado que las redes sociales constituyen representaciones útiles en muchos niveles, desde las relaciones de parentesco hasta las relaciones de organizaciones a nivel estatal, desempeñando un papel crítico en la determinación de la agenda política y el grado en el cual los individuos o las organizaciones alcanzan sus objetivos o reciben influencias.

El Análisis de redes sociales se desarrolló con los estudios de parentesco de Elizabeth Bott en Inglaterra entre los años 1950, y con los estudios de urbanización del grupo de antropólogos de la Universidad de Mánchester, entre los años 1950 y 1960, investigando redes comunitarias en el sur de África, India y el Reino Unido. Al mismo tiempo, el antropólogo británico Nadel SF Nadel codificó una teoría de la estructura social que influyó posteriormente en el análisis de redes. Entre los años 1960 y 1970, un número creciente de académicos trabajaron en la combinación de diferentes temas y tradiciones.

El Análisis de redes sociales ha emergido como una metodología clave en las modernas Ciencias Sociales, entre las que se incluyen la sociología, la antropología, la psicología social, la economía, la geografía, la política, la cienciometría, los estudios de comunicación, estudios organizacionales, la sociolingüística, la física y la biología genética.

El análisis de redes sociales estudia esta estructura social aplicando la teoría de grafo e identificando las entidades como "nodos" o "vértices" y las relaciones como "enlaces" o "aristas". La estructura del grafo resultante es a menudo muy compleja. Como se ha dicho, En su forma más simple, una red social es un mapa de todos los lazos relevantes entre todos los nodos estudiados. Se habla en este caso de redes "socio céntricas" o "completas". Otra opción es identificar la red que envuelve a una persona, en los diferentes contextos sociales en los que interactúa; en este caso estamos frente a una "red personal".

La red social también puede ser utilizada para medir el capital social, es decir, el valor que un individuo obtiene de los recursos accesibles a través de su red social. Estos conceptos se muestran, a menudo, en un diagrama donde los nodos son puntos y los lazos, líneas. El término Red Social también se suele referir a las plataformas en Internet. Las redes sociales de Internet cuyo propósito es facilitar la comunicación y otros temas sociales en la web.

En el lenguaje cotidiano se ha utilizado libremente la idea de "red social" durante más de un siglo para denotar conjuntos complejos de relaciones entre miembros de los sistemas sociales en todas las dimensiones, desde el ámbito interpersonal hasta el internacional. En 1954, el antropólogo de la Escuela de Mánchester J. A. Barnes comenzó a utilizar sistemáticamente el término para mostrar patrones de lazos, abarcando los conceptos tradicionalmente utilizados por los científicos sociales: grupos delimitados y categorías sociales. Académicos como S.D. Berkowitz, Peter Marsden, Barry Wellman, Linton Freeman, Stephen Borgatti, Martin Everett, Harrison White, Katherine Faust, Kathleen Carley, Ronald Burt, David Knoke, Nicholas Mullins, Stanley Wasserman y Douglas White expandieron el uso del análisis de redes sociales sistemático. Otras personas de gran importantes en este grupo fueron Charles Tilly, quien se enfocó en redes en sociología política y movimientos sociales, y Stanley Milgram, quien desarrolló la tesis de los "seis grados de separación".

Gracias a este grupo de expertos y otros más, el análisis de redes sociales ha pasado de ser una metáfora sugerente para constituirse en un enfoque analítico y un paradigma, con sus principios teóricos, métodos de software para análisis de redes sociales y líneas de investigación propios. Estos analistas estudian la influencia del todo en las partes y viceversa, el efecto producido por la acción selectiva de los individuos en la red; desde la estructura hasta la relación y el individuo, desde el comportamiento hasta la actitud. Como se ha dicho estos análisis se realizan bien en redes completas, donde los lazos son las relaciones específicas en una población definida, o bien en redes personales, también conocidas como redes egocéntricas, aunque no son exactamente equiparables, donde se estudian "comunidades personales". La distinción entre redes totales/completas y redes personales/ egocéntricas depende mucho más de la capacidad del analista para recopilar los datos y la información. Es decir, para grupos tales como empresas, escuelas o sociedades con membrecía, el analista espera tener información completa sobre quien está en la red, siendo todos los participantes egos y alteri potenciales. Los estudios personales/egocéntricos son conducidos generalmente cuando las identidades o egos se conocen, pero no sus alteri. Estos estudios permiten a los egos aportar información sobre la identidad de sus alteri y no hay la expectativa de que los distintos egos o conjuntos de alteri estén vinculados con cada uno de los otros.

La forma de una red social ayuda a determinar la utilidad de la red para sus individuos. Las redes más pequeñas y más estrictas, pueden ser menos útiles para sus miembros que las redes con una gran cantidad de conexiones sueltas, vínculo débil, con personas fuera de la red principal. Las redes más abiertas, con muchos vínculos y relaciones sociales débiles, tienen más probabilidades de presentar nuevas ideas y oportunidades a sus miembros que las redes cerradas con muchos lazos redundantes. En otras palabras, un grupo de amigos que sólo hacen cosas unos con otros ya comparten los mismos conocimientos y oportunidades. Un grupo de individuos con conexiones a otros mundos sociales es probable que tengan acceso a una gama más amplia de información. Es mejor para el éxito individual tener conexiones con una variedad de redes en lugar de muchas conexiones en una sola red. Del mismo modo, los individuos pueden ejercer influencia o actuar como intermediadores en sus redes sociales, de puente entre dos redes que no están directamente relacionadas, conocido como llenar huecos estructurales.

El poder de análisis de redes sociales estriba en su diferencia de los estudios tradicionales en las Ciencias Sociales, que asumen que los atributos de cada uno de los actores, ya sean amistosos o poco amistosos, inteligentes o tontos, etc., es lo que importa. El análisis de redes sociales produce una visión a la vez alternativa y complementaria, en la cual los atributos de los individuos son menos importantes que sus relaciones y sus vínculos con otros actores dentro de la red. Este enfoque ha resultado ser útil para explicar muchos fenómenos del mundo real, pero deja menos espacio para la acción individual y la capacidad de las personas para influir en su éxito, ya que gran parte se basa en la estructura de su red.

Las redes sociales también se han utilizado para examinar cómo las organizaciones interactúan unas con otras, caracterizando las múltiples conexiones informales que vinculan a los ejecutivos entre sí, así como las asociaciones y conexiones entre los empleados de diferentes organizaciones. Por ejemplo, el poder dentro de las organizaciones, a menudo proviene más del grado en que un individuo dentro de una red se encuentra en el centro de muchas relaciones, que de su puesto de trabajo real. Las redes sociales también juegan un papel clave en la contratación, en el éxito comercial y en el desempeño laboral. Las redes son formas en las cuales las empresas recopilan información, desalientan la competencia, y connivencia en la fijación de precios o políticas.

El análisis de redes sociales se ha utilizado en epidemiología para ayudar a entender cómo los patrones de contacto humano favorecen o impiden la propagación de enfermedades como el VIH en una población. La evolución de las redes sociales a veces puede ser simulada por el uso de modelos basados en agentes, proporcionando información sobre la interacción entre las normas de comunicación, propagación de rumores y la estructura social.

El análisis de redes sociales también puede ser una herramienta eficaz para la vigilancia masiva. Por ejemplo, el Total Information Awareness realizó una investigación a fondo sobre las estrategias para analizar las redes sociales para determinar si los ciudadanos de los Estados Unidos eran o no amenazas políticas.

La teoría de difusión de innovaciones explora las redes sociales y su rol en la influencia de la difusión de nuevas ideas y prácticas. El cambio en los agentes y en la opinión del líder a menudo tiene un papel más importante en el estímulo a la adopción de innovaciones, a pesar de que también intervienen factores inherentes a las innovaciones.

Por su parte, Robin Dunbar sugirió que la medida típica en una red egocéntrica está limitada a unos 150 miembros, debido a los posibles límites de la capacidad del canal de la comunicación humana. Esta norma surge de los estudios transculturales de la sociología y especialmente de la antropología sobre la medida máxima de una aldea. Esto está teorizado en la psicología evolutiva, cuando afirma que el número puede ser una suerte de límite o promedio de la habilidad humana para reconocer miembros y seguir hechos emocionales con todos los miembros de un grupo. Sin embargo, este puede deberse a la intervención de la economía y la necesidad de seguir a los "polizones", lo que hace que sea más fácil en grandes grupos sacar ventaja de los beneficios de vivir en una comunidad sin contribuir con esos beneficios.

Los grafos de colaboración pueden ser utilizados para ilustrar buenas y malas relaciones entre los seres humanos. Un vínculo positivo entre dos nodos denota una relación positiva (amistad, alianza, citas) y un vínculo negativo entre dos nodos denota una relación negativa (odio, ira). Estos gráficos de redes sociales pueden ser utilizados para predecir la evolución futura de la gráfica. En ellos, existe el concepto de ciclos "equilibrados" y "desequilibrados". Un ciclo de equilibrio se define como aquél donde el producto de todos los signos es positivo. Los gráficos balanceados representan un grupo de personas con muy poca probabilidad de cambio en sus opiniones sobre las otras personas en el grupo. Los gráficos desequilibrados representan un grupo de individuo que es muy probable que cambie sus opiniones sobre los otros en su grupo. Por ejemplo, en un grupo de 3 personas (A, B y C) donde A y B tienen una relación positiva, B y C tienen una relación positiva, pero C y A tienen una relación negativa, es un ciclo de desequilibrio. Este grupo es muy probable que se transforme en un ciclo equilibrado, tal que la B sólo tiene una buena relación con A, y tanto A como B tienen una relación negativa con C. Al utilizar el concepto de ciclos balanceados y desbalanceados, puede predecirse la evolución de la evolución de un grafo de red social.

Un estudio ha descubierto que la felicidad tiende a correlacionarse en redes sociales. Cuando una persona es feliz, los amigos cercanos tienen una probabilidad un 25 por ciento mayor de ser también felices. Además, las personas en el centro de una red social tienden a ser más felices en el futuro que aquellos situados en la periferia. En las redes estudiadas se observaron tanto a grupos de personas felices como a grupos de personas infelices, con un alcance de tres grados de separación: se asoció felicidad de una persona con el nivel de felicidad de los amigos de los amigos de sus amigos.

Algunos investigadores han sugerido que las redes sociales humanas pueden tener una base genética. Utilizando una muestra de mellizos del National Longitudinal Study of Adolescents Health, han encontrado que el in-degree (número de veces que una persona es nombrada como amigo o amiga), la transitividad (la probabilidad de que dos amigos sean amigos de un tercero), y la intermediación y centralidad (el número de lazos en la red que pasan a través de una persona dada) son significativamente hereditarios. Los modelos existentes de formación de redes no pueden dar cuenta de esta variación intrínseca, por lo que los investigadores proponen un modelo alternativo "Atraer y Presentar", que pueda explicar ese carácter hereditario y muchas otras características de las redes sociales humanas.

El software germinal de las redes sociales parte de la teoría de los seis grados de separación, según la cual toda la gente del planeta está conectada a través de no más de seis personas. De hecho, existe una patente en los Estados Unidos conocida como six degrees patent por la que ya han pagado Tribe y LinkedIn. Hay otras muchas patentes que protegen la tecnología para automatizar la creación de redes y las aplicaciones relacionadas con éstas.

Estas redes sociales se basan en la teoría de los seis grados, Seis grados de separación es la teoría de que cualquiera en la Tierra puede estar conectado a cualquier otra persona en el planeta a través de una cadena de conocidos que no tiene más de seis intermediarios. La teoría fue inicialmente propuesta en 1929 por el escritor húngaro Frigyes Karinthy en una corta historia llamada Chains. El concepto está basado en la idea que el número de conocidos crece exponencialmente con el número de enlaces en la cadena, y sólo un pequeño número de enlaces son necesarios para que el conjunto de conocidos se convierta en la población humana entera.

Los fines que han motivado la creación de las llamadas redes sociales son varios, principalmente, es el diseñar un lugar de interacción virtual, en el que millones de personas alrededor del mundo se concentran con diversos intereses en común. Recogida también en el libro "Six Degrees: The Science of a Connected Age" del sociólogo Duncan Watts, y que asegura que es posible acceder a cualquier persona del planeta en tan solo seis "saltos".

Según esta Teoría, cada persona conoce de media, entre amigos, familiares y compañeros de trabajo o escuela, a unas 100 personas. Si cada uno de esos amigos o conocidos cercanos se relaciona con otras 100 personas, cualquier individuo puede pasar un recado a 10,000 personas más tan solo pidiendo a un amigo que pase el mensaje a sus amigos.

Estos 10,000 individuos serían contactos de segundo nivel, que un individuo no conoce pero que puede conocer fácilmente pidiendo a sus amigos y familiares que se los presenten, y a los que se suele recurrir para ocupar un puesto de trabajo o realizar una compra. Cuando preguntamos a alguien, por ejemplo, si conoce una secretaria interesada en trabajar estamos tirando de estas redes sociales informales que hacen funcionar nuestra sociedad. Este argumento supone que los 100 amigos de cada persona no son amigos comunes. En la práctica, esto significa que el número de contactos de segundo nivel será sustancialmente menor a 10,000 debido a que es muy usual tener amigos comunes en las redes sociales.

Si esos 10,000 conocen a otros 100, la red ya se ampliaría a 1,000,000 de personas conectadas en un tercer nivel, a 100,000,000 en un cuarto nivel, a 10,000,000,000 en un quinto nivel y a 1,000,000,000,000 en un sexto nivel. En seis pasos, y con las tecnologías disponibles, se podría enviar un mensaje a cualquier individuo en cualquier lugar del planeta.

Evidentemente cuanto más pasos haya que dar, más lejana será la conexión entre dos individuos y más difícil la comunicación. Internet, sin embargo, ha eliminado algunas de esas barreras creando verdaderas redes sociales mundiales, especialmente en segmento concreto de profesionales, artistas, etc.

En la década de los 1950, Ithiel de Sola Pool (MIT) y Manfred Kochen (IBM) se propusieron demostrar la teoría matemáticamente. Aunque eran capaces de enunciar la cuestión "dado un conjunto de N personas, ¿cuál es la probabilidad de que cada miembro de estos N estén conectados con otro miembro vía k1, k2, k3,..., kn enlaces?", después de veinte años todavía eran incapaces de resolver el problema a su propia satisfacción.

En 1967, el psicólogo estadounidense Stanley Milgram ideó una nueva manera de probar la Teoría, que él llamó "el problema del pequeño mundo". El experimento del mundo pequeño de Milgram consistió en la selección al azar de varias personas del medio oeste estadounidense para que enviaran tarjetas postales a un extraño situado en Massachusetts, situado a varios miles de millas de distancia. Los remitentes conocían el nombre del destinatario, su ocupación y la localización aproximada. Se les indicó que enviaran el paquete a una persona que ellos conocieran directamente y que pensaran que fuera la que más probabilidades tendría, de todos sus amigos, de conocer directamente al destinatario. Esta persona tendría que hacer lo mismo y así sucesivamente hasta que el paquete fuera entregado personalmente a su destinatario final.

El fenómeno del mundo pequeño plantea la misma situación de los seis grados de separación de la cadena de conocidos sociales necesaria para conectar a una persona arbitraria con otra persona arbitraria en cualquier parte del mundo, es generalmente corta. Este concepto plantea la misma famosa hipótesis de los seis grados de separación a partir de los resultados del "experimento de un mundo pequeño". La duración media de las cadenas exitosas resultó ser de unos cinco intermediarios, o seis pasos de separación, la mayoría de las cadenas en este estudio ya no están completas. Tantos los métodos como la ética del experimento de Milgram fueron cuestionados más tarde por un estudioso norteamericano, y algunas otras investigaciones para replicar los hallazgos de Milgram habrían encontrado que los grados de conexión necesarios podrían ser mayores. Investigadores académicos continúan explorando este fenómeno dado que la tecnología de comunicación basada en Internet ha completado la del teléfono y los sistemas postales disponibles en los tiempos de Milgram. Un reciente experimento electrónico del mundo pequeño en la Universidad de Columbia, arrojó que cerca de cinco a siete grados de separación son suficientes para conectar cualesquiera dos personas a través de e-mail.

Aunque los participantes esperaban que la cadena incluyera al menos cientos de intermediarios, la entrega de cada paquete solamente llevó, como promedio, entre cinco y siete intermediarios. Los descubrimientos de Milgram fueron publicados en "Psychology Today" e inspiraron la frase seis grados de separación.

A comienzo del siglo XXI comienzan a aparecer sitio web promocionando las redes de círculos de amigos en línea cuando el término se empleaba para describir las relaciones en las comunidades virtuales, y se hizo popular en 2003 con la llegada de sitios tales como myspace. Hay más de 200 sitios de redes sociales. La popularidad de estos sitios creció rápidamente y grandes compañías han entrado en el espacio de las redes sociales en Internet. Por ejemplo, Google lanzó Orkut el 22 de enero de 2004. Otros buscadores como KaZaZZ! y Yahoo crearon redes sociales en 2005.

En estas comunidades, un número inicial de participantes envían mensajes a miembros de su propia red social invitándoles a unirse al sitio. Los nuevos participantes repiten el proceso, creciendo el número total de miembros y los enlaces de la red. Los sitios ofrecen características como actualización automática de la libreta de direcciones, perfiles visibles, la capacidad de crear nuevos enlaces mediante servicios de presentación y otras maneras de conexión social en línea. Las redes sociales también pueden crearse en torno a las relaciones comerciales.

Las herramientas informáticas para potenciar la eficacia de las redes sociales online, operan en tres ámbitos, de forma cruzada:

- Comunicación (nos ayudan a poner en común conocimientos).

- Comunidad (nos ayudan a encontrar e integrar comunidades).

- Cooperación (nos ayudan a hacer cosas juntos).

El establecimiento del "blended networking" o combinado de contactos es una aproximación a la red social que combina elementos del mundo virtual y del mundo real para crear una mezcla. Una red social de personas es combinada si se establece mediante eventos cara a cara y una comunidad en línea. Los dos elementos de la mezcla se complementan el uno al otro.

Las redes sociales continúan avanzando en Internet a pasos agigantados, especialmente dentro de lo que se ha denominado Web 2.0 y Web 3.0, y dentro de ellas, cabe destacar un nuevo fenómeno que pretende ayudar al usuario en sus compras en Internet: las redes sociales de compras.

Las redes sociales de compras tratan de convertirse en un lugar de consulta y compra. Un espacio en el que los usuarios pueden consultar todas las dudas que tienen sobre los productos en los que están interesados, leer opiniones y escribirlas, votar a sus productos favoritos, conocer gente con sus mismas aficiones y, por supuesto, comprar ese producto en las tiendas más importantes con un solo clic. Esta tendencia tiene nombre, se llama Shopping 2.0.

3

Efectos e Influencia del Primer Ojo del Dragón; El Cine

Desde sus primeros años, el Cine ha sido objeto de numerosos estudios que lo han considerado como un fenómeno social, económico y cultural sin precedentes en la historia de la humanidad. Lo cual ha hecho que se constituya en una institución dentro de la propia sociedad, ya que constituye un proceso comunicativo con un contexto socio-cultural que ejerce gran influencia en la configuración de las actitudes individuales y colectivas que al crear patrones similares se convierten en una tendencia mundial.

Esta influencia tiene dos tipos de tendencias posibles: positivas y negativas. Las positivas se relacionan con la función de socialización y educación cultural, en la cual las películas sirven como entes propagadores de información de las diferentes culturas existentes en todo el globo terráqueo, y las negativas que se relacionan con la legitimación de patrones de conductas inapropiados que se justifican y llegan a ser percibidos como actos o ideas correctos, los cuales atrofian las mentes de muchos individuos, constituyéndose en entes propagadores de imágenes que estimulan patrones genéticos de violencia.

La filmación de una película se realiza sobre la base de concretar ideas que encierran mensajes que son generados dentro de un sistema de comunicación sociológicamente complejo que se expresan a través de los reflejos de las imágenes y los sonidos proyectados a través del cine y los demás medios audiovisuales de comunicación, alcanzando una proyección multi dimensional que conjuga aspectos sintomáticos de índoles biológicos, psicológicos, sociológicos, religiosos, tecnológicos, económicos y culturales. Es por esto que, según muchos analistas, las películas ejercen una influencia manipuladora en el comportamiento de los espectadores, pudiendo incrementar o modificar los patrones de conducta de los mismos, muy especialmente en aquellas personas que arrastran con algún tipo de patología psicosomática. Según estos expertos, ésta es la razón por la cual, aunque debemos aceptar que los efectos negativos de los medios audiovisuales en la sociedad son algo complejo y difícil de comprobar, no menos cierto es que existen evidencias contundentes que demuestran una tendencia en tal sentido, ya que la gran mayoría de las películas proyectan en el presente escenas de hechos violentos que ocurrieron en el pasado, sirviendo así como elemento catalizador para general hechos violentos en el futuro en una espiral generadora de conductas antisociales, cuyo origen muchos analistas lo ubican en dichos medios, pero éstos están equivocados, ya que el ser humano fue diseñado genéticamente violento para que pudiera sobre vivir en un mundo en donde sobrevive el más fuerte, aunque también se le doto al propio tiempo con las características genéticas del amor, el miedo, la bondad, la benevolencia, etc., necesarias para controlar los instintos humanos de violencia, y solo usarla cuando es necesaria.

Esto ha provocado que desde los primeros años de la existencia del cine se hayan generado múltiples críticas procedentes de psicólogos, expertos en ciencias sociales y analistas literarios, quienes contraponen los efectos positivos y negativos provocados por la influencia del cine sobre las actitudes y comportamiento de los espectadores. Se ha cuestionado sobre la posibilidad de que el cine sea una fuente de creación de efectos colectivos, originados por una película en particular, y sobre si éstos podrían ser positivos o negativos. Para muchos, el fenómeno cinematográfico tiende a crear una identidad cultural global, a través de la cual se puede manipular la conciencia colectiva de la humanidad para bien o para mal.

Según estos analistas, las dimensiones sociológicas y psicológicas originadas por la atracción de las imágenes en movimiento que dan vida a los personajes en cada una de las diferentes experiencias cinematográficas llevan a cada individuo en particular a crearse un panorama mental e inconsciente acerca del conjunto de imágenes que son captadas por sus ojos, las cuales repercuten en dicho individuo de acuerdo al conjuntos de valores inculcados en su experiencia de vida. Los individuos que tienen patrones semejantes de valores, reaccionaran de manera similar ante cada uno de los estímulos creados en su mente por las imágenes percibidas, por lo que se considera que las películas, de hecho, crean una percepción psicosocial universal la cual se presta para ser usada como instrumento de manipulación masiva. Este efecto psicosocial es el que ha convertido el cine en el medio de comunicación social más potente e influyente de la sociedad moderna. Esta influencia se extrapola a los demás medios audiovisuales de comunicación, ya que las películas firmadas para el cine también son difundidas a través de la transmisión de televisión, los videos y con la ayuda del internet también pueden ser vistas en las computadoras personales, las tabletas electrónicas y los celulares inteligentes.

Es por ésta y otras razones que las películas se han constituido en el primer ente manipulador de la sociedad, aquel que con impunidad penetra en la mente de la sociedad obligando a los individuos de una manera sutil pero persuasiva y contundente a realizar los actos que demanda el cineasta. El cineasta maneja con gran destreza temas socioculturales complejos y los hace llegar a la audiencia de una forma amena y entretenida. En otras palabras, el cineasta transmite las emociones reales de los hechos a través de la pantalla para que sean captados como tal por la audiencia. Pero una realidad es que el cineasta no puede mantener una postura artística responsable, y consciente de que tiene en sus manos el medio de comunicación de masas más persuasivo sobre los individuos y la sociedad, solo se enfoca en los factores meramente económicos los cuales le llevan a crear argumentos que le gusten a la audiencia. Y como está demostrado que una gran parte de la audiencia es atraída por la violencia, el morbo, el sexo, la acción, el horror, la sangre, las armas, etc., el cineasta procura que sus argumentos estén cargados de todos estos aspectos.

En base a esta cruda realidad, en la mayoría de las ocasiones, el cineasta no trata solo de expresar la realidad en sus filmes, sino que emplea su creatividad para expresar escenas con gran crudeza y ficción, aunque esto pueda provocar reacciones inapropiadas o antisociales en una parte de la audiencia con patrones psicosomáticos. Deberíamos esperar que el cineasta hiciera plena conciencia de la gran responsabilidad que tiene el manejar un medio que ejerce tanta influencia sobre las actitudes y comportamientos de los individuos, a través del cual se pueden marcar de forma indeleble las creencias y valores de los miembros de la sociedad, así como detonar aspectos de la genética humana que provocan acciones violentas en algunos individuos que no tienen la capacidad de controlar sentimientos innatos como el odio, la ira y la violencia, almacenados en sus patrones genéticos.

El poder psicológico de la cinematografía está en el manejo de los estímulos creado por la visión de las imágenes, las cuales al ser percibidas condicionan a los espectadores. Es por esto que a través de las películas pueden dinamizarse los estímulos y reforzarse las conductas de los individuos de la sociedad; si son positivas, para bien, si son negativas, para mal. De forma que, ya sean buenas o malas, las películas pueden moldear una sociedad según el manejo dado al guion por el cineasta.

A pesar de que es difícil ignorar los aportes positivos que hacen las películas a través de los Medios Audiovisuales de Comunicación en la comprensión de la historia humana, el acercamiento entre diferentes culturas, el conocimiento del universo, la naturaleza del ecosistema, la ciencia, el mundo animal y las complejidades del ser humano al mismo tiempo que provee entretenimiento. Sin embargo, no menos cierto es que al propio tiempo estimula y promueven vicios, malos hábitos, violencias, infidelidades, traiciones, corrupción, etc., a través de una compleja red de publicidad subliminal que utiliza a los actores y actrices con fines mercantilistas. Los fabricantes han hecho sus marcas de productos mundialmente famosa a través de mostrar a los protagonistas de las películas usando o utilizando dichas marcas, con lo cual se propaga el consumismo y los vicios; el alcohol, cigarrillos, droga, etc., en todas las latitudes de la tierra. La audiencia es estimulada por las imágenes de las películas que muestran a los actores disfrutando del falso placer de estos nocivos vicios, sin reparar en las secuelas de daños provocadas por estos.

Con la finalidad de crear expectación y llamar la atención de la audiencia las películas están repletas de escenas en las cuales se presentan persecuciones de autos, donde se muestran los conductores violando las leyes de transito sin ningún tipo de castigo por dicha acción. Esto hace que los jóvenes inmaduros vean como algo divertido el conducir a alta velocidad y a la primera oportunidad tratan de imitar tales acciones para impresionar a sus amigos, trayendo como consecuencia muertes y destrucciones materiales. A esto se agregan las exhibiciones de destrucciones con explosivos, el uso indebido del celular mientras se conduce, el uso excesivo de las armas de fuego, etc. La violencia brutal y la morbosidad sexual que se exhiben en muchas películas también ayudan a estimular el ambiente de violencia, odio y egoísmo, donde hay poco respeto por la integridad y la dignidad humana.

Para algunos analistas, las películas se han constituido en una especie de videos educativos que enseñan acerca de cómo cometer crímenes, actos de terrorismo y todo tipo de violencia. A su juicio estas películas hacen ver a los terroristas y criminales como verdaderos héroes, al ser éstos comparados con los personajes fílmicos, algo que a juicio de muchos expertos ha provocado un gran incremento en el mal uso de las armas de fuego y el incremento de la violencia en términos generales en muchos países alrededor del mundo.

Otro factor importante que estimula la violencia, directa e indirectamente, es la idea de riqueza y éxito fácil, la cual viene impuesta a través de la expresión de consumismo excesivo que he estimulada en los filmes y en toda la transmisión de los Medios Audiovisuales de Comunicación Masiva, ya que personas con las mentes con algún tipo de patología psicosomática son arrastradas a cometer crímenes de todo tipo en pos de lograr la riqueza que le permita estar a la par con los patrones de consumo enseñados a través de estos medios de comunicación. Estos hábitos consumistas están íntimamente asociados al enfoque materialista que los cineastas acentúan premeditadamente en la mayoría de las películas sin considerar las consecuencias negativas que estos pueden generar en la sociedad.

Las películas más que una simple diversión son instrumentos de mediación entre la realidad y la expresión simulada que está supuesta a facilitar un mejor entendimiento de dicha realidad. Pero a través de esta forma de expresión los medios han estado manipulando y condicionando una nueva conciencia social colectiva muy diferente en los espectadores ya que está determinado que son estos quienes determinan el tipo de información que quieren recibir formando así una espiral de evolución degenerativa que copa todo el espectro de transmisión audiovisual global. Esta espiral degenerativa obliga a los medios a exponer imágenes que incluye el uso exagerado de sexo, droga, alcohol, cigarrillo, violencia, armas de fuego, destrucciones, explosiones, efectos especiales, sin los cuales no tendrían una masiva audiencia que es la que al fin de cuenta genera las grandes sumas multimillonarias de dólares. Es un hecho que las películas que generan mayor cantidad de ingresos monetarios son las que mayor violencia, morbo y sexo proyectan. De forma tal, la espiral de generación monetaria está sustentada sobre la base de la espiral degenerativa de la propia sociedad.

Es así como el cine, desde sus inicios, se ha constituido en un modelo forjador de actitudes y estilos de vida, como un espejo en el que todos nos miramos para decidir nuestras pautas de comportamiento, influyendo así notablemente en nuestra percepción de la realidad. Las películas no sólo han influido en nuestra imagen de la realidad, sino que han modificado también, nuestra actitud hacia productos específicos y nuestras pautas tradicionales de consumo. Al ser un transmisor de distintos modelos de vida, valores, e ideales de comportamiento, el cine adquiere cada vez más protagonismo como instancia de socialización de los jóvenes: él es el que dice a los jóvenes cómo deben comportarse y actuar, dónde está el bien y dónde está el mal, en qué consiste la felicidad y en qué consiste el fracaso personal. De esta manera, el cine ayuda en la consolidación de una cultura uniforme, socialmente compartida, homogénea, centrada en unos valores que aluden a una moral relativista.

A través de esta función, el cine ha legitimado conductas y percepciones de la realidad que antaño provocaban el rechazo o la discrepancia de la mayoría de la población. Sin embargo, hoy en día esas cuestiones se aceptan como inevitables, o incluso como tal vez correctas, por la legitimidad que las películas les han otorgado. Por otro lado, es evidente la capacidad de sugestión de las películas y la llamada "transferencia de personalidad."

La representación de la realidad en los filmes es siempre viva y fuerte, emocionalmente dramática, y con frecuencia se acaba asimilando como una experiencia vivida. Al ver una película, el espectador busca inconscientemente con qué personaje ha de identificarse, es decir desea verla desde un punto de vista, vivirla desde alguno de los personajes, y esto le lleva a un proceso de empatía, que es conocido en la industria cinematográfica como "transferencia de imagen o de personalidad". Este proceso se alcanza cuando el espectador se pone en lugar del personaje, asume sus ideales y empatiza con sus emociones. Emocionalmente, llega a comulgar con esos planteamientos, sobre todo si su formación es escasa o sus convicciones son más o menos superficiales.

Evidentemente, el cine es un medio de comunicación muy poderoso e influyente, y más que ser un gran aporte para el desarrollo, constituye el vivo reflejo de la percepción del mundo. Ciertamente tiene sus peligros al ser utilizado para fines inapropiados, es decir, cuando no es usado para inspirar y aportar valores positiva. Es así como el cine puede provocar auténticas movilizaciones de masas, ya que es una representación muy intensa, muy viva y muy dramática de una realidad palpable. Logrando de tal forma conmover nuestras emociones y nuestros valores más íntimos. No en vano, los clásicos decían que una buena representación puede provocar una verdadera "catarsis".

Está demostrado que el incremento de la influencia de los Medios Audiovisuales de Comunicación es proporcionar al incremento de la indiferencia que se viene observando con relación a los valores en la educación escolar y familiar. Tres o cuatro décadas atrás la Iglesia y los vecinos ejercían una gran influencia en niños y niñas, algo que hoy ya no existe, ya que el propio cine se ha encargado de exponer las conductas antisociales de una gran cantidad de individuos de las iglesias y otras instituciones otrora estandarte de honestidad lo cual ha provocado que los padres tomen medidas de precaución y que los propios jóvenes no sienta respecto por las mismas. De forma tal, allí donde estas instituciones tradicionales han transmitido actitudes sociales de debilidad, el cine ha asumido una importancia mayor como fuente de ideas que crea las pautas para la interacción social. Estos cambios en la interacción social han provocado que los jóvenes otorguen más autoridad a lo expuesto en las películas que a las clases de ética y de moral en la escuela, a las orientaciones de los adultos y a los sermones de los sacerdotes o ministros de las iglesias. Es por esta razón que hoy día, la base ética y moral de las personas recibe mayor influencia social y cultural de las películas que de cualquier otra vía, según muchos analistas.

La representación de la realidad en los filmes es siempre viva y fuerte, emocionalmente dramática, y con frecuencia se acaba asimilando como una experiencia vivida, como pudimos ver anteriormente. Así, por ejemplo, una chica joven no le presta atención a los consejos de su madre y su abuela ya que ella sabe que ambas tuvieron relaciones sexuales a mucha más temprana edad que ella. Ella sabe que en los tiempos de su abuela existía relativamente más promiscuidad que en la actualidad, lo único que en aquellos tiempos era más fácil de ocultar. Dicha joven lo ha visto en las películas y esas imágenes le han permitido asumir la instancia de testigo presencial de todos estos acontecimientos, ella ha sido testigo presenciar de estos hechos, y por tanto le parecen más verdaderos y reales que los discursos de sus padres y educadores. La vista de estas imágenes, crean la percepción de que ha sido una historia vivida o experimentada, adquiriendo así el estatus de algo de su propia vivencia.

Este tipo de manipulación crea una experiencia virtual que resulta mucho más persuasiva en los jóvenes que en los adultos, pues mientras más jóvenes, somos más vulnerables al poder fascinador de las imágenes. Esta experiencia virtual les ayuda a crear una muralla de contención contra todo tipo de consejo que pueda provenir de familiares o de cualquier miembro de alguna institución educativa. Se hace imperioso que los padres orienten a sus hijos e hijas acerca de las características manipuladoras de las películas desde mucho antes de ellos ser expuestos a éstas. Si desde temprana edad somos orientados para ver las películas de una manera crítica nuestra mente tendrá la capacidad para no dejarse manipular. Después de estar mentalmente preparado sobre lo que se puede ver en una película ya no habrá riesgo en ver publicidad subliminal, violencia, sexo, morbosidad o cualquier otra conducta antisocial.

Solo la buena y temprana orientación de los padres puede ser capaz de minimizar el efecto manipulador de las películas en los jóvenes y por ende en la sociedad. Cuando los padres le dejan esta misión a otra institución, los jóvenes quedan sujetos a la manipulación de esas otras personas, sean éstas iglesias o grupos de apoyo. Por ejemplo, en 1994 una institución religiosa de los Estados Unidos, decidió crear una productora de cine con la finalidad de realizar una película que alertara al público contra la violencia y reforzara los valores de la tradición católica. Es así como crearon un magnífico melodrama moral, largamente aclamado en el prestigioso Festival de cine independiente de Sundance, donde ganó el Premio del Público. Dicho filme fue aclamado por muchos analistas ya que la cinta resalta la concepción moral resaltando con eficacia temas como el amor, la familia, la compasión, el perdón, la interacción con Dios, etc. Pero precisamente, cuando se analiza detenidamente nos damos cuenta que estamos frente a otro tipo de manipulación en donde se trata de persuadir a los espectadores a alinearse en una doctrina religiosa en particular. A fin de cuenta, toda película que trata de persuadir a la audiencia, imponiéndole algo, es portadora de un mensaje subliminal que a fin de cuenta es una manipulación tendente a alinear hacia una corriente de pensamiento en particular.

Es claro que el cine tiene sus peligros, pero no menos cierto es que también puede educar, inspirar y fortalecer valores personales de forma enriquecedora. Conseguir esto es una tarea ardua, pero alcanzable. En donde todos debemos poner nuestro granito de arena. Los cineastas y los gobiernos deben sentir la responsabilidad de crear películas dirigidas a educar a los niños y las niñas, preparándolos para asimilar todos tipos de contenidos de las películas. En cuanto a las familias y los educadores, debemos enseñar a nuestros hijos e hijas a ver las películas y la teleseries desde un punto de vista crítico, selectivo y enriquecedor. Debemos enseñarles a sacar la parte positiva hasta de los más violentos filmes. Por ejemplo, una película sobre un violador de mujeres podría enseñar a varios sicópatas de la audiencia a desarrollar ideas de cómo cometer dicho delito, pero al mismo tiempo estaría enseñando a millones de mujeres como prevenir y evitar un ataque de este tipo.

Pero el cine no siempre fue así, en sus inicios, el cine dependía mucho de la literatura y era visto como una extensión del teatro. La violencia en la mayor parte de las escenas consistía en una lucha o una guerra y solía reflejar acontecimientos históricos o tenía una manera responsable moralmente de exhibir violencia, estando sometidas a prohibiciones o censuras. Pero a inicio de los años 1950, comienza la llamada generación de la violencia del cine estadounidense, encabezado por algunos directores que crearon grandes obras clásicas: Samuel Fuller, Donald Siegel, Richard Fleischer, Robert Aldrich, Richard Brooks, Nicholas Ray y Anthony Mann. Estos siete cineastas fueron los primeros que trataron la temática de la violencia en sus diferentes formas y manifestaciones, en todo tipo de género. Pero adquirió una personalidad particular, principalmente, en los de acción, guerra, terror, drama y crimen.

En las últimas décadas del siglo XX surgió un grupo de directores y guionistas que crearon una transformación en el cine, derivando una mezcla de géneros donde se combina drama, acción, intriga, farsa, parodia, suspenso, terror, ficción, aventura, melodrama, horror, fantasía, pornografía, romántico, catástrofe, musical, etc. Esta transformación ha derivado en un aumento de violencia y sexo en todos los tipos de filmes, inclusive en las comedias. Al mismo tiempo éstas ofrecen como modelos a personajes llevados por la ambición personal, el lucro ilícito, el arribismo, el afán por el dinero fácil, la corrupción, la drogadicción, el alcoholismo, el vicio, el sexo desenfrenado, la vulgaridad, la agresividad, la morbosidad y el crimen. Entre los principales exponentes de estas transformaciones están: William Oliver Stone, Stanley Kubrick, Jeff Wadlow, Sam Packinpah, Tobe Hooper, Terence Winkless, Martin Scorsese, Len Wiseman, James Wan, Rob Zombie, Eli Roth, David Cronenberg, Silvestre Stalone, Jonathan Demme, Ridley Scott, John McTiernan, Zack Snyder, Brett Ratner, Michael Mann y Quentin Tarantino.

Para ver si usted coincide conmigo vamos a analizar las 60 películas más violentas de todos los tiempos, según mi punto de vista.

1- "*A Clockwork Orange*" (La Naranja Mecánica), una adaptación de Stanley Kubrick de la novela del mismo nombre, narra la historia de un sociópata y su pandilla. Las escenas violentas de la película incluyen desde golpizas hasta violaciones. La historia empieza en el bar lácteo Korova donde Alex, Pete, Georgie y el Lerdo consumen leche-plus, que consiste en leche con velocet, synthemesco o drencrom, que los deja preparados para recurrir a la ultra violencia. Al retirarse del recinto observan a un hombre con tres libros al que golpean, desnudan y rompen sus libros, sin ninguna razón lógica aparente, y le roban el dinero, con el que compran alcohol que los conduce hasta donde hay un borracho, a quien también golpean.

Caminando cerca de una central eléctrica encuentran a cinco jóvenes intentando violar a una chica, pero no llaman su atención hasta observar que se trataba de una pandilla rival dirigida por Billyboy. Comienza una pelea entre ambas pandillas mientras la chica huye y llama a la policía, por lo que Alex y su grupo huyen sin poder asesinar a Billyboy. Con un auto que acaban de robar llegan hasta un bosque. Logran entrar en una casa muy vistosa que tenía un cartel de "HOME", donde golpean y amarran a un escritor mientras violan a su esposa.

Después de una noche tan agitada vuelven al bar lácteo y hay una pequeña discusión entre los drugos, ya que Alex había golpeado al Lerdo por insultar a una joven que estaba cantando la Oda a la Alegría de Friedrich Schiller (con la famosa música de ludwig Van Beethoven). Al siguiente día Alex es interrogado por un asesor postcorrectivo que lo amenaza fuertemente y le asegura que pronto lo atraparán. Alex no le da mayor importancia. Después de esto va hacia un local donde venden música. Mientras espera, observa a dos niñas de 10 años comprando música pop, a las que lleva a su casa donde las emborracha y viola.

Cuando se junta con sus drugos, éstos lo atacan verbalmente enfadados por el papel de líder asumido por Alex, el cual responde propinándoles una paliza para hacer mostrar su liderazgo. Después, le convencen para entrar en una casa donde reside una mujer con mucho dinero y amante de los gatos. Alex entra y se enfrenta con la señora a la cual da muerte con una estatua de plata con forma de mujer. Mientras intenta huir, el Lerdo le da un golpe en los ojos con su cadena y los drugos salen corriendo, dejando a Álex a merced de la policía que había sido llamada por la señora minutos antes, la cual lo captura. A pesar de su corta edad Alex es encerrado en la cárcel por ser el culpable de la muerte de la anciana.

En la cárcel se une a la iglesia para tener acceso al equipo de música y escuchar música clásica, también se entera de la muerte de uno de sus drugos Georgie. A los dos años de estar en la cárcel destaca por su buen comportamiento y, en una visita del ministro de interior, hace un comentario y se ofrece para recibir experimentalmente el tratamiento Ludovico.

Alex es llevado a un recinto donde dispone de todas las comodidades y donde le inyectan un medicamento que le induce el vómito después de cada comida. Alex es llevado a una especie de cine donde observa imágenes de ultra violencia con música clásica; debido al medicamento inyectado, asocia la sensación de malestar con los vídeos de ultra violencia y música clásica, por lo que la violencia y la música clásica (especialmente la novena sinfonía de Ludwig Van Beethoven) le producen un malestar tan grande que está obligado a realizar el bien. Finalmente Alex es liberado de la cárcel por haber sido "curado" de su inclinación a la violencia.

Al llegar a su hogar se da cuenta de que sus padres lo han reemplazado por un inquilino al que parecen querer más que a su propio hijo, por lo que decide irse. Deambulando por las calles, se detiene y aparece un mendigo al que Álex no reconoce, pero para su sorpresa él sí es reconocido por el borracho, al cual Alex y sus antiguos drugos habían golpeado al principio de la historia. Todos los vagabundos que están con él golpean a Alex hasta que aparece la policía. En el momento en que Alex intenta dar las gracias a la policía se da cuenta que son el Lerdo y Billyboy. Éstos lo llevan a un bosque donde nuevamente es fuertemente golpeado y metido de cabeza en un estanque para cerdos hasta casi ahogarlo. Mientras Alex busca un lugar donde le presten socorro encuentra una casa donde hay un cartel que dice "HOME" y al entrar se da cuenta que es el escritor al que había golpeado dos años atrás.

Alex es muy bien recibido por el escritor, quien en principio no le reconoce, hasta que este canta en la bañera la misma canción que entonó cuando, unos años atrás, violaba a su mujer, pero como el escritor no quiere que vuelvan a elegir al gobierno actual, en una comida le sirve un vino aparentemente inofensivo que contiene calmantes, lo que hace que se duerma para así llevarle a la buhardilla.

El escritor y otros sujetos ligados a la campaña de desprestigio al gobierno utilizan la música de Ludwig van Beethoven para que Alex se suicide tirándose desde la buhardilla y culpar al gobierno por los métodos de re-educación a los que fue sometido Álex en la cárcel para que no sea reelegido. La presión puesta de la sociedad al gobierno obliga a éste a "sanar" a Alex. Recibe una visita en el hospital del gobernador, el cual tras una amistosa charla, le convence de que dé buena imagen del gobierno al pueblo. Alex accede ya que, en un último momento de lucidez, parece haberse librado de todo rastro del tratamiento Ludovico. "Sin lugar a dudas, me había curado."

En el capítulo 21, Alex se encuentra casi igual que al principio de la historia, con tres drugos nuevos en el bar lácteo Korova. Al salir, sus amigos golpean a un hombre y le roban su dinero, pero Alex explica que ya no se sentía atraído por la ultra violencia. Va con sus drugos al sitio en el que compró alcohol al principio de la novela, allí les dice que sigan solos. Camina solo y al entrar a un bar se encuentra con su viejo amigo Pete, quien se había casado. Al verlo tan feliz con su esposa, Alex descubre que el vacío que sentía era que necesitaba una esposa con la cual formar una familia y que la ultra violencia ya no lo atraía porque estaba madurando. Se despide del lector y finalmente, le pide que lo recuerde como el chico que es al principio de la historia. En este capítulo se ve algo que no se ve en la película, así como en la edición estadounidense del libro, por ejemplo: la noción de metamorfosis positiva que Kubrick sustituyó por la pertinente e inamovible naturaleza vil del ser humano, obligando en cierta medida a sacar una conclusión final negativa (al contrario que en la novela original), reflejando de manera casi antropofóbica que el hombre y su sociedad son simplemente basura. Por convencimiento propio quizás, o por hacer que su película perdurara en el tiempo, el caso es que finalmente optó por ese final para su película, cosa que disgusto bastante a Anthony Burgess, el autor de la novela, quien esperaba un final incluyendo el "capítulo 21".

2- "Red Dragon" (*El Dragón rojo*) es una película dirigida por Brett Ratner, estrenada en 2002 y basada en el libro El dragón rojo de Thomas Harris. Es la segunda adaptación de la misma novela, tras Manhunter en 1986) y la cuarta película rodada sobre el personaje de Hannibal Lecter (tras *Manhunter, El silencio de los corderos* y *Hannibal*). Tras el encarcelamiento del Dr. Hannibal Lecter (Anthony Hopkins) por parte del agente del FBI Will Graham (Edward Norton), éste decide retirarse de su carrera como agente federal para descansar con su familia lejos de la ciudad. Un nuevo asesino con Lecter como punto de referencia en sus crímenes aparece en escena. El FBI pide al agente Graham que tome parte en el caso y ayude a capturar al sospechoso, éste visitará al Dr. Lecter en la cárcel con el objetivo de buscar su colaboración para la investigación.

3- "*The Wild Bunch*" (Grupo Salvaje), el viejo oeste aparece bastante violento y salvaje en este filme. Una película de 1969 dirigida por Sam Packinpah y protagonizado por William Holden y Ernest Borgnine, los viejos bandidos que buscan un botín. En este filme hubo más balas que en ningún otro jamás visto para tratar de revivir el género que estaba en decadencia. En la trama nueve soldados se acercan cabalgando a una ciudad. Pasan delante de unos niños que torturan a un escorpión dándoselo de comer a las hormigas. Un predicador amenaza con el infierno a los borrachos y feligreses, el cual pronto sus fieles inician un desfile cantando por las calles. Los soldados desmontan y entran en el banco de la ciudad. Son en realidad atracadores, y el gran golpe que esperaban dar se convierte en una trampa, ya que un grupo de cazarrecompensas apostados en las azoteas de los edificios los está esperando para acabar con ellos. Así comienza la encarnizada huida de esta banda, que les llevará hasta México en guerra entre el ejército federal y los hombres de Pancho Villa, nuevamente de vuelta a los Estados Unidos para robar un tren repleto de armas para el ejército que desea derrocar al líder revolucionario, y una vez más al sur, donde encontrarán un trágico y violento destino cuando, por una vez, el honor y la palabra dada valen más que el pillaje y la avaricia.

4- "*Death Wish*" *I-IV* (El Vengador Anónimo o El Justiciero de la ciudad), una saga de 4 películas, la primera apareció en 1974, donde Charles Bronson hace el papel de un justiciero que trata de vengar el asesinato de su esposa. La trama comienza con Joanna Kersey (Hope Lange) y su hija Carol Anne (Kathleen Tolan) haciendo compras en un supermercado local. Tres delincuentes están haciendo estragos en el supermercado. Después de que ella pide al encargado supermercado que le entreguen sus compras en su domicilio. Los delincuentes observan la dirección en el ticket. La esperan en el apartamento, buscan dinero, y sólo encuentran $7.00 dólares. Los delincuentes a continuación violan a Carol y golpean a Joanna. El yerno de Paul Kersey, Jack Toby (Steven Keats) llama a su suegro para decirle que Joanna y Carol están en el hospital. Paul llega al hospital y después de esperar con impaciencia, un médico le dice que su esposa ha muerto. La policía le informa que la probabilidad de capturar a los criminales es muy poco probable.

Al día siguiente, el jefe de Kersey le da unas vacaciones de negocios a Tucson, Arizona para cumplir con un cliente, Ames Jainchill (Stuart Margolin). Paul es testigo de un simulacro de tiroteo Old Tucson, una ciudad reconstruida utilizada como set de filmación. En un club de tiro, Ames se impresiona cuando Kersey dispara una precisión casi perfecta de tiro al blanco. Él revela que él fue un objetor de conciencia durante la Guerra de Corea que sirvió a su país como un enfermero de combate. Ames le entrega un obsequió en el aeropuerto.

De vuelta en Nueva York, se entera de que su hija está en coma. Paul abre su maleta para encontrar un revólver niquelado. Kersey guarda la pistola, y sale a dar una vuelta. Kersey se encuentra con un asaltante, que intenta robarle armado con una pistola. Kersey le dispara. Impresionado por que acaba de matar a un ser humano, Kersey vomita. Pero su venganza sigue a la noche siguiente, cuando dispara a tres hombres más que están robando a un anciano indefenso en un callejón.

Unas noches más tarde, dos asaltantes ven a Paul en el subterráneo. Intentan robarle pero Kersey los mata a tiros. Kersey se interna en un área aproximada de Harlem, donde es seguido por dos matones. Una vez más un intento de robo, Kersey le dispara a uno pero el otro se las arregla para apuñalarlo en el hombro. El que lo apuñaló se escapa herido, pero muere en un hospital.

El teniente de policía Frank Ochoa (Vincent Gardenia) investiga los asesinatos del vigilante. Su investigación se reduce una lista de hombres que han tenido recientemente un miembro de su familia asesinados por asaltantes y que son veteranos de guerra. El público, por su parte, está feliz de que alguien está haciendo algo contra el crimen. Ochoa pronto sospecha de Kersey. Está a punto de hacer un arresto cuando el Fiscal de Distrito (Fred J. Scollay) interviene y le dice a Ochoa que lo deje suelto. Paul Kersey dispara dos veces más antes de ser herido por un atracador. Hospitalizado, se le ordena partir de Nueva York, de forma permanente. Paul Kersey responde: "¿Al ponerse el sol?".

Paul Kersey llega a la estación de Chicago en tren. Al ser recibido por un representante de la empresa, se da cuenta de un grupo de matones están acosando a una mujer. Se disculpa y ayuda a la mujer. Los matones le hacen gestos obscenos. Kersey apunta con su mano derecha como un arma contra ellos y sonríe.

5- "The Texas Chainsaw Massacre" (La Masacre de Texas), han habido 5 versiones posteriores pero ninguna ha superado a la original de 1974. Hoy en día, Leatherface se mantiene como el más sanguinario y afamado villano de la historia del cine. La trama de la primera comienza con Sally Hardesty (Marilyn Burns) y su hermano parapléjico Franklin (Paul A. Partain), quienes tras enterarse por la radio de que la tumba de su abuelo había sido profanada, viajan por una carretera de Texas hacia el cementerio para examinar los daños; ambos son acompañados por el novio de Sally, Jerry (Allen Danzinger), su amigo Kirk (William Vail), y la novia de Kirk, Pam (Teri McMinn). Después de comprobar que la tumba está intacta, se detienen en una gasolinera, pero descubren que no hay combustible. Los jóvenes deciden continuar hacia la antigua casa de los Hardesty, pero son detenidos por un autoestopista (Edwin Neal), quien se corta a sí mismo y a Franklin con una navaja. Inmediatamente lo expulsan de la furgoneta y el sujeto deja una mancha de sangre en el costado del vehículo.

Al llegar a la granja de los Hardesty, los jóvenes comienzan a examinar el lugar. Mientras Kirk y Pam buscan un lugar para nadar, oyen un generador de energía en una casa cercana. Kirk entra a la casa para pedir combustible, pero es atacado con un mazo por un hombre, Leatherface (Gunnar Hansen). Pam entra al lugar en busca de Kirk, pero es atrapada por Leatherface, quien la cuelga en un gancho de carne. Sally, Franklin y Jerry comienzan a preocuparse debido a la ausencia de la pareja, por lo que Jerry acude en su búsqueda. Tras algunos minutos, encuentra a Pam dentro de una cámara frigorífica, pero es atacado por Leatherface.

Al anochecer, Sally y Franklin deciden ir en busca del resto. Sin embargo, son perseguidos por el asesino, quien ataca a Franklin con una motosierra y lo mata. Sally escapa a través del bosque y llega a la gasolinera, donde pide ayuda al dueño (Jim Siedow). Tras intentar calmarla, el hombre busca en su camioneta un saco y una soga. Sally se da cuenta que está de parte del asesino e intenta escapar, pero es capturada y llevada a la casa donde sus amigos habían muerto. Allí descubre que tanto el dueño de la gasolinera como el autoestopista son hermanos de Leatherface. La joven es atada a una silla, donde el abuelo (John Dugan), quien practica el canibalismo, intenta asesinarla con un martillo, pero falla varias veces.

Mientras los miembros de la familia comienzan a discutir, Sally escapa a través de una ventana. Ambos hermanos (Leatherface y el autoestopista) tratan de alcanzarla, pero llegan a la carretera, donde aparece un camión que atropella al autoestopista. El conductor baja para ayudar a Sally, pero Leatherface los persigue con su motosierra. Seguidamente aparece una camioneta, Sally se monta en la parte de atrás, el conductor arranca y huyen.

6- **"Bloodfist"** (Obligado a Pelear), es una saga de 9 películas de artes marciales la primera salió en 1989. La trama de la segunda, protagonizada por Don "The Dragon" Wilson, Kris Aguilar y Ronald Asinas en 1990, trata sobre la historia de un luchador que trata de vengar la muerte de su hermano. La película comienza con Jake Raye mientras lucha Mickey Sheehan en un combate a favor de kickboxing. La película se abre al entrar en la quinta ronda del torneo campeonato de peso ligero. Jake Mickey ofrece una rapidísima patada en la garganta en medio de la sexta ronda, matándolo al instante. Al ver lo que había hecho, decide abandonar el kickboxing una vez por todas.

Un año más tarde, su amigo y manager Vinny Petrello (kickboxing y campeón de UFC Maurice Smith) le pide un favor para viajar a Manila y pagar su fianza de problemas con un tipo llamado Su. Aunque la noche de Jake con una prostituta (Liza David) se interrumpe, se compromete a ayudar a su amigo en necesidad. Jake viaja a Manila, y se encuentra con los combatientes locales

John Jones (James Reinos Combatientes), Sal Taylor (Timothy D. Baker), Manny Rivera (Manny Samson) y Tobo Casenerra (Monsour Del Rosario). Asimismo, se encuentra con Dieter (Robert Marius), el jefe del Dojo. Jake es atacado y es ayudado por una mujer llamada Mariella (Rina Reyes) en una casa de seguridad abandonadas. Luego Mariella lo traiciona y los matones entrar en la casa de seguridad. Aplican medicamentos Raye, y lo pone en el barco con los otros combatientes. Raye se encuentra con su amigo Bobby Rose (Rick Hill) y con otro luchador llamado Ernesto (Steve Rodgers). Se revela que Su (Joe Mari Avellana) es el que trae a los combatientes a su casa de la isla llamada Paraíso y también que Vinny está ayudando a Su a obtener los luchadores allí para la batalla en la lucha de gladiadores, la cual es hasta vencer o morir.

Los combatientes rebeldes ayudan a Jake Raye para que escape. Pero pronto Raye tiene un cambio de parecer y decide liberar a los otros combatientes. Él regresa a la casa sin ser detectados por Su y es ayudado una vez más por Mariella. Mariella y Raye descubren un complot de Su para administrar esteroides anabólicos a cada uno de sus combatientes antes de la pelea.

Jake Raye saca algunos guardias antes de ser descubierto por Dieter y golpeado hasta quedar inconsciente por Vinny, fingiendo estar en problemas. Jake se coloca en la caja del retador de la arena, donde Su, Vinny, y sus invitados están esperando el juego. Tanto Juan como Ernest mueren en la arena mientras luchan contra sus oponentes (Ernest no gana su pelea, pero las órdenes de Su a Vinny son para que lo mate, ya sea debido a su poco ortodoxa lucha es decir golpes bajos y especulación de los ojos sin embargo, hay que señalar que las peleas no fueron justas para empezar y que estaban luchando por la supervivencia o la vergüenza de la caza de Su) la ayuda de Mariella, los combatientes sobrevivientes restantes (Bobby, Sal, Tobo y Jake) se las arreglan para escapar y vencer a todos los guardias. Bobby dispara a Dieter mientras escapaba, y la película termina después de que Jake derrota a Su con una patada en el balcón. Las cinco personas comienzan a alejarse del Paraíso para siempre.

7- *"GoodFellas"* (Buenos Muchachos), la muerte del mafioso Bill Batts marca el inicio de esta trama, de ahí en adelante los muertos se cuentan por montones. La Película fue aclamada en 1990 y Joe Pesci recibió el Premio Oscar como mejor actor de reparto. En la primera escena, el protagonista Henry Hill (Ray Liotta) admite: "Que yo recuerde, desde que tuve uso de razón, quise ser un gánster", refiriéndose a los gánsteres de su idolatrada familia criminal Lucchese que habitaban en su barrio trabajador, predominantemente italoamericano, en East New york en 1955. Queriendo formar parte de algo significativo, Henry abandona la escuela y comenzó a trabajar para ellos. Su padre, irlandés estadounidense, a sabiendas de la verdadera naturaleza de la Mafia, trata de detener a Henry después de enterarse de su ausentismo escolar, e incluso lo golpea, pero los mafiosos amenazan al cartero local, con graves consecuencias en el caso de que la familia de Henry recibiera más cartas procedentes de la escuela. Henry es capaz de ganarse la vida por sí mismo y aprende las dos lecciones más importantes de la vida: "Nunca traiciones a un amigo y mantén siempre la boca cerrada", dichas al joven Henry tras permanecer en silencio en una audiencia en la corte.

Henry está bajo la tutela del capo local Paul "Paulie" Cicero (Paul Sorvino) y sus asociados, Jimmy "The Gent" Conway (Robert De Niro), a quien le encanta atracar camiones, y Tommy DeVito (Joe Pesci), un ladrón de un agresivo temperamento y con facilidad de apretar el gatillo. A finales de 1967 cometen el robo de Air France, significando el debut de Henry en el mundo de los atracos. Disfrutando de las ventajas de la vida criminal, Henry y sus compañeros pasan la mayor parte de las noches en la discoteca Copacabana con incontables mujeres. Por entonces, Henry conoce a una chica judía de Five Towns llamada Karen (Lorraine Bracco), con quien más adelante se casa. Karen en un primer momento está preocupada por las actividades delictivas de Henry, pero cuando un vecino la ataca sexualmente, Henry golpea violentamente al agresor con un revólver ante la mirada de Karen. Ella se siente excitada por la acción, especialmente cuando Henry le entrega la pistola y le dice que la esconda.

El 11 de junio de 1970, Tommy (con la ayuda de Jimmy) asesina brutalmente a Billy Batts (Frank Vicent), un mafioso de la familia criminal Gambino, por faltarle al respeto sobre su pasado delante de sus amigos. Batts era un hombre de la familia criminal, lo que significaba que no podía ser agredido ni asesinado por otro miembro de la familia sin el consentimiento de los jefes. Al darse cuenta que sus vidas corrían peligro si les descubrían, Jimmy, Henry y Tommy ocultaron el cuerpo en el maletero del coche de Henry y lo enterraron en un terreno deshabitado. Seis meses más tarde, Jimmy se entera de que el lugar de entierro será el escenario de una nueva promoción inmobiliaria, lo que obliga a exhumar el medio descompuesto cadáver y moverlo a otro lugar.

Henry comienza a verse con una amante llamada Janice Rossi (Gina Mastrogiacomo). Cuando Karen le descubre, amenaza de muerte a Henry con un revólver, exigiéndole saber si de verdad ama a Janice. Sin embargo, Karen no se decide a matar a su marido y un enfurecido Henry logra deshacerse del revólver exclamando que ya tiene suficiente con evitar que le liquiden en la calle. Paulie envía a Henry y a Jimmy a cobrar una deuda en Florida, y convence a Karen que permita a Henry regresar a casa. Los dos mafiosos golpean e intimidan a un hombre hasta que consiguen el dinero. Henry y Jimmy son arrestados y enviados a prisión después de que la hermana del agredido, una mecanógrafa del FBI, los denunciara. En la cárcel, Henry vende drogas para mantener a su familia en el exterior. En 1974 es liberado de prisión, y el grupo comete el robo de la Lufthansa en el Aeropuerto Internacional John F. Kennedy. Mientras tanto, Henry continúa vendiendo droga dadas las ganancias que percibe, y convence a Tommy y Jimmy para unirse a él. Las cosas se tuercen cuando los miembros que formaron parte del robo de la Lufthansa ignoran las órdenes de Jimmy de no comprar cosas caras y mantener una vida normal sin llamar la atención, por lo que Jimmy decide matarlos uno a uno. Más tarde, Tommy es asesinado cuando iba a ser reconocido como miembro de la familia en venganza por la muerte de Billy Batts.

Ya en los años 1980, Henry está en la cúspide de hacer un gran negocio con sus socios en Pittsburgh. Hecho un manojo de nervios por el consumo de cocaína, intenta todo lo posible por mantener las cosas organizadas. No obstante, es capturado por agentes de narcóticos y enviado a la cárcel, aunque consigue la libertad después de que Karen convenciera a su madre para poner la casa como fianza. Cuando regresa a su hogar, Karen le dice que ha tirado por el inodoro el equivalente a 60,000 dólares en cocaína para evitar ser descubierta por los agentes del FBI. Como resultado, Henry y su familia se quedan prácticamente sin dinero. Paulie siente que su lealtad hacia Henry ha sido traicionada y decide darle 3,200 dólares a cambio de no tener nada que ver con él nunca más. Henry se da cuenta de que lo matarían cuando Jimmy le pide que realice un golpe en Florida. A continuación, decide formar parte del Programa de Protección de Testigos para protegerse a sí mismo y a su familia. Forzado a abandonar su vida de gánster, ahora está obligado a vivir en el mundo real, exclamando: "Soy un don nadie, y viviré el resto de mi vida como un don nadie".

La película termina con títulos informando que Henry ha estado limpio desde 1987, Paul Cicero murió en la Prisión Federal de Fort Worth a causa de una enfermedad respiratoria en 1988 a los 73 años y que Jimmy, en el momento del lanzamiento de la película en 1990, cumplía una condena de 20 años a cadena perpetua en una prisión del estado de Nueva York.

8- *"Total Recall"* (Desafío Total o El Vengador del Futuro) con Arnold Schwarzenegger de 1990 presenta escenas de extrema violencia. Es una película de ciencia ficción de 2012 dirigida por Len Wiseman y protagonizada por Colin Farrell. En el año 2084 Douglas Quaid es un hombre normal que trabaja como obrero de la construcción, es un trabajador más que vive su vida atado a su trabajo en la Tierra junto a su esposa Lori. Está obsesionado por un sueño recurrente que tiene al dormir en el que pasea con una bella mujer en Marte. Como su esposa no desea ir de vacaciones al planeta rojo, ya que está plagado de terroristas, Quaid decide que si no puede ir en persona, lo hará en su imaginación, y decide visitar Memory Call (Rekall en la versión original) una compañía especializada en implantar falsos recuerdos. Cuando está intentando implantar el recuerdo, los técnicos de Memory Call descubren que Quaid parece haber sido objeto de un proceso previo de implantación de falsos recuerdos. Quaid se despierta y cree ser un agente secreto al que se le ha descubierto la identidad secreta, por lo que lo sedan, le restauran la memoria y lo envían de nuevo a la Tierra.

Al volver a casa Quaid descubre que su mujer, Lori, junto con unos amigos tratan de matarlo. Consigue esquivar a Lori y descubre que su vida en los últimos meses son falsos recuerdos, y que tanto ella como sus amigos están allí para no perderlo de vista. El matrimonio también es una farsa, pues ella es en realidad la novia de Richter, el hombre que está detrás de estos ataques. Quaid escapa y se encuentra a un hombre que dice ser un amigo del pasado, quien le da un maletín. Dentro del maletín encuentra una herramienta para quitar un dispositivo de localización implantado en su cráneo. Además, dentro del maletín hay un vídeo de él mismo que le revela que en realidad se llama Hauser y que solía trabajar para el administrador de Marte Vilos Cohaagen. El vídeo insiste en que debe viajar a Marte para entregar la información guardada en su cerebro a los rebeldes, para acabar con Coahagen.

Quaid llega a Marte y evita ser capturado por Richter y los agentes de Vilos Cohaagen. En Marte descubre que, siendo Hauser, ya ha estado allí y recupera el contacto con Melina, una prostituta del distrito afectada por mutaciones, quien no confía en él. Quaid vuelve al hotel donde se encuentra con Lori y el Dr. Edgemar, el investigador jefe de Memory Call, quien le dice que todo lo que ha experimentado desde su salida de Memory Call ha sido debido al fallo en la implantación de unos falsos recuerdos y que todo puede ser arreglado si ingiere una pastilla, y así ellos podrán restaurar su mente al estado normal. Cuando se va a tomar la pastilla ve que el Dr. Edgemar está sudando, lo que Hauser interpreta como una señal de que todo es mentira, escupe la pastilla y lo mata. Intenta escapar de los soldados de Cohaagen cuando llega Melina, quien ha reflexionado sobre la historia de Quaid y lo ayuda a escapar matando a Lori en el proceso. Mientras escapan, ella le explica que uno de los mutantes, Kuato, puede que tenga la capacidad de extraer la información que lleva en el cerebro. Junto con un taxista llamado Benny escapan y se dirigen hacia Kuato. Cohaagen se venga de los mutantes que han ayudado a escapar a Quaid cortándoles el aire del distrito, causando lentamente que los habitantes mueran por asfixia. Quaid es llevado por las fuerzas de Kuato a un lugar privado para ver al mutante, un humanoide que está dentro de otro hombre. El mutante ayuda a Quaid a identificar un artefacto alienígena que se ha descubierto recientemente y le implora que lo active. Nada más terminar de contarle esto, las fuerzas de Cohaagen junto con Benny, que revela ser un topo, matan a Kuato y capturan a Quaid y Melina.

Quaid es llevado ante Cohaagen, quien le muestra un video en el cual Hauser explica por qué realizó el tratamiento de falsos recuerdos para llevar a ante Cohaagen hasta Kuato. Cohaagen ordena que los recuerdos de Hauser sean restaurados y que la mente de Melina sea borrada, pero ambos consiguen escapar. Llegan hasta donde está el artefacto alienígeno tras acabar con Benny, Richter y el resto de sus hombres. Cuando entran en la sala de control Quaid consigue poner en marcha la máquina justo cuando Cohaagen llega y tratando de parar el artefacto rompe un muro y los tres quedan expuestos a la atmósfera de Marte. Cohaagen muere por asfixia y descompresión explosiva. El artefacto es una máquina para generar oxígeno que salva de la muerte a Quaid y Melina cuando los gases surgen de todas partes del planeta. Quaid y Melina se besan, mientras Quaid se pregunta si todo esto es aún una memoria de Memory Call.

9- "*Reservoid Dogs*" (Perros de la calle), la primera película del director Quentin Tarantino en 1992. Marca la primera señal de que a este director le gustan los filmes violentos. La trama comienza con seis criminales profesionales que son contratados por Joe Cabot (Lawrence Tierney) y su hijo Nice Guy Eddie (Chris Penn) para un trabajo. No se conocen entre sí y se mantienen en el anonimato, escondidos bajo nombres de colores: el señor Naranja (Tim Roth), el señor Blanco (Harvey Keitel), el señor Rosa (Steve Buscemi), el señor Rubio (Michael Madsen), el señor Marrón (Quentin Tarantino) y el señor Azul (Edward Bunker). Preparan minuciosamente el robo a un almacén de diamantes, pero la policía aparece inesperadamente en el momento del atraco convirtiéndolo en una masacre que tiene como resultado las muertes de algunos policías, empleados y también del señor Azul y del señor Marrón. Todo hace sospechar que hay un traidor infiltrado. Reunidos a puerta cerrada en un viejo almacén abandonado, los supervivientes se enfrentan entre sí intentando descubrir quién les ha conducido a esta situación límite.

La mayor parte de lo anterior no se muestra en la película sino que el espectador lo deduce de los diálogos y de flash-backs parciales que ilustran los antecedentes de la situación central. La película comienza en realidad con unos hombres desayunando en un bar donde comentan hechos banales.

Cuando terminan los créditos iniciales, se muestra el interior de un coche. El Sr. Blanco lo está conduciendo y trata de confortar al señor Naranja que se desangra en el asiento de atrás a causa de una herida en el estómago. Los dos llegan al punto de encuentro, ubicado en un almacén abandonado. Allí, el señor Naranja pierde el sentido.

Aparece el señor Rosa. Ha escondido los diamantes robados porque sospecha que hay un policía infiltrado entre los ladrones. Tiene una confrontación con el señor Blanco, porque no están de acuerdo en qué hacer con el señor Naranja. El señor Blanco quiere llevarlo a un hospital, pero el señor Rosa no lo permite porque el señor Naranja sabe el nombre y la ciudad natal del señor Blanco y puede traicionarlos a todos.

La llegada del señor Rubio interrumpe la disputa. Ha secuestrado a un policía y los tres pegan al rehén. Llega Eddie, enfadado a causa la masacre que tuvo lugar en la joyería. Pide ayuda para coger los diamantes escondidos. El señor Rosa y el señor Blanco salen con él.

El señor Rubio sigue torturando al policía, que afirma su ignorancia acerca de quién es el policía infiltrado. El señor Rubio corta la oreja del rehén y decide quemarlo. En este momento, el señor Naranja mata al señor Rubio de varios disparos. Luego confiesa al policía su verdadera identidad, que éste ya conoce. Se ha infiltrado en el grupo para atrapar a Joe Cabot. Fingió ser un delincuente despreocupado y venció la desconfianza de los otros ladrones con anécdotas inventadas. Durante el robo lo han herido y él ha matado a la mujer que lo ha hecho.

Llegan Eddie, el señor Blanco y el señor Rosa. Al encontrar a su amigo, el señor Rubio, muerto, Eddie mata al policía. Exige explicaciones, y el señor Naranja sigue mintiendo. Dice que el señor Rubio quería matarlos a todos y obtener los diamantes. Nadie lo cree excepto el señor Blanco. Después llega Joe diciendo que el señor Naranja es un policía infiltrado y el señor Blanco se niega a creerlo.

Se forma un triángulo mortal: Joe dirige su pistola al señor Naranja, el señor Blanco dirige la suya a Joe, Eddie dirige la suya al señor Blanco y el señor Rosa se esconde. Esta situación se resuelve con las muertes de Eddie y Joe. El señor Rosa coge los diamantes y huye.

Mientras el señor Blanco, herido, se arrastra hasta el señor Naranja, moribundo. Lo conforta sosteniéndole en sus brazos. Entonces el señor Naranja confiesa la verdad. Irrumpe la policía. El señor Blanco, llorando, mata a su amigo y de inmediato muere acribillado por la policía.

10- "Kill Bill" I-II (Belleza y Violencia), esta película quedó muy larga por lo cual fue dividida en dos. En estos filmes el director Quentin Tarantino permitió que sean las mujeres las que pateen traseros. Aquí Uma Thuman causa estragos por doquier. En su revisión, Xavier Morales expresa que esta película es "una representación estética de la violencia revolucionaria…fácilmente una de las películas más violentas que jamás se han hecho…un impresionante paisaje en el que el arte y la violencia se unen en una experiencia estética". En **Kill Bill" I**, una mujer embarazada, identificada como la Novia, es masacrada y disparada en la cabeza en el ensayo de su boda por sus antiguos camaradas del Escuadrón de Serpientes Asesinas. Luego de caer en un profundo coma por cuatro años, al despertar, se entera de que ya no tiene a su bebé nonato y comienza una inmediata venganza. A lo largo de la película, se vengará de sus primeros objetivos. En "Kill Bill II", en 2004 la novia regresa con más agresividad que nunca para continuar con su venganza, Y esta vez su objetivo principal es el propio Bill.

11- *"Saw"* I-VII (El juego del miedo o Juego macabro), es una sago de 7 películas todas con alto contenido de violencia, terror y horror. La primera película fue estrenada en 2004 y dirigida por el director nacido en Malasia James Wan con guion escrito por él mismo en colaboración con su amigo, el actor Leigh whannell, nacido en Australia. La primera entrega de la serie cinematográfica, Saw, se exhibió por primera vez en el Festival de cine de Sundance en enero de 2003 y un año más tarde fue distribuida internacionalmente. Su intriga y sus imágenes con una carga de suspense psicológico son características de esta película.

En la Trama, Adam Faulkner – Stanheight (Leigh Whannel) despierta sumido en la oscuridad, en una bañera llena de agua. A uno de sus pies está atado el tapón y al levantarse, lo quita, causando que una llave se vaya por el desagüe. En el lugar hay alguien más, que enciende las luces, permitiendo a Adam ver que está encadenado a una tubería en un muy sucio baño industrial subterráneo. Frente a él y en su misma situación, se encuentra el doctor Lawrence Gordon (Cary Elwes).

En medio del cuarto, hay un cadáver con un disparo en la cabeza, una grabadora en la mano derecha y una pistola en la izquierda. Pronto descubren que en sus bolsillos tienen unos sobres con sus nombres y unos casetes con la palabra "reprodúceme" escrita en ellos. El doctor Gordon tiene, además, una bala y una llave, que no sirve para abrir las cadenas. Adam consigue la grabadora del muerto y reproduce los casetes. El mensaje es: Lawrence debe matar a Adam antes de las seis de la tarde, de lo contrario, su esposa y su hija serán asesinadas y ellos quedarán allí encerrados hasta pudrirse y morir. El doctor Gordon usa el retroceso automático y escucha la frase "busca en el corazón". Al mirar en el cuarto ve que en el retrete hay un dibujo de un corazón. Adam mira en este pero no encuentra nada, luego mira en la cisterna, donde encuentra una bolsa con dos sierras. Lawrence cree que quien los pudo encerrar allí es el asesino del puzzle, conocido como Jigsaw y cuenta la historia a su compañero, donde sucederán una serie de torturas y muertes para capturar a Jigsaw.

12- "*Sin City*" (La Ciudad del Pecado), es una adaptación de 2005 de una serie de comics. Una película llena de sangre con un relato envuelto en historias de crimen y corrupción. En la primera trama se ve cómo un tipo (Josh Hartnett) seduce a una mujer de rojo (Marley Shelton), tomando en cuenta que ella tenía un oscuro pasado. El tipo aprovechó eso para enamorarla y después matarla. Al final el sujeto dice "Nunca sabré de qué huía. Cobraré el cheque por la mañana." En la segunda trama, Hartigan (Bruce Willis), un policía próximo a retirarse, y su compañero investigan una serie de asesinatos y el secuestro de una niña de 11 años llamada Nabcy Callahan (Makenzie Vega de niña, Jessica Alba de adulta) perpetrado por el hijo del senador Roark (Nick Stahl). Hartigan lo sigue hasta un muelle frustrando la violación y muerte de la niña e hiriendo brutalmente con su arma de fuego al atacante en una oreja, una mano y sus genitales. A sabiendas que el hijo del senador es un vil asesino despiadado y que Hartigan no lo podrá encarcelar por las influencias políticas del padre de éste, pero sí encerrar en la cárcel al policía por lo que le hizo; Hartigan decide matarlo una vez y por todas pero su compañero Bob (Michael Madsen) interviene y hiere brutalmente por la espalda a Hartigan frustrando su acometimiento y encerrando en prisión al policía justiciero pero salvando la niña. En la tercera trama, Marv (Mickey Rourke), un peligroso rufián bajo libertad condicional, tiene relaciones con una prostituta llamada Goldie (Jaime Ling). Al despertar, descubre que ha sido asesinada. Instantes después, las sirenas policiales lo alarman. Comprende que le han tendido una trampa, puesto que nadie podía aun saber que se había cometido un homicidio en el lugar.

Escapa de allí de forma brutal, yendo en busca de su agente de libertad condicional, Lucille (Carla Gugino), una sensual lesbiana que le proporciona la medicina que requiere para controlarse. Decide ir en busca de quién ha perpetrado el asesinato, y que además busca inculparlo a él. De confesión en confesión y asesinatos, da con el paradero del asesino, Kevin (Elijah Wood), un perturbado joven que ha encontrado su salvación alimentándose de los cuerpos de hermosas mujeres. Marv no puede con él, y es apresado, encontrando allí a su amiga Lucille, quien había sido torturada mientras Kevin le comía una de sus manos. Marv logra que ambos salgan de su calabozo, pero son interceptados por policías armados. Lucille se identifica como oficial, pero es brutalmente asesinada por una gran cantidad de balas que atraviesan su cuerpo.

Finalmente, Marv se libra de ellos y mata al jefe de ellos, llegando hasta el Barrio Viejo, sitio donde las prostitutas son su propia ley. Allí es donde da con Wendy, gemela de Goldie, quien lo había estado persiguiendo, creyéndolo el asesino de su hermana. Conociendo la historia real, Wendy y Marv vuelven a la Granja, a buscar a Kevin. Wendy quiere participar, pero él no le permite, sabiendo del peligro al cual se sometían.

Finalmente, luego de luchas y torturas crueles, Marv termina con la vida de Kevin, a quien le corta la cabeza, y la lleva hasta el Cardenal Roark (Rutger Hauer), el hombre más poderoso de Sin City y a la sazón, mentor de Kevin. Asqueado de todo, Marv termina con la vida del Cardenal, luego de torturarlo brutalmente. Es entonces cuando, alertada, la policía entra en la habitación, y disparan sobre Marv una gran cantidad de balas, las cuales son luego extraídas en un proceso quirúrgico por cirujanos. Se recupera en un hospital. Apenas se repone, es atrapado por la policía, que lo golpea sin interrogarlo y amenazándolo con matar a su madre si no firma una confesión aceptando ser el autor de todos los crímenes cometidos por Kevin y Roark, incluso el de Goldie. Finalmente es encarcelado y condenado a la silla eléctrica. Sobrevive a la primera descarga, pero la segunda termina con su tortuosa vida.

En la cuarta trama, Jackie Boy (Benicio del Toro) y sus amigos van a molestar a Shellie (Brittany Murphy) a su casa, y Dwight (Clive Owen), el novio de Shellie, los hace irse. Pero, preocupado de que abusaran de alguna otra mujer, los sigue con su coche. Terminan en el Barrio Viejo, donde Becky (Alexis Bledel), prostituta joven, se niega a servirle de favores sexuales, y la amenazan con una Colt 45. La ninja Mijho (Devon Aoki), que observaba desde los tejados, le tira un manji shuriken y le corta la mano a Jackie Boy en la que llevaba la Colt y mata a sus amigos en el auto. Y además consigue tapar el arma cuando Jackie Boy lo recupera, y cuando él dispara la parte superior deslizable que amartilla o recarga el arma sale despedido para atrás y se le clava en la frente, Miho lo asesina semi decapitándolo con su espada. Tras asesinar a los pasajeros, Dwight y las chicas revisan los cuerpos pero al revisar su billetera, Dwight encuentra algo perturbador: Jackie Boy es el teniente detective Jack Rafferty, un oficial de policía condecorado con el título de héroe. Si su muerte se supiera, el Barrio Viejo, hasta entonces una zona cerrada donde la policía no entra y las prostitutas ejercen su propia ley, perdería sus privilegios y habría bastantes arrestos, incluso muertes, hasta aclarar el crimen. Además, la mafia controlaría el negocio de las prostitutas. Para evitar eso, Dwight se lleva los cadáveres en un auto para tirarlos en los Pozos de Brea, donde nadie los buscaría nunca. Pero Becky traiciona a las demás y avisa a la mafia y Dwight es atacado, la cabeza de Jackie Boy es recuperada y Gail (Rosario Dawson) -la líder de las prostitutas, amante de Dwight- es capturada. Miho y Dallas rescatan a Dwight que se hundía en los pozos, y luego interceptan al coche de los mafiosos y vuelven a recuperar la cabeza. Dwight hace un trato con su líder Manute y los demás mafiosos: la cabeza por Gail. Una vez que Gail está a salvo Dwight entrega la cabeza de Jackie Boy a Manute (Michael Clarke Duncan), pero dicha cabeza contiene varios explosivos que Dwight había incautado a uno de los mafiosos que le habían atacado anteriormente. Dwight activa los explosivos llevándose consigo los últimos restos de Jackie Boy y por tanto las pruebas incriminatorias contra las prostitutas de Old Town, la explosión marcaría la entrada de las demás prostitutas que, postradas en un principio en los tejados, acabarían con todos los mafiosos para así evitar que el asesinato de Jack Rafferty (Jackie Boy) saliera a la luz.

En la quinta trama Hartigan, el policía de la primera historia sobrevive al igual que el asesino (el hijo del senador Roark) y son hospitalizados, y el senador se encarga de que Hartigan se recupere para que pase el resto de su vida en la cárcel, ya que logra manipular a los jueces para que se culpe a Hartigan y no a su hijo del intento de violación.

Nancy Callahan (Jessica Alba) le escribe todas las semanas a la cárcel, bajo el seudónimo de Cordelia, hasta que un día, 8 años después, deja de hacerlo. Y finalmente llega un sobre con un dedo, señal de que está en peligro. Hartigan "confiesa" su crimen, la sentencia es firme, y por los años ya cumplidos se le considera cumplida la pena y es dejado en libertad. Luego Hartigan rastrea a Nancy hasta encontrarla como bailarina erótica en un bar. Allí está también el maltrecho e irreconocible hijo del senador, y Hartigan se da cuenta de su error: Nancy nunca estuvo en peligro ni dejó de escribirle, le hicieron creer que estaba en peligro para poder descubrir quién era la que le escribía usando seudónimos y torturar a Hartigan matándola. Intentó salir inmediatamente, pero Nancy lo reconoció y dejó inmediatamente de bailar y saltó hacia él.

Escapan en auto, paran en un motel, y el hijo de Roark (quien tiene la piel amarilla, debido a los tratamientos realizados para recuperar sus testículos perdidos en el primer encuentro) los sorprende. Deja a Hartigan colgado para que se ahorque, y se lleva a Nancy para acabar lo iniciado hace ocho años, esta vez, en la misma granja donde estaba Marv en la segunda historia. Hartigan se zafa y consigue seguirlos. Rescata a Nancy y mata al hijo del senador luego de arrancarle con sus propias manos el pene y los testículos y destrozarle su rostro. Finalmente Hartigan le dijo a Nancy que en esa granja habría pruebas suficientes para encarcelar al senador Roark. Nancy se fue, pero lo que le dijo Hartigan era mentira: él sabía que ningún juez se atrevería siquiera a tomar una causa contra el poderoso Roark. Inevitablemente, lo capturarían de nuevo, y volverían a amenazar a Nancy para torturarlo. Decidió entonces hacer lo único que le quedaba por hacer para proteger a Nancy, la única persona que quedaba en el mundo a quien amaba: toma su revólver, y se suicida.

En la última trama, Becky, tras ser herida en La gran masacre y haber traicionado a sus compañeras prostitutas, termina en el hospital del cual sale sólo con su brazo enyesado. Va caminando hasta un ascensor mientras habla por teléfono con su madre. Un doctor dentro del ascensor le ofrece cigarros a Becky, descubriéndose que es el mismo tipo visto al principio del film. A su vez, una voz en off dice: "Toma la esquina correcta en Sin City y encontrarás lo que sea." Becky, con cara de espanto, le cuelga a su madre tras decirle que le quiere y la película acaba sin revelarnos si vive o muere

13- *"The Devil's Reject"* (Violencia Diabólica), es la secuela de la cinta House of 1000 Corpses de 2003. Trata sobre la fuga de una familia de asesinos en serie. La trama toma lugar unos cuantos meses después de los hechos de la primera parte. La familia de criminales es atacada por un grupo de policías por el asesinato y tortuga de numerosas personas. Solo dos miembros de la familia logran escapar, los hermanos Otis y Baby. La madre es capturada por los policías.

Otis y Baby se reúnen con el capitán Spaulding (padre de ambos) para encontrar algún lugar donde refugiarse de la policía. Toman de rehenes y posteriormente matan a dos parejas que se alojaban en un motel, y deciden ir donde el hermano de Spaulding, Charlie. Charlie los recibe y da refugio en su prostíbulo. Wydell, el sheriff encargado del caso, obliga a Charlie a entregar a los miembros de la familia escondidos en su local. Además contrata a dos cazadores de recompensas para que lo ayuden a capturar a Otis, Baby y Spaulding.

Después de atraparlos, Wydell los tortura de la misma manera que lo hicieron con las víctimas, también le dice a Baby que mató a su madre. Tiny, el hermano que no estaba en la casa cuando ocurrió el tiroteo, salva a sus familiares y mata al sheriff, pero se suicida después de esto. Otis, Baby y Spaulding escapan en un auto, pero son atrapados por una barricada hecha por la policía. Los asesinos deciden morir sin entregarse.

14- *"Hostel"* (Hostal), es una película de terror de 2005 escrita, producida y dirigida por Eli Roth. Fue protagonizada por Jay Hernandez, Derek Richardson, Jennifer Lim, Eythor Gudjonsson y Barbara Nedeljáková. El guion original de Roth fue desarrollado por Quentin Tarantino, que a su vez es uno de los productores. Su estreno fue restringido en algunos países, especialmente en aquellos con estrictas normas de censura. Su secuela se estrenó dos años más tarde en 2007 y la tercera parte en 2011.

En la trama, Paxton (Jay Hernández) y Josh (Derek Richardson) son dos mochileros estadounidenses que viajan a Europa en busca de sexo fácil. Durante el viaje conocen a Oli (Eythor Gudjonsson), un chico islandés que decide acompañarles. Tras una noche de fiesta en Amsterdam, conocen a un chico que les habla de un hostal eslovaco en el que sus huéspedes tienen sexo con mujeres muy guapas. Los tres jóvenes no dudan en emprender la ruta que les lleve hasta dicho local y, en el tren, conversan con un extraño hombre de negocios (Jan Vlasák). Al llegar a la estación, los chicos bajan del tren y empiezan a buscar el hostal. Cuando lo hallan, descubren que deben compartir su habitación con dos hermosas muchachas, Svetlana (Jana Kaderabkova) y Natalya (Barbara Nedeljáková), quienes los invitan a ir al sauna del hostal. De inmediato, las chicas empiezan a tener interés en ellos. Esa misma noche, los chicos logran su objetivo con ellas después de ir a un centro nocturno. Afuera del recinto, Josh es sorprendido por un grupo de chicos de la calle, quienes quieren atacarlo pidiéndole dinero y goma de mascar, y es salvado por el misterioso hombre de negocios.

A la mañana siguiente, Oli desaparece misteriosamente al igual que una amiga de Kana (Jennifer Lim), una joven que también se está hospedando en el hostal. Kana les dice a Paxton y a Josh que Oli se escapó junto con su amiga. Entonces los chicos se tranquilizan, pero no están completamente seguros. Seguidamente, en las calles, conocen a los niños de la ciudad, quienes aparecen de la nada pidiendo chicles a todos los turistas y si no se los dan, los niños empiezan a atacarlos. Paxton y Josh sabiendo esto se los dan para que no los molesten. Los protagonistas, muy desconcertados por lo de Oli, deciden que es mejor regresar, pero antes deciden volver a ir al centro nocturno con las chicas que conocieron como su despedida. Ahí, Josh empieza a sentirse mal y regresa al hostal, en donde desaparece. Mientras que a Paxton le pasa lo mismo pero él se desmaya en la discoteca. Después, aparece Josh encadenado a una silla en un lugar desconocido y oscuro con la cara tapada. Una vez que se la descubre, el hombre de negocios que conocieron en el tren aparece y empieza a torturar a Josh cortándole los talones. Josh intenta escapar en su estado, pero no lo logra.

Al día siguiente, Paxton sin saber dónde están Oli ni Josh, decide que lo mejor es irse. Cuando ingresa en su habitación hay dos chicas desconocidas quienes, al igual que Svetlana y Natalya, lo invitan a acompañarlas al sauna. Más tarde logra localizar a las chicas, pero antes les pide que le digan algo sobre Josh. Éstas responden diciendo que Josh se fue a una convención de arte. Paxton pide que lo lleven allí y así fue. Una vez ahí, ven un montón de vehículos estacionados y personas extrañas. Paxton entra en un edificio abandonado donde supuestamente es la convención, pero es engañado y atrapado por unos hombres que rápidamente lo llevan a un cuarto para su ejecución. Paxton empieza a ser torturado por un hombre que parece tenerle lástima, quien saca una sierra con la que le corta dos dedos de las manos. Pronto, Paxton logra liberarse, al resbalar su torturador y cortarse la pierna con su propia sierra. Luego Paxton le remata de un disparo. Entonces el chico comienza su escape. Paxton descubre que el hostal y el lugar de las torturas están conectados, al igual que las chicas, formando todo parte de una trampa para turistas. A través de otro americano, descubre que gente paga por matar turistas para satisfacer sus placeres y ése es el medio. En realidad es una agrupación con contactos en diversas esferas del poder. Paxton descubre también que tanto Oli como Josh fueron brutalmente asesinados ahí.

Al salir del lugar, Paxton sube a un auto pero antes de irse, se compadece de los aterradores gritos de una chica a punto de ser asesinada. Descubre que es Kana y la salva, pero para hacerlo tuvo que cortarle el ojo derecho, el cual ya estaba salido de su cavidad. Una vez hecho esto, salen y suben al auto y se dirigen a la estación de trenes para escapar. En su camino, encuentran a las chicas del hostal y al chico que les había ofrecido su cuarto para pasar la noche en Ámsterdam. Paxton se venga atropellándolos, matando a Svetlana y quedando viva Natalya, pero al reaccionar, el automóvil de los perseguidores aplasta violentamente a Natalya. En ese momento, descubren que son perseguidos y Paxton responde usando a los niños de la calle para que ataquen a sus perseguidores. Los niños lo logran matándoles con pedradas. Luego, antes de llegar a la estación, descubren que hay un retén en la carretera de unos policías que los buscan, quienes también están vinculados a la banda de asesinos. Antes de que los descubran, Paxton y Kana logran escapar.

En la estación de trenes, Paxton y Kana se dan cuenta que está lleno de gente que se encontraba en el edificio de torturas y que los andan buscando. Kana, al ver su cara desfigurada, se suicida lanzándose a las vías del tren y es atropellada por uno de éstos llamando la atención de todos. De esta manera, Paxton logra escapar en otro tren.

Una vez en Viena, el chico se encuentra de nuevo con el hombre de negocios y siguiéndolo por la estación de trenes hasta el baño, se venga de él cortándole los dedos, ahogándolo en un retrete y cortándole el cuello. Luego, Paxton sube al tren y escapa de la pesadilla.

15- "A History of Violence" (Una Historia de Violencia), un tipo tranquilo revela su oscuro pasado. Es una película de 2005, dirigida por David Cronenberg y protagonizada por Viggo Mortensen, María Bello, Ed Harris y Williams Hurt en los papeles principales. El guion, escrito por Josh Olson, está basado en la novela gráfica Una historia violenta de John Wagner y Vincent Locke. Tom Stall (Viggo Mortensen) vive felizmente al lado de su amada esposa Edie (María Bello) y sus dos hijos, Jack y Sarah, en un pequeño pueblo del estado de Indiana llamado Millbrook, alejado del caos urbano, en donde todo el mundo lo conoce como un hombre honesto. Tras sufrir un robo en su restaurante éste se enfrenta a los ladrones y los asesina, por lo cual todos los medios de comunicación exponen la noticia al país. Tom recibe una extraña visita de alguien que lo confunde con una persona conocida del pasado de nombre Joey.

La insistencia de este mafioso, hace desconfiar a su esposa sobre su pasado. Un pasado que su esposo borró de su memoria, en el que había sido un mafioso asesino al lado de su hermano Richie, a quien traicionó. Los efectos de la película son formidables y las escenas violentas te dejan boquiabierto. Los encuentros íntimos que tiene con su esposa, son más que sugerentes y realmente afectan íntimamente al espectador.

16- "*No Country for old men*" (Sin lugar para los débiles o No es país para débiles), producida y dirigida por los hermanos Cohen. Es una adaptación de la novela No es país para viejos de Cormac McCarthy, ambientada en la frontera mexicana de los años 1980. Está protagonizada por Tommy Lee Jones, Javier Bardem y Josh Brolin. Este largometraje recibió numerosos premios, entre ellos dos Globos de Oro, dos Premios BAFTA y cuatro Premios Óscar.

Trama: El Oeste de Texas en junio de 1980 esta desolado, país abierto, y Ed Tom Bell (Tommy Lee Jones) lamenta el aumento de la violencia en una región en la que, como su padre y su abuelo antes que él, se ha elevado a la oficina del sheriff.

Llewelyn Moss (Josh Brolin), caza berrendos, se encuentra con las consecuencias de un negocio de drogas que salió mal: varios hombres muertos y perros muertos, un mexicano mendigo herido por el agua, y dos millones de dólares en un bolso que lleva a su casa remolque. Más tarde esa noche, él vuelve con agua para el moribundo, pero es perseguido por dos hombres en un camión y pierde su vehículo. Cuando regresa a casa, coge el dinero, manda a su esposa Carla Jean (Kelly Macdonald) a casa de su madre, y se dirige a un hotel en el condado vecino, donde se esconde la bolsa en la salida de aire de la habitación.

Anton Chigurh (Javier Bardem), un asesino a sueldo que ha sido contratado para recuperar el dinero. Él ya ha estrangulado a un agente del alguacil para escapar de la custodia y robado un coche mediante el uso de una pistola de perno cautivo para matar al conductor. Ahora lleva un receptor que rastrea el dinero a través de un dispositivo de localización que oculta en el interior de la bolsa. Estallando la guarida de Moss en la noche, Chigurh sorprende a un grupo de conjunto mexicano para emboscar a Moss y asesinarlos a todos. Moss, que ha alquilado la sala de conexión en el otro lado, da un paso adelante. Por el tiempo que Chigurh quita la cubierta de ventilación con una moneda de diez centavos, Moss ya está de vuelta en el camino con el dinero.

En un hotel de ciudad fronteriza, Moss finalmente encuentra el fallo de la electrónica, pero no antes de que Chigurh esté sobre él.

Un tiroteo entre ellos se derrama en las calles, dejando a los dos hombres heridos. Moss huye a través de la frontera, colapsa de sus heridas antes de ser trasladado a un hospital de México. Allí, Carson Wells (Woody Harrelson), otro agente contratado, ofrece protección a cambio de dinero.

Después de que Chigurh limpia y cose sus propias heridas con suministros robados, él consigue la caída en los Wells de vuelta en su hotel y lo mata al igual que Moss llama a la habitación. Recogiendo la llamada y casualmente levantando sus pies para evitar la propagación de la sangre, Chigurh le promete a Moss que Carla Jean pasará intacta si le da el dinero. Moss sigue siendo desafiante.

Moss se las arregla para encontrarse con su esposa en un hotel en El Paso, para darle el dinero y le evitará peligro. A regañadientes acepta la oferta de Bell para salvar a su marido, pero cuando llega sólo a tiempo para ver una camioneta que lleva a varios hombres a toda velocidad lejos del motel y a Moss muerto en su habitación. Esa noche, Bell regresa a la escena del crimen y encuentra la cerradura aplastada en su estilo familiar sospechoso. Chigurh se esconde detrás de la puerta de una habitación del hotel, observando la luz cambiando a través de un agujero de cerradura vacía. Con su arma en la mano, Bell entra en la habitación de Moss y nota que la cubierta de ventilación se ha eliminado con una moneda de diez centavos y la ventilación está vacía.

Bell visita a su tío Ellis (Barry Corbin), un ex-agente de la ley. Bell planea retirarse porque se siente "superado", pero Ellis señala que la región siempre ha sido violenta. Para Ellis, pensando que es "todo lo que te espera de ti, eso es vanidad".

Carla Jean regresa del funeral de su madre para encontrar a Chigurh esperando en el dormitorio. Cuando ella le dice que no tiene dinero, recuerda la promesa que le hizo a su marido que podría haberla salvado. Lo mejor que se ofrece es una moneda al aire por su vida, pero ella dice que la elección es suya. Chigurh sale de la casa solo y comprueba cuidadosamente las suelas de sus botas. A medida que se va, él es herido en un accidente de coche y abandona el vehículo dañado.

Ahora retirado, Bell comparte dos sueños con su esposa (Tess Harper), tanto que involucra a su difunto padre. En el primer sueño que perdió "un poco de dinero" que su padre le había dado, en el segundo, él y su padre estaban montando a caballo a través de un puerto de montaña nevado. Su padre, que llevaba fuego en un cuerno, en silencio pasó con la cabeza baja, "pasando por delante, y batallando para hacer un fuego" en la oscuridad circundante y fría. Bell sabía que cuando llegara, su padre estaría esperando.

17- "Rambo" I-V, de Silvestre Stalone. Una saga de 5 películas pero sin duda la más violenta es la versión de 2008. Rambo IV se desarrolla en una zona fronteriza entre Tailandia y Myanmar (en esa época llamada Birmania), y comienza con un rápido documental que traslada al espectador el ambiente bélico, y la situación social en la que se apoya el guion. En él, se esboza el drama de minorías étnicas de Birmania huyendo durante décadas del hambre, la guerra y las torturas provocadas por uno de los regímenes militares más brutales del mundo. Muchos de los refugiados que cruzan la frontera y llegan a la vecina Tailandia, no lo hacen sólo para esquivar las balas, ni buscar comida para sus hijos, sino huyendo del temido batallón de los violadores. Las sistemáticas y numerosas agresiones ocurridas, han llevado a las organizaciones birmanas en el exilio, a denunciar que la Junta Militar ha desarrollado una política con "licencia para violar", aterrorizando a los opositores. Los desfiles organizados en los cuarteles son aprovechados para que los militares puedan escoger a sus víctimas dentro de un sistema de gratificación y entretenimiento.

En este contexto, un grupo de misioneros evangélicos de la Iglesia de Cristo de Colorado (EE.UU.), desea llevar su fe y su ayuda humanitaria a un poblado de refugiados en el interior de la selva, a través del rio, y solicita los servicios de John Rambo como experto guía. Un duro debate con los misioneros sobre las posibilidades reales de alcanzar sus objetivos, dará paso a una catarsis en el excombatiente que le convencerá de prestarles ayuda, como mal menor. Termina el viaje por río, aunque no exento de incidentes cruentos, y Rambo regresa a sus quehaceres habituales.

Su tranquilidad se quiebra al cabo de 2 semanas, cuando llega Arthur March, pastor y responsable superior del grupo evangélico de la congregación de la Iglesia de Cristo de Colorado, al que Rambo guió hasta los refugiados, solicitándole ayuda de nuevo, pero como guía de un grupo de mercenarios contratados por el religioso. Rambo acepta la propuesta, sintiéndose responsable de lo ocurrido, por haber guiado al grupo anterior, lo que le provoca una nueva catarsis que lo obliga a hacerse a la idea de que no puede vivir reprimiendo su impulso natural de pelear.

Una vez en el lugar donde desembarcaron los misioneros, y pese a la negativa del jefe mercenario, Rambo hace oídos sordos y los sigue. El grupo de mercenarios pronto llega a unos campos donde presencian una cruenta escena. Grupos de la guerrilla juegan con prisioneros haciéndolos correr por los campos en los que han arrojado minas. El grupo no quiere mezclarse en aquello y decide alejarse. Pero antes de tener tiempo de moverse aparece Rambo que en un momento mata a los guerrilleros con las precisas flechas que dispara con su arco. El grupo queda impresionado ante la actuación de Rambo y éste, les deja bien claro que no van a ir sin él.

Juntos llegan a la base de los guerrilleros donde los misioneros están cautivos. Se dividen para rescatarlos. El grupo de los mercenarios los rescatan a todos menos a Sarah que ha sido separada del grupo. Será Rambo quien la encuentre y la salve de uno de los guerrilleros cuando intentaba violentarla: le entierra los dedos en el cuello y con sus uñas tira hasta destrozárselo, matándolo prácticamente al instante. En la huida son descubiertos y Rambo cubre con su cuerpo a Sarah, esperando lo peor cuando uno de los mercenarios que se había quedado para esperar a Rambo los salva de los guerrilleros.

Rambo, el mercenario y Sarah huyen hacía la barca al igual que los mercenarios y los misioneros que habían salido antes. Pero los guerrilleros los siguen de cerca. Para ganar tiempo Rambo se ata una prenda de Sarah para atraer el rastro de los perros de los guerrilleros y los atrae hasta una antigua bomba la cual hace detonar por un explosivo proporcionado por el mercenario.

Tras la explosión, Sarah se queda con el joven mercenario y llegan los dos cerca de la orilla donde estaba la barca. Y no dan crédito a lo que ven. Los guerrilleros han capturado a los fugitivos y se disponen a ejecutarlos. Todo parece perdido cuando Rambo aparece de la nada y decapita a uno de los guerrilleros con su machete para acto seguido hacerse con los controles de la ametralladora e iniciar un baño de sangre y salvar la situación. Los mercenarios tienen la oportunidad de contraatacar y a la lucha se unen los rebeldes de la región. La lucha es sangrienta y finalmente consiguen la victoria. La batalla ha acabado. La pena que siente Rambo tras haberlos salvado mediante tanta violencia representa prácticamente el punto culminante de su extensa lucha interna, quedando convencido de que es necesario que abandone el estilo al que ha elegido vivir. Una vez que la batalla ha acabado Rambo decide volver a los EEUU, a su hogar, usando la misma ropa que llevaba durante sus viajes por EEUU. Y la película termina con la imagen de él llegando al rancho de su padre con un saco que tiene la leyenda "soldado raso Rambo John J.". Al llegar, algo lo hace voltear la vista hacia el camino, extrañado. Luego, vuelve nuevamente la vista hacia el rancho y comienza a recorrer el sendero que lleva a él.

18- *"Inglourious Bastards"* (Bastardos sin Gloria o Malditos Bastardos), dirigida por Quentin Tarantino y desarrollada en Francia durante la segunda guerra mundial en una trama de acción y extrema violencia protagonizada por Brad Pitt y Christoph Waltz.

El oficial del SD, el Standartenführer Hans Landa (Christoph Waltz), cuya personalidad recuerda los célebres verdugos del tercer Reich nazis, y muy especialmente al general Reinhard Heydrich, se dedica a perseguir a familias judías en una región francesa. Un día llega a una casa y acosa al dueño de la misma, Perrier LaPadite (Denis Menochet). Landa promete no molestar a su familia nunca si le dice la verdad. LaPadite acaba confesando que hay un refugio bajo el suelo de su hogar en el que está escondida una familia judía, los Dreyfus, y esta acaba siendo asesinada. Todos, excepto la adolescente Shoshanna (Mélanie Laurent), quien logra escapar a tiempo.

Mientras tanto, Aldo "el Apache" Raine (Brad Pitt) es un teniente primero del ejército estadounidense que recluta a un grupo de soldados para inculcarles que ellos no iban a participar en la que después fue conocida cómo la resistencia francesa, si no que matarían a nazis con los métodos más horribles posibles con tal de que sean recordados. Un día, los Bastardos hacen una emboscada a un escuadrón alemán donde la mayoría muere. El Sargento Werner Rachtman (Richard Sammel) es dejado con Raine, para que le diga dónde están los alemanes, cuántos hay y qué traen. Werner se niega, y Raine le dice que adentro está el Sargento Donny Oso Judío Donowitz (Eli Roth), un judío que parte el cerebro de los nazis con un bate de béisbol. Raine le pregunta por última vez y Werner, de nuevo, se rehúsa, por lo que Raine llama a Donowitz y Donowitz mata a Werner con el bate. Cuando un soldado intenta escapar, el soldado Hircshberg (Samm Levine) lo asesina y le piden al único sobreviviente, Butz, que le diga a sus superiores lo ocurrido. Butz les dice todo, Raine le pregunta qué hará después de la guerra y él dice que abrazara a su mamá y quemara el uniforme nazi. Raine no lo soporta y le marca en la cara una esvástica. Entre los soldados reclutados están Donowitz; el sargento Hugo Stiglitz (Til Schweiger), que antaño asesinó brutalmente a trece miembros de la Gestapo; y Wilhelm Wicki (Gedeon Burkhard), un alemán nacionalizado estadounidense que ejerce como traductor. La banda recibe instrucciones del general Ed Fenech (Mike Myers), alguien cercano al primer ministro británico Winston Churchill (Rod Taylor). Los Bastardos siempre dejan a un superviviente para que cuente a los nazis de las brutalidades que cometen y a lo que se exponen en caso de encontrarse con ellos, pero antes de dejarlos ir, los marcan con una esvástica en la frente con un cuchillo de caza y a los muertos les cortan el cuello cabelludo con el mismo cuchillo.

Una bella mujer de la resistencia alemana que trabaja para los británicos, una actriz llamada Bridget von Hammersmark (Diene Kruger), es la tercera historia que se entrecruzará con las otras dos, al intentar hacer coincidir a los Bastardos en una cita en una taberna, pero un grupo de soldados alemanes de farra y un inquisitivo oficial SS, Hellstrom (august Diehl) desbaratará la cita con resultados nefastos para todos.

Las historias paralelas desembocan cuando una bella dueña de cine francés, que se hace llamar Emanuelle Mimieux (quien en realidad es la fugada judía Shoshanna Dreyfus) llama la atención del ingenuo asistente del ministro de Propaganda Joseph Goebbels (Syvestre Groth). El asistente es un héroe de la Wehrmacht llamado Fredrick Zoller (Daniel Bruhl), famoso por abatir decenas de soldados aliados como francotirador desde un campanario en Italia, y que se interpreta a sí mismo en una película recreando estos hechos. Él intenta conquistar a la bella francesa Emanuelle, mientras confisca el cine para una exhibición de una película a la cual asistirán todos los miembros de la alta cúpula nazi, incluyendo a Hitler. Zoller ignora que Emy/Shoshanna usará el galanteo de este para sus fines de venganza. Shoshana maneja el cine con un joven africano llamado Marcel, quien es además su pareja.

Tanto Shoshanna como Bridget se verán acosadas por el súper inquisitivo "perro de presa nazi" Hans Landa, quien descubrirá la trama del complot al encontrarse con Hirschberg, Raine y Donowitz en el cine de Shoshanna, infiltrándose como acompañantes de Bridget. Al descubrir la relación entre Von Hammersmark y la reunión fallida de los Bastardos en la taberna, Landa estrangula a la actriz, para luego capturar a Aldo Raine y Smithson Utivich (B.J. Novak). Shoshanna asesina a Zoller (cansada de su acoso), quien al mismo tiempo la mata. Después Marcel incendia el cine usando las cintas de película, y Donowitz, junto con Omar (otro de los *Bastardos*), empieza a disparar a todos los que están allí durante el incendio, matando a Hitler y a Goebbels. Finalmente, unas bombas que tienen los dos Bastardos explotan. Minutos antes de la explosión, Aldo Raine y Utivich logran negociar con Landa un acuerdo en el cual él no advierte al alto mando nazi sobre los explosivos, a cambio de asilo en territorio estadounidense y un salvoconducto, entre otros privilegios. Proceden a la frontera con el ex oficial nazi y, aprovechando el agujero legal dejado por su lista de condiciones, Raine y Utivich matan al oficial acompañante de Landa (ya que sólo querían al oficial superior) y le dicen que como le fue leal a la Alemania nazi no puede quitarse el uniforme (que prueba su lealtad), pero llegando a su destino lo hará; así que le hacen en la frente de este, el símbolo que les dejan a sus supervivientes: la esvástica. Cuando Raine termina de clavarle la esvástica, dice: "¿Sabes que, Utivich? Creo que esta podría ser mi obra maestra", la película termina con una toma de Raine y Utivich sonriendo.

19- *"Django unchainer"* (Django sin cadenas), en esta ocasión se unen de nuevo Tarantino y Christoph Waltz en la trama de un cazador de recompensas y un esclavo liberado. La trama comienza en 1858, en la América del Sur, a las afueras de Greenville, Texas varios esclavos están siendo puestos a la venta por los hermanos Speck, Ace y Dicky. Entre los esclavos encadenados se encuentra Django (Jamie Foxx), vendido por separado de su esposa, Broomhilda (Kerry Washington). Los Hermanos Speck son detenidos por el Dr. King Schultz (Christoph Waltz), un dentista alemán y cazador de recompensas. Schultz trata de comprar uno de los esclavos, pero al mismo tiempo cuestiona a Django acerca de su conocimiento sobre los Hermanos Speck, para quienes Schultz está llevando a una orden judicial, lo cual irrita a Ace el cual apunta con su escopeta a Schultz. Schultz mata rápidamente a Ace y deja a Dicky a merced de los otros esclavos recién liberados. Dado que Django puede identificar los hermanos Speck, Schultz ofrece la libertad a Django a cambio de que éste lo ayude a identificarlo. Después de ejecutar los Brittles, Django y Schultz se hacen socios durante el invierno éste se convierte en su aprendiz. Schultz explica que al ser la primera persona a la que le ha dado libertad se siente responsable de él y lo motiva para que le ayude en su búsqueda para rescatar a Broomhilda. Durante la primera sección de aprendizaje, Schultz le cuenta a Django la historia de la mítica valkyrie alemán, Brünnhilde.

Django, ya completamente formado, recoge su primera recompensa, manteniendo el volante como un amuleto de buena suerte. En Mississippi, Schultz revela la identidad del propietario de Broomhilda, Calvin Candie (Leonardo DiCaprio), el dueño encantador, pero brutal de Candyland, una plantación donde los esclavos son obligados a luchar hasta la muerte en los combates de boxeo llamado "peleas Mandingo". Schultz, consciente de que Candie no atenderá una oferta directa sobre Broomhilda, inventa una estratagema para comprar uno de los peleadores más apreciados de Candie, luego comprar Broomhilda y desaparecer antes de finalizar la pelea. Schultz, Django y Candie se reúnen en un club en Greenville y le presentan su oferta. Su ambición le hizo cosquillas, Candie los invita a Candyland. Después de que en secreto interroga Broomhilda sobre el plan, Schultz se mueve al siguiente paso, que afirma ser encantado por la Broomhilda que habla alemana.

Durante la cena, el incondicionalmente y leal esclavo principal de la casa de Candie principal, Stephen (Jackson), comienza a sospechar. Deduce que Django y Broomhilda se conocen entre sí y que la venta del caza Mandingo es sólo una distracción. Stephen alertas a Candie, que posteriormente extorsiona a los cazadores de recompensas con la vida de Broomhilda para tratar de conseguir la cantidad completa de la oferta. Schultz acepta y después que se pagó el dinero y se firmó la documentación, Candie exige un formal apretón de manos a Schultz para finalizar el trato. Schultz, disgustado, le dispara en el corazón con un Derringer que tenía oculto. Schultz trata de defenderse antes de que uno de los hombres de confianza de Candie le dispare. Todo esto pasa antes de que Broomhilda o Django puedan reaccionar. En el tiroteo masivo que siguió, Django mata a muchos de los esbirros que quedan, pero es finalmente obligado a rendirse una vez que Broomhilda es tomado como rehén a punta de pistola.

A la mañana siguiente, Django es informado por Stephen que será vendido a una mina donde trabajará hasta la muerte. En el camino a la mina, Django enseña a sus escoltas que él es un cazador de recompensas, y le muestra el volante de su primer asesinato. A continuación, les convence de que pueden ganar una gran recompensa por un hombre si vuelven a Candyland, poniéndolos en una situación en donde Django debe ser puesto en libertad. Una vez Django se quitó las esposas y se le dio una pistola, rápidamente mata a sus captores, toma la dinamita y marchó solo a Candyland.

De vuelta en la plantación, Django descubre el cuerpo de Schultz en un establo, toma los papeles de libertad de Broomhilda y se despide en alemán de su mentor caído. Django recata a Broomhilda de su celda improvisada. Cuando los dolientes de Candie regresan de su funeral, Django desarma los secuaces de Candie, Crash y la hermana de Candie. Django entonces saca los dos esclavos de la casa y dispara a Stephen en las rodillas, y lo paraliza. Como Stephen está airadamente maldiciones a Django, éste enciende la dinamita que ha plantado en toda la mansión y deja a Stephen para que sea asesinado. Él y Broomhilda ven desde una distancia como la mansión explota antes de conducir en la noche.

20- "The Silence of the lambs" (*El silencio de los inocentes*) es una adaptación de la novela de misterio y terror, original de Thomas Harris en 1988. Considerada la obra más famosa de la serie Hannibal Lecter. Fue llevada al cine en 1991 logrando ganar las categorías más prestigiosas en los Premios óscar como: Mejor Guion Adaptado, Mejor Actor, Mejor Actriz, Mejor Director y Mejor Película. Hannibal Lecter fue incluido en la lista que realizó el American Film Institute de 100 héroes y villanos del cine, ocupando el lugar número "1", siendo entonces el mejor villano según el AFI. El personaje de Clarice Starling fue también incluida en la lista como la heroína número 6. El AFI también incluyó la película en su lista 100 películas - ocupando el puesto 65 -, y en la lista 100 Thrills, ocupando el puesto 5.

La trama se base en una alumna de la escuela del FBI en Baltimore, Clarice Starling, que es convocada por el jefe de la organización Jack Crawford para investigar el caso de un asesino en serie de mujeres apodado como Buffalo Bill. Es entonces cuando Crawford ordena a Starling entrevistar a un psicópata del Manicomio de Baltimore para obtener información sobre el paradero de Buffalo Bill. El interno es el Dr. Hannibal Lecter, un psiquiatra forense acusado de canibalismo. Starling trata de plantear el mandato de Crawford entrevistando a Lecter sin olvidar que es un inteligente criminal agresivo. Hannibal aprovecha la situación para tratar de revivir los traumas del pasado de Starling. Además, ella se da cuenta que Hannibal no brinda información verídica a menos que ella lo complazca con asuntos personales de su complicada vida que de algún modo, sacien su morbosidad (empleando el famoso "quid pro quo"). Hannibal comienza a dominar la mente confundida de Clarice. Tras el secuestro de Catherine Martin, la hija de la senadora Ruth Martin, el Dr. Frederick Chilton, responsable del Hospital de Baltimore traslada al Dr. Lecter a Tennessee para tener una conversación con la senadora. Mientras, Clarice comienza a seguir de cerca los crímenes de Buffalo Bill. Por otro lado, el Dr. Lecter aprovechará la menor seguridad que encuentra durante su traslado para escapar.

21- "Hannibal" (*El silencio de los corderos*) es una película de 2001 dirigida por Ridley Scott y adaptada de la novela del mismo nombre escrita por Thomas Harris. Narrando lo ocurrido diez años después de The Silence of the Lambs (El Silencio de los inocentes), la premisa es que una de las víctimas de Hannibal Lecter que todavía está viva, el millonario mason Verger, quiere capturarlo, torturarlo y matarlo. Los lugares donde transcurre la acción se alternan entre Italia y los Estados Unidos. En opinión de Steffen Hantke, autor de Horror Films: *Creating and Marketing Fear*, el filme Hannibal era "una película pensada como de auter y protagonizada por estrellas, con énfasis en una apariencia distintivamente visual y actuaciones deliberadamente ostentosas".

Hannibal fue la esperada secuela de la ganadora del Oscar en 1991 El silencio de los corderos, la cual introdujo a Hannibal Lecter por primera vez a la pantalla grande como protagonista. The Silence of the Lambs fue la tercera película en la historia en ganar los Premios de la Academia por Mejor Película, Director, Actor, Actriz y Guion Adaptado. El personaje de Hannibal Lecter se convirtió en un "nombre familiar" y parte de la cultura popular. El difícil desarrollo de Hannibal atrajo gran atención, tanto con el director de The Silente of the Lambs, Jonathan Demmen, como con la actriz Jodie Foster, quienes eventualmente no quisieron participar en el proyecto. Luego de su lanzamiento en febrero de 2001, Hannibal rompió récords de taquilla en los Estados Unidos, Australia, Canadá y el Reino Unido.

El filme Hannibal empieza diez años después de los eventos narrados en The Silence of the Lambs, el Dr. Hannibal Lecter

(Anthony Hopkins) reside en Florencia, Italia bajo el pseudónimo "Dr. Fell". Mientras tanto, la agente del FBI Clarice Starling (Julianne Moore) cae en desgracia después de un operativo antidroga que resulta en la muerte de cinco personas incluyendo la narcotraficante Evelda Drumgo (Hazelle Goodman), a la que Starling disparó mientras Evelda cargaba un bebé y una pistola automática.

Como resultado de la operación fallida, Starling deja de ser agente de campo y es asignada a trabajos de oficina en el caso de Lecter. Starling es enviada a la mansión del multimillonario Mason Verger (Gary Oldman), quien fue mutilado y dejado paralítico luego de un encuentro con Lecter años atrás. Verger, quien específicamente solicitó hablar con Starling, dice que tiene nueva información (que resulta ser una placa de rayos X) que solo está dispuesto a mostrar a ella. Cuando Starling visita la mansión de Verger, él le cuenta su historia con Hannibal. Lo conoció como médico (Lecter era psiquiatra) cuando seguía una terapia después de haber sido condenado por abuso sexual.

En Florencia, el inspector Rinaldo Pazzi (Giancarlo Giannini) está investigando la desaparición del conservador de una biblioteca y se encuentra con su reemplazo: el Dr. Fell, quien no es otro que Lecter. Al mismo tiempo, el departamento de Pazzi es contactado por Starling quien, al recibir una carta con aroma de Lecter, quiere tener los videos de vigilancia de todas las perfumerías que vende ese particular perfume, incluida una en Florencia. Cuando Pazzi logra ver a Fell en uno de los videos solicitados, él descubre su verdadera identidad y, esperando obtener la recompensa de tres millones de dólares, contacta a Mason Verger. Pazzi decide aprehender a Lecter con la ayuda de los hombres de Verger, ignorando la advertencia de Starling de ser cuidadoso y no dejar a Lecter solo. Lecter, sin embargo, descubre sus planes y lo mata ahorcándolo desde el Palazzo Vecchio, un destino que el ancestro de Pazzi, Francesco Pazzi, compartió con él. Lecter entonces se dirige a los Estados Unidos, para encontrar a Starling.

Mientras tanto, Verger, para lograr su venganza contra Lecter y hacerlo salir del anonimato, recluta al corrupto empleado del

Departamento de Justicia Paul Krendler (Ray Liotta). Krendler, tentado por el dinero de Verger, entrega falsas cartas de amor de Lecter a los directivos del FBI, diciendo que las encontró en la oficina de Starling. Como resultado, Starling es puesta en receso administrativo y por lo tanto es incapaz de detener la captura de Lecter por los hombres de Verger, y su posterior transporte a la granja de Mason para ser comido por una manada de gigantes cerdos salvajes (hilóqueros) entrenados especialmente. Sin embargo, Starling se dirige a la mansión de Verger, donde se las arregla para matar a sus hombres y liberar a Lecter justo antes de que la manada de cerdos sea liberada, sin embargo ella recibe un disparo. Lecter, salva a Starling de los animales y, mientras lo hace, persuade al asistente de Verger, Doemling (Zeljko Ivanek), de arrojar a Verger en la fosa donde están los cerdos y culpar a Lecter en caso de algún problema. De esa manera él obtendría la satisfacción de ver a Verger morir.

En el clímax del filme, Lecter lleva a Starling a la casa de Krendler a orillas de un lago y le realiza una cirugía para extraer la bala. Después de despertar ella descubre su paradero y llama a la policía antes de bajar por la escalares a la planta baja, donde Lecter ha practicado una craneotomía a Krendler. Starling ve con horror como Lecter alimenta a Krendler, que se encuentra bajo el efecto de drogas, con partes de su propio cerebro luego de haber sido salteado en mantequilla e hierbas. Clarice trata de aprehender a Lecter esposando su mano a la de ella, a lo cual él amenaza con cortar la mano de Clarice para escapar, pero más tarde se muestra que él eligió cortar la suya propia. Luego de que Starling fallara en atrapar a Lecter por sí misma, la policía llega finalmente al lugar, pero no antes de que Hannibal escape. La película termina con Lecter en un avión, comiendo una cena que él mismo ha empacado, con cerebro de Krendler en ella. Un pequeño niño le pregunta qué es y le dice que luce bien. Lecter dice *"Oh, es muy bueno"* y el niño pide probarlo, a lo que Lecter responde *"Supongo que tu madre te dice, al igual que me decía a mí la mía: Es importante, hijo, probar siempre cosas nuevas"*.

22- *"Die Hard"* (Duro de Matar), es la primera entrega de una serie de 5 películas de acción y violencia con el mismo nombre, protagonizada por Bruce Willis. Está basada en la novela Nothing Lasts Forever de Roderick, publicada en 1979. En la trama John McClane (Bruce Willis) es un policía de Nueva York que visita Los Ángeles para reconciliarse con su ex esposa, Holly Gennaro, quien se encuentra en una fiesta de navidad en el edificio Nakatomi Plaza, piso 30, propiedad de un japonés: Joe Takagi (James Shigeta). John es llevado al Nakatomi Plaza en una limosina conducida por un joven llamado Argyle, de quien se gana su confianza y se hacen buenos amigos. John sube al piso 30 donde es recibido por japoneses que lo conducen hasta donde está su esposa.

Pronto el Nakatomi Plaza es tomado por 12 terroristas: Carl, Franco, Tony, Theo Alexander, Marco, Kristoff, Eddie, Uli, Heinrich, Fritz, James y su jefe Hans Gruber (Alan Rickman). Todos ellos equipados con ametralladoras y armas automáticas (Hans con una pistola) en el momento en que John se estaba cambiando la ropa en un baño. Él logra escapar, con pantalón y una camiseta, pero sin zapatos. Los terroristas se presentan en la fiesta del piso 30 buscando al señor Takagi para decirle a Nakatomi Corporations una lección de lo que codicia. Hans y unos cuantos escoltas llevan a Takagi al salón principal mientras John, armado con una pistola, los sigue. Hans interroga a Takagi sobre el código para abrir la bóveda del Nakatomi Plaza y admite que utiliza el terrorismo como señuelo mientras trata de robar los 640 millones de dólares que hay en la bóveda. Takagi se rehúsa a decir la clave y es asesinado por Hans mientras McClane observa la escena escondido. McClane activa una alarma contra incendios para atraer ayuda policíaca. McClane asesina al hermano de Carl, Tony, poniéndolo eufórico. McClane toma su ametralladora y el radio portátil comunicador y escribe en su camisa *"Ahora tengo una metralleta Jo Jo Jo"* para enviarlo en el elevador al piso 30 como un mensaje para Hans.

McClane sube a la azotea e intenta sintonizar a la policía para pedir ayuda militar, pero sintoniza el canal de la policía los cuales le informan que debe utilizar su teléfono o deberán notificarlo como una infracción severa. Hans se percata de que la mejor forma de transmitir es la azotea, por lo cual envía un grupo de tres personas para eliminar a McClane. Este escapa por los elevadores pero están paralizados dado que Theo anuló los ascensores desde el vestíbulo hasta el piso 30, por lo cual llega al conducto de ventilación hasta que logra llegar al salón principal, en donde Hans mató a Takagi, aunque este ya no se encuentra. Los policías, al escuchar los disparos, contactan con el Sargento Al Powell (Reginald Vel Johnson) para que investigue lo que sucede en el Nakatomi Plaza ya que habían solicitado ayuda para lo que ellos creen es una broma de mal gusto. McClane logra salir de los conductos de ventilación, y ve la sangre de Takagi en la alfombra. Al ver el auto del oficial empieza a romper la ventana para llamar su atención, pero no se percata que uno de los terroristas lo observa. Heinrich envía a Marco a investigar al darse cuenta McClane le dice que arroje el arma en este instante llega Heinrich y McClane le dispara matándolo, al mismo tiempo se enfrenta con Marco quien al final de la mesa le dice "Si tienes que matar a alguien no titubees", a lo que McClane le dice "gracias por el consejo". Powell al inspeccionar el edificio informa que no pasa nada y que muy probablemente sea todo una broma. Al entrar en la patrulla cae el cuerpo de Marco, acto seguido le empiezan a disparar a la patrulla, causándole un accidente, con la intención de atraer ayuda policial.

Los policías llegan y McClane se comunica con Hans. Este le pide al grupo que no utilice sus radios comunicadores hasta que no lo autorizara él, pero McClane le informa que no lo coloco en el tablero, este empieza a entablar conversación e informarle de Marco y de su otro amigo que están muertos. Hans envía a investigar para saber quién era el otro, este empieza a decirle, a McClane que para ser un guarda de seguridad, a lo que McClane se burla y le dice que, es el hosped, Hans le dice: "cree que podrá con nosotros vaquero." McClane le dice "Yippi ka yei, hijo de puta". Al Powel se comunica con McClane por radio portátil, pero McClane le dice que también sus vecinos pueden escuchar y que son muy peligrosos, este le pregunta por su nombre a lo cual él le responde que lo llame Roy. Hans al descubrir que Heinrich llevaba los detonadores se comunica con Theo, quien le pregunta cómo va, éste le informa que van 3 cerraduras voladas. McClane comienza a dar datos de los terroristas que se encuentran ahí presentes, lo que provoca que Hans se ponga furioso.

McClane advierte a los policías que los terroristas son muy peligrosos y que entrar al edificio a detenerlos les causará muchas bajas, estos ignoran las palabras de McClane e intentan penetrar en el Nakatomi Plaza, siendo derrotados por los terroristas ya que Hans les tiende una trampa en la entrada del edificio. Un tanque de guerra de SWAT es enviado para combatir a los terroristas, pero les resulta inútil porque estos lo destruyen utilizando lanzacohetes. McClane, al ver los fracasos de los policías tira una computadora con los explosivos C-4 y los detonadores que había dejado Heinrich causando una explosión y la muerte de dos terroristas más: James y Alexander.

Las horas pasan y pasan, y un amigo de Holly, Harry Ellis (Hart Bochner) cansado y drogándose enfrente de todo el mundo, intenta negociar con los terroristas quien le dice que es su salvador y que puede entregar al tipo que les fastidió todo. McClane quien habla con Al sobre la familia es interrumpido por Hans quien le revela conocer su verdadero nombre, éste le dice que sus amigos le dicen John. Hans le dice que una persona muy especial estuvo con él esta noche. McClane escucha la voz de Ellis quien le dice que entregue los detonadores y se entregue, éste le dice que Ellis y él lo que son es buenos amigos y que fue invitado a la fiesta de la compañía por error. Ellis le dice que de no entregar los detonadores lo mataran. McClane le informa que se calle y que le diga que no son amigos ya que, él sabe perfectamente la clase de tipos que son estos. A Ellis al no poder convencer a Jhon lo matan. Hans le dice que le diga en donde están sus detonadores y que tarde o temprano matara a alguien que lo afecte, este le informa que se pudra.

McClane encuentra a Hans en la azotea, que estaba buscando los detonadores y le apunta con el arma, pero como Hans está vestido de traje lo toma como un invitado de la fiesta, Hans miente a McClane diciéndole que quiso escapar y que así fue a parar a la azotea. McClane le da una pistola sin balas a Hans a quien ya descubrió, pero sigue actuando, y cuando Hans quiere dispararle a McClane se da cuenta de su error. Carl, Franco y Fritz llegan antes de que McClane pueda actuar y se produce una balacera en la azotea. McClane logra matar a Fritz y Franco, pero se le acaban las balas y se ve obligado a huir dejando atrás los detonadores. Como durante la batalla se rompieron varios vidrios McClane se clava los pies por andar descalzo y trata de lavárselos en un baño.

El FBI llega, tomando el mando de la situación y ordena desconectar la electricidad, con lo que la luz de emergencia se activa en la azotea y algunas partes del Nakatomi Plaza. La pérdida de energía desactiva el bloqueo final de la bóveda, como Hans había previsto, lo que les permite acceder al dinero. Hans pide que le mande un helicóptero para marcharse de ahí dejando intactos a los rehenes y el resto del Nakatomi Plaza, pero su verdadera intención es detonar los explosivos en la azotea para matar a los rehenes y simular la falsa muerte de sus hombres y de él mismo. Hans ve un noticiero de Richard Thornburg donde el periodista interroga a los niños de McClane, descubriendo que Holly es la esposa de McClane y tomándola como rehén para presionar a John.

McClane se encuentra con Carl y empiezan a pelear a muerte hasta que finalmente McClane se deshace de él. Hans ordena a los demás rehenes subir a la azotea para la detonación de los explosivos. McClane logra asesinar a Uli y les dice a los rehenes que bajen ya que la azotea va a estallar, McClane comienza a disparar a los helicópteros para que se alejen de la explosión, pero estos se niegan y tratan de eliminar a McClane. Los rehenes bajan y McClane toma una cuerda de servicio en la azotea, los explosivos se detonan, destruyendo al helicóptero y McClane se salva de milagros logrando llegar un piso más arriba de donde se encuentra Hans.

Theo viaja hasta el estacionamiento para recoger su vehículo de partida (que es una ambulancia, para pasar desapercibido), pero ahí se encuentra Argyle que choca su limusina contra el vehículo de Theo y ansioso por cooperar para McClane golpea a Theo dejándolo noqueado en su auto.

McClane en un salón encuentra cinta adhesiva de regalos de Navidad y la utiliza para atarse en la espalda una pistola que tenía. Cansado y armado con la ametralladora que había obtenido de los recientes terroristas asesinados se dirige hacia Hans, con la esperanza de que solo necesita matar a tres terroristas más. McClane golpea a Kristoff con su arma dejándolo inconsciente y encuentra a Hans en el salón principal con Eddie y como rehén a Holly. Hans apunta con su pistola a Holly, pidiéndole a McClane que suelte el arma, McClane la suelta y es apuntado con una metralleta por Eddie. Hans le dice a McClane cosas sobre su intervención y que va a ser asesinado. Hans comienza a reírse, McClane le sigue la corriente y también comienza a reírse, Eddie también y Holly no tiene idea de lo que está pasando. McClane se ríe para distraerlos, hasta que Hans llega al punto de que la risa le hace bajar el arma. McClane aprovecha la situación y rápidamente asesina con la pistola que tenía en la espalda a Eddie y a Hans, estrellándose éste último en una ventana agarrado de un brazo de Holly, donde ella tenía un reloj de mano. McClane le quita el reloj a Holly tirando a Hans al vacío, y matándolo.

John y Holly se reúnen con Powell en la calle y los demás policías. Carl, que logró sobrevivir al ataque de McClane, emerge de la entrada del Nakatomi Plaza disparando. La gente se asusta y se cubre, pero Powell lo mata a tiros. Thornburg llega e intenta entrevistar a McClane, pero recibe una bofetada de Holly por delatarlos antes Hans. Después John y Holly recorren Los Ángeles en la limusina conducida por Argyle terminando la película.

23- "***300***" es una película de acción épica de 2007 dirigida por Zack Snyder. Es una adaptación de la serie de cómics del mismo nombre de Frank Millee, la cual relata la Batalla de las Termopilas. La película fue rodada en su mayoría con una técnica de superposición de croma, para ayudar a reproducir las imágenes del cómic original.

La trama describe la historia del Rey Espartano Leónidas (Gerard Butler) y sus 300 guerreros espartanos que pelearon a muerte contra el Dios-Rey persa Jerjes (Rodrigo Santoro) y su armada de más de un millón de soldados. Debido al furor de la batalla, la reina espartana Gorgo (Lena Headey) intentó conseguir el apoyo de Esparta por parte del Senado Espartano. La historia es enmarcada por una narración en off del soldado Espartano Dilios (David Wenham). A través de esta técnica narrativa, varias criaturas fantásticas se introducen, colocando a *300* dentro del género de la fantasía histórica plagada de violencia extrema.

24- *"Manhunter"* (Cazador de hombres o El Sabueso) es una película de suspenso de 1986 dirigida por Michael Mann y basada en el libro El dragón rojo, de Thomas Harris. Es la primera adaptación de la novela y el primer filme donde aparece el personaje del psicópata Hannibal Lecter. En la trama el agente del FBI Will Graham (William Petersen) es llamado de su retiro por su exjefe Jack Crawford (Dennis Farina), para que lo ayude a capturar a un asesino en serie, bautizado por la prensa como The Tooth Fairy (El hada de los dientes), por su hábito de morder a sus víctimas. Graham recurre al Dr. Hannibal Lecter, que en esta versión cinematográfica aparece algunos minutos con el nombre de Dr. Hannibal Lecktor (Brian Cox), quien cumple una condena en prisión, para que lo ayude a prevenir que The Tooth Fairy ataque de nuevo. Lecter, quien fue también un asesino en serie, fue arrestado por Graham en el pasado, a quien casi asesina.

25- *"Kick Ass 2"*, con la participación estelar de Jim Carrey, quién luego de la tragedia en la escuela primaria Sandy Hook, ocurrida en Connecticut en diciembre 2012, quedó sensiblemente afectado y a raíz de ese hecho y otros similares ocurridos, decidió negarse a participar en la promoción de la misma. El cómico canadiense criticó en Twitter la violencia del film, rodada antes de que ocurriera la tragedia en la que murieron 20 niños y seis adultos. El actor de 51 años expresó a través de la red social que no puede soportar el nivel de violencia de *Kick Ass 2* debido al impacto que tuvo en él la masacre en la escuela Sandy Hook, expresándose de la siguiente manera: "Hice Kick-Ass un mes antes de lo de Sandy Hook (la masacre en la escuela Sandy Hook), y ahora, plenamente consciente, no puedo apoyar ese nivel de violencia. Mis disculpas a los demás implicados en la película. No me avergüenzo, pero los eventos recientes han provocado un cambio en mi corazón".

Nota: Mark Millar, autor del comic en el que se basa la película, lamentó la decisión del actor y escribió una carta abierta en su web oficial para intentar hacerlo cambiar de opinión. "Antes que nada, adoro a Jim Carrey, es un actor como ningún otro (...). Yo no puedo estar más feliz con esta película. Es tan buena como la original y, en muchos aspectos, más grande, ya que expande el universo y lleva todo al siguiente nivel. Hay muchas cosas destacables, cada actor lo ha dado todo y Carrey en particular está soberbio (…) Por eso sorprende tanto lo que Jim ha anunciado esta noche, que la violencia armamentística de Kick Ass 2 le ha hecho retirar su apoyo a la película. Como todos saben, Jim es un comprometido defensor del control de armas y respeto tanto su política como su opinión, pero estoy asombrado por su repentino anuncio ya que nada de lo que se ve en la película es distinto a lo que había en el guion hace dieciocho meses (…) Como Jim, estoy horrorizado con la violencia de la vida real, pero Kick-Ass 2 no es un documental. ¡Ningún actor fue herido durante este rodaje! Es ficción. Kick-Ass evita las habituales muertes sin sangre de las grandes pelis veraniegas y aun así se centra en las CONSECUENCIAS de la violencia, así como sus ramificaciones entre familia y amigos (…) Irónicamente, el personaje de Jim en Kick-Ass 2 es un cristiano renacido y su gran punto es el que decidiéramos que rechazase las armas de fuego, algo que él nos dijo que le acercó al personaje antes que otras cosas. Al final es su decisión, pero nunca he comprado esa idea de que la violencia en la ficción engendra violencia real, al menos, no más que la cantidad de niños magos que hay en la vida real tras haber visto Harry Potter (…) Jim, te quiero, y espero que reconsideres tu decisión. Estás fantástico en esta película insanamente divertida y estoy muy orgulloso de lo que Jeff, Matthew y todo el equipo han logrado aquí. Amor y paz. Mark Millar".

4

Efectos e Influencia del Ojo más Potente del Dragón; La Televisión

La Televisión es el medio audiovisual de comunicación masiva que tiene mayor alcance e influencia a nivel mundial, ésta posee el poder del primer Ojo del Dragón sumado a su propio y potente poder, permaneciendo las veinticuatro horas del día compartiendo la intimidad de los seres humanos en todos los rincones de cada hogar del planeta. Este avasallante Ojo ejerce una influencia inimaginable en los individuos, persuadiéndolos a actuar a su entera voluntad dentro de la más grande espiral de información/desinformación de la sociedad moderna. La enorme cantidad de hiperinformación/hiperdesinformación en imágenes y sonidos que es capaz reflejar, en vivo y directo, durante los 365 días del año, sin darle oportunidad al espectador de determinar qué es bueno, qué es malo, qué es veraz, qué es erróneo, qué es manipulado, y qué no, lo convierten en el Ojo más potente e influyente del Dragón.

La influencia que ejerce este Ojo del Dragón sobre la sociedad actual es innegable, en algunos casos esta capacidad de intervención sobre los espectadores, resulta beneficiosa para la sociedad, sin embargo en la mayoría de los casos tiene efectos realmente perjudiciales, como lo han demostrado muchos estudios hechos sobre su desarrollo y penetración en la vida diaria de los individuos. Este Ojo es tan potente que no solo refleja su propio contenido, sino que también refleja todo el contenido del Primer ojo del Dragón, lo que lo hace ser mucho más abarcador que cualquier otro de los demás Medios Audiovisuales de Comunicación de Masas. Y si a esto le súmanos que en la actualidad éste se ha integrado a la red comunicacional del Internet para conformar el más extraordinario medio jamás ante visto, la Televisión Inteligente.

Los sistemas políticos y el Dragón de la Avaricia han aprovechado esta capacidad de penetración, para a través de este hechizante Ojo manejar la información, basando sus principios ideológicos como fundamento de carácter principal, y de esta forma manipular las conciencias de muchos de los miembros de la sociedad. Ya que éste es el medio más eficaz para informar, desinformar y manipular a la población. Este Ojo desempeña un papel estelar como fuente de información, como elemento de cohesión y como refuerzo de manipulación de la colectividad a favor de los diferentes gobiernos de turno en cada nación del globo terráqueo sin importar la ideología de dichos regímenes. De igual forma, los gobiernos de las grandes potencias han utilizado este medio audiovisual para manipular sociedades o países menos desarrollados.

El concepto principal de este influyente Ojo del Dragón obedece a la comunicación de un hecho, en vivo y directo, a través de imágenes y sonidos, que por sus características propias tiene interés para la opinión pública. Este hecho hace que la audiencia no tenga la oportunidad de determinar si está frente a una información o una desinformación, ya que la desinformación no es más que una información errónea o intencionalmente manipulada, trasmitida por un emisor, ya sea por falta de ética profesional u otras causas imputables al emisor, al canal, al medio, o a la censura del poder político o económico.

Es a través de sus imágenes y sonidos, y de las imágenes y sonidos que toma prestada del Primer Ojo del Dragón, que ha venido creando desde sus inicios unos modelos que son percibidos y asumidos como normas de conducta global, pero antes de ser proyectados por los Ojos del Dragón eran solo patrones de conductas de reducidos grupos sectoriales y en ocasiones solo estaban en la mente de algún creativo. Es así cómo, patrones que en otros tiempos no eran aceptados, fueron difundidos por este medio, de tal forma que hoy son vistos como comportamientos y conductas normales que han existido todo el tiempo. Las imágenes difundidas por este medio se convierten en el modelo a seguir por millones de individuos en todo el mundo, llegando a crear, incluso, una verdadera cultura del ascetismo, en donde quien no se ajusta al estereotipo difundido como modelo se le ve como un desactualizado social. Podemos tomar como ejemplo el caso del uso de las minifaldas, el cual fue condenado por la sociedad y las iglesias en todo el mundo durante la primera parte de la década del 1960, pero a partir de que la famosa presentadora de la televisión británica, Cathy Mc Gowan, saliera por primera vez a través de la pantalla de televisión vistiendo una minifalda, esta prenda de vestir alcanzó rápidamente un auge global entre las veinteañera de su época, y hoy en día no existe una mujer – de cualquier edad - que no tenga una minifalda en su guarda ropa, aún sea para lucirla en la intimidad de su hogar. Aquí vemos como de hecho la televisión convirtió el uso de la minifalda en un fenómeno, que al mismo tiempo que representaba una expresión de libertad, también era una forma de exigir un cambio en el rol que le había asignado la sociedad a la mujer.

Así mismo el uso o consumo de determinados bienes o servicios difundidos a través de la publicidad persuade al espectador a ver el uso o consumo de ciertas marcas como sinónimo de un determinado estatus social. Es de esta forma como el conducir un auto Mercedes o vestir de Oscar de la Renta u otro diseñador de fama mundial te hace sentir una gran dosis de autosatisfacción personal y un elevado grado de aprobación social. De forma sutil pero contundente se ha posicionado en nuestras mentes la denominada cultura de marcas, que es gestionada por los elementos que interactúan en el mercado. Es así como la televisión se ha convertido en una fábrica de sueños que al mismo tiempo que crea en el espectador una sensación de autoestima, reconocimiento y distinción social, también refleja una sociedad sumida en la avaricia, corrupción, violencia, inmoralidad, egoísmo, etc.

Indiscutiblemente que la televisión es el medio audiovisual que cuenta con mayor audiencia a nivel mundial. Por su rapidez y su capacidad de entregar imágenes y sonidos, pero sobre todo, por la posibilidad que ofrece de ver los hechos y a sus protagonistas en tiempo real sin importar que estos estén al otro lado del mundo.

La programación de la televisión está formada por múltiples formatos de índoles informativos y de entretenimiento, entre los que están los noticiarios, documentales, dramas, comedias, reportajes, entrevistas, farándula, programas culturales, pedagógicos y científicos. A través de estos formatos la producción transmite información a través de las imágenes en movimientos, las imágenes fijas, los textos y los sonidos. Esto hace de la televisión el medio de comunicación más eficaz e influyente de todas las clases sociales alrededor del mundo.

Los principales formatos informativos están constituidos por los noticieros, las revistas de información y los programas de análisis. Estos programas fundamentan su acción en los acontecimientos actuales y las noticias nacionales e internacionales del momento. Su finalidad esencial es examinar, investigar, explicar y entender lo que está pasando para darle mayor dimensión a cada noticia, tratando de que la audiencia entienda las causas y consecuencias de dicha noticia. La televisión a través de documentales y crónicas, buscan internarse en el análisis serio de lo que acontece. Generalmente los temas que más se analizan son los políticos, los económicos y los sociales, para lo que se recurre a expertos en estas materias que permitan que el análisis que se haga sea cuidadoso y logre dimensionar en sus justas proporciones los hechos que se pretende comunicar. Dentro de este tipo de formatos también se encuentran los culturales, los científicos y otros temas de interés para sectores específicos de la audiencia. Estos temas no son comunes ni muy conocidos, sin embargo son de gran trascendencia, ya que son ampliamente investigados y rigurosamente tratados.

Los formatos de entretenimiento buscan ·divertir o recrear a las personas valiéndose de recursos como el humor, los concursos, la emisión de música, los dibujos animados, los deportes, películas, las telenovelas, y la información sobre farándula, cine y espectáculos. Estos constituyen las formas más utilizadas y de mayor éxito en la televisión, por lo cual, incluso en los espacios informativos se le ha dado un espacio especial al entretenimiento. Pero en las últimas décadas la violencia se ha constituido en el eje central y de mayor audiencia en todo el espectro televisivo sin importar el tipo de programa del que se trate.

A través de la televisión se hace llegar a cada hogar del mundo los actos de violencia que ocurren aun en los rincones más apartados. Como la cámara ve, así transmite, y en ocasiones con lentes de aumento, los hechos reales para lograr sensacionalismo, ya que los niveles de audiencia son más elevados cuando la morbosidad se expresa a través de la pantalla.

Desde sus inicios la televisión se concibió como un mero negocio y no como una fuente de beneficios y aprendizaje, y es por esta razón que la violencia en este medio ha estado presente siempre, ya sea en parodias, noticiarios, series, caricaturas, novelas o películas. Las escenas de violencia van desde la agresión con arma de fuego hasta la agresión verbal. El mayor nivel de violencia se manifiesta en las películas y series, pero los deportes y dibujos animados ocupan el segundo y tercer lugar en esta materia, lo cual es aún más dañino, ya que hace a los niños y jóvenes receptores de los programas más violentos.

El efecto de esta violencia se hace más perturbador cuando tomamos en cuenta que los niños perciben las imágenes y fantasías de la TV como reales y verdaderas, y los adolescentes se hayan frente a una inestabilidad que le hace difícil encontrar su identidad propia, por lo cual son más propensos a ser afectados al recibir una imagen no realista a través de la televisión, lo cual los lleva a crearse una visión irreal del mundo en el que viven.

Aunque no soy participe de la opinión de que la contemplación de la violencia provoca violencia, si pienso que los individuos que tienen desarrollado el gen de la violencia por encima de los patrones normales, ya sea por factores genéticos o por falta de educación temprana, son afectados más profundamente por las imágenes de violencia vistas a través de la pantalla, lo cual los hace incapaces de diferencial entre la experiencia virtual y la real.

La mayor parte de la programación de televisión contiene violencia. Estamos expuestos las veinticuatro horas del día a ver todo tipo de violencia, de hecho, algunos estudios demuestran que un adolescente, habrá contemplado más de 200,000 muertes o agresiones violentas antes de lograr la madurez de adulto, lo cual provoca un efecto de gran impacto en la mente de algunos individuos con algún tipo de patología psicosomática, falta de autoestima y/o amor propio.

La mayoría de las escenas de violencia del mundo virtual televisivo ocurren en un medio ambiente social similar al del mundo real, lo cual hace más fácil que el espectador extrapole dichas conductas en su subconsciente o inconsciente, percibiendo todo como una sola y única experiencia vivida. Pero la situación más delicada y peligrosa surge cuando frente a la pantalla se encuentra un espectador con un alto nivel de frustración o una patología de agresividad desarrollada a niveles auto incontrolables, de tal forma, estas visiones se convierten en los detonantes de las acciones de agresión que llevan a los desenlaces fatales que luego son tomados como materia prima para las producciones televisivas inmediatas como los noticieros y para los guiones de las series y películas.

La espiral de exposición de violencia incrementa el comportamiento agresivo de los individuos propensos a la misma, y habitúa a la colectividad a ver estas reacciones como algo normal. Pero este proceso de aceptación de la violencia televisiva y su traspolación a la vida real no sólo depende de variables individuales, también la actitud familiar ante este flagelo influencia y facilita dicha traspolación. En la etapa de la niñez, por ejemplo, un patrón de comportamiento violento por parte de algún progenitor o algún adulto allegado, sumado a la contemplación de violencia en televisión puede aumentar las respuestas violentas en los niños. Por otra parte si los padres no saben orientar a los niños al momento de ver un programa o película, estos pueden mal interpretar la situación y ver la violencia como la buena y válida salida a una serie de problemas de su entorno.

Sin embargo, es justo señalar que aunque la gran cantidad de programas con contenido violento que vemos a diario es considerada como un flagelo social, en verdad el que la violencia contemplada provoque una conducta negativa, depende en gran medida de nuestra interacción con las instituciones de socialización tradicionales como la familia, la escuela, la iglesia, el entorno, los amigos, todos los demás medios de comunicación, pero sobre todo, y muy especialmente en el resultado equilibrio / desequilibrio entre los patrones genéticos que manejan las emociones y los sentimientos como el amor, la compasión, la piedad, el odio, y la violencia, entre otros.

Los sentimientos son el resultado de las emociones. Los sentimientos están regidos por las leyes que gobiernan el funcionamiento energético del cerebro. Inhibir por preferencia del ego un sentimiento equivale a fomentar un anhelo, postergar un anhelo fomenta una frustración o una vehemencia. Los sentimientos necesitan de una razón o cauce para lograr un estado de satisfacción y equilibrio. Esta respuesta está mediada por neurotransmisores como la dopamina, la noradrenalina y la serotonina, que forma parte de la dinámica cerebral del ser humano, capacitándolo para reaccionar a los eventos de la vida diaria al drenarse una sustancia producida en el cerebro.

Los estímulos emotivos, sostenidos paulatinamente en el tiempo, pueden hacer nacer los sentimientos en los individuos, hecho éste que no es más que la repuesta en forma de expresión o reacción del sistema límbico que al ser sometido a una continua y persistente carga emocional se ve en la necesidad de equilibrarse, liberando ciertas sustancias que alteran el estado anímico del individuo, las cuales por reacción le hacen creer que se encamina a un estado de flujo que le permitirá lograr y mantener sostenidamente un estado de felicidad, en los casos del amor, la alegría, el valor, la compasión, el optimismo, la lealtad, la fe, la esperanza, la ternura, lastima, la admiración, la pasión, la piedad, etc., o un estado de frustración en los casos del odio, la tristeza, la agresión, la envidia, el miedo, el coraje, la duda, la venganza, el pesimismo, la ira, el egoísmo, el rencor, el temor, la crueldad, la soberbia, la soledad, la angustia, la euforia, la culpa, la violencia, etc.

Así, la mente establece el objetivo y las experiencias virtuales y reales fomentan o contrarrestan su consecución. Las experiencias virtuales y las reales pueden provocar una variación del estado preferente que hace la mente del objetivo, induciendo en ella como principio las emociones que podrían desencadenar un sentimiento que la motiva a actuar de acuerdo a los patrones culturales inculcados desde la niñez o de acuerdo a los patrones asumidos a través del más potente de los Ojos Manipuladores del Dragón.

4.1. Efectos e Influencia de las Telenovelas.

Las telenovelas son un género de comunicación que presenta una interacción social ideal: Un mundo de fantasía en el cual al final todo se resuelve; los malos son castigados o mueren, y los buenos quedan felices, como en los cuentos de hadas. Es el relato de una historia mágica en donde los protagonistas a pesar de todos los difíciles obstáculos que le presenta "la vida" terminan juntos y felices para siempre. Más que socializar, las telenovelas, transmiten aquello que el espectador espera y desea ver, ya que su finalidad principal es la de provocar emociones en la audiencia, así como distracción, evasión y diversión, aunque también pueden llegar a provocar depresión en algunos individuos que incluso lloran por lo que está sucediendo en la telenovela, haciendo que éste quiera saber y conocer que es lo que va a suceder en el siguiente capítulo, creando un lazo de dependencia entre el individuo y el canal de comunicación que transmite la serie. Se puede decir, que por la importancia que les dan los individuos a sus telenovelas favoritas, estas se convierten en algo igual o más importante que sus obligaciones cotidianas.

La mayoría de la programación de los canales de televisión hispanos está formada por las telenovelas; en éstas encontramos diferentes tramas, infantiles, juveniles, y de contenidos fuertes. El principal atractivo de las telenovelas está en que son series de fácil entendimiento o comprensión de forma que una persona que ha dejado de ver muchos capítulos puede llegar a comprender con gran facilidad la situación de las tramas, ya que su guion es repetitivo, siempre tienen el mismo argumento y el mismo final, y nunca culminan de una manera distinta.

Precisamente los analistas cuestionan el contenido de las producciones de telenovela, y sobre todo, lo poco que dejan en el intelecto de las personas que las ven, pues, según ellos, entretienen sin dejar un contenido, más que netamente visual, pues solo enseñan de temas banales, como la moda, el lenguaje popular, las jergas callejeras, que sin duda es la más notorias de sus influencias. En el ambiente social, muy pocos analistas consideran importante el fenómeno de las telenovelas, a pesar de la influencia que ejercen, principalmente en el sector femenino, aunque cada vez más hombres se hacen adictos a dichos melodramas. Este género ha creado un cambio radical en el comportamiento de las mujeres, pues desde el lenguaje y la moda, los cambios cada vez son más notorios, al punto que ha llamado mi atención la idea de observar e investigar cuanto ha podido influenciar en el comportamiento de las mujeres y los hombres que han seguido las diferentes series de telenovelas desde los años 60 del siglo XX hasta la actualidad.

La televisión parece beneficiar a los receptores al ensanchar sus experiencias sin salir de casa, sin embargo, ya vimos el gran poder manipulador que ejerce este medio audiovisual y como los analistas afirma que este aparato tiene la culpa de mucho de los males de la sociedad. De forma tal, puede decirse que en verdad la televisión provoca cambios en la vida de las personas, puesto que en las programaciones se tratan diferentes temas desde valores hasta flagelos como: violencia, sexo, drogas, prostitución, corrupción, crimen y alcohol. Por lo tanto, las telenovelas generan una gran influencia en la teleaudiencia, provocando que muchas mujeres se identifiquen con algunos de los personajes, y se comporten igual que ellos.

Económicamente hablando, las Telenovelas se pueden comparar al cine por la gran cantidad de dinero que generan en países como México, los Estados Unidos, Argentina, Brasil, Colombia, Chile, Perú y en otros tiempos en Venezuela. Los presupuestos millonarios destinados a su producción y por las secuelas realizadas. Las ventas anuales de algunas de las compañías productoras de telenovelas están por el orden de los cientos de millones de dólares. En muchos canales, las telenovelas actúan como una columna vertebral de la programación de la estación, tanto en los Estados Unidos como en Latino América ya que si estas son exitosas, ayudan a mejorar los niveles de audiencia del resto de la oferta televisiva del canal. Los principales canales de la televisión latina destinan los mejores horarios de programación (6 pm a 11 pm) para pautar sus diferentes series de telenovelas. Estas estaciones televisivas destinan grandes presupuestos en la producción de este tipo de programas.

Pero las telenovelas no solo gozan de gran popularidad en Latino América, en las últimas décadas países como Portugal, España, Italia, Grecia, Europa del Este, Asia Central, el Cáucaso, Turquía, Serbia, China, Filipina, Rusia, Croacia, Indonesia, y muchos otros países de África se han sumado a la fiebre de las telenovelas. Por ejemplo, la UNESCO, reportó que en Costa de Marfil muchas mezquitas adelantaron sus horarios de oraciones durante el 1999 para permitir a los televidentes disfrutar de la famosa telenovela "Marimar", protagonizada por la actriz mexicana Ariadna Thalía Sodi Miranda. Dos años antes, la misma actriz fue recibida en Filipinas con honores reservados para jefes de estado. En una población al sur de Serbia, los televidentes solicitaron al gobierno venezolano que se retiraran los cargos contra "Kassandra", el personaje de la telenovela del mismo nombre. Una copia de la carta fue enviada al entonces presidente Slobodan Milosevic. Kassandra tiene el premio Mundial de Guinness por ser la telenovela vista en más países (128 países).

En Rusia, hubo planes de solicitar a las actrices mexicanas Verónica Castro y Victoria Ruffo actuar en comerciales para las elecciones de 1993. Estas dos actrices eran consideradas entonces las más populares de toda la historia de Rusia. En este país, la novela "Los ricos también lloran" (considerada por algunos como la telenovela más exitosa de la historia) atrajo a más de 100 millones de televidentes. En China, la telenovela brasileña "La Esclava Isaura" fue vista por más de 450 millones de televidentes. Recientemente la actriz y cantante uruguaya, Natalia Oreiro, es admirada en Rusia e Israel, por las telenovelas que protagonizó en la década de los 90´s y más recientemente entre 2005, 2007, 2011 y 2013. De hecho es más exitosa en los países de Europa del Este que en la propia Argentina en donde es residente.

Actualmente, las telenovelas han pasado a ser algo esencial en la sociedad lo cual se denota por la forma en que éstas han penetrado en la sociedad, ya que todos en las familias las ven tantos grades como pequeños, amas de casa y ejecutivas, es decir, desde la clase social más alta hasta la clase social más baja, son todos fieles seguidores de las diferentes y continuas series de telenovelas.

Las telenovelas influyen en gran medida en la manera de pensar y de vestirse de los jóvenes, creando estereotipos, ya que en las telenovelas se presenta el falso concepto de las relaciones sentimentales y matrimoniales las cuales conducen al joven hacia una actitud sentimental y sexual inmadura, mediante la presentación de falsos valores, como la rebeldía de no respetar a sus padres, ni hermanos. Debido a este concepto fantasioso de representar las relaciones sentimentales y matrimoniales, las telenovelas conducen a la juventud a asumir falsos valores como el Hedonismo, consumismo, rebeldía, irresponsabilidad, enemistad; además muestran la poligamia, la infidelidad y los problemas familiares como algo normal.

Los jóvenes que ven telenovelas en cierta manera empiezan a comportarse de la misma manera confundiendo términos como libertad con libertinaje, también la irresponsabilidad en la manera en que las telenovelas muestran jóvenes que son irresponsables que no cumplen sus deberes ya que todo lo toman como un juego, como también la enemistad en la manera en que las telenovelas se muestra jóvenes que tienen conflictos entre amigos.

También se ve que existe odio entre determinados grupos por el color de la piel existente en las personas, el racismo de piel no es de ahora, existía anteriormente pero con las telenovelas en cierta manera, se siente con mayor frecuencia. Del mismo modo en lo que es el factor económico en las personas de las telenovelas, en ellas se puede observar que las personas siempre alardean de tener más dinero y por eso dicen ser superiores a los demás. Pareciera que el dinero fuera lo más esencial en la vida y que las demás cosas son secundarias.

Las telenovelas también causan daños en el autoestima de las mujeres ya que la protagonista siempre es una mujer atractiva de hermoso pelo, y de piel blanca es por eso que la mujer al ver esto se siente menospreciada e intenta parecerse a la protagonista tanto en la manera de hablar como de vestirse, debido a esta manera de pensar las mujeres se han causado grandes daños como son las enfermedades de Bulimia, Anorexia y una baja autoestima entre otros.

También la mujer al ver que el protagonista de la telenovela es un joven muy apuesto empieza a buscar en su entorno un joven muy apuesto o jóvenes parecidos a los protagonistas de la telenovelas y en muchos casos contraen matrimonio y tienen hijos por interés porque los padres del sujeto tienen mucho dinero y ella piensa que ella y sus hijos pueden heredarlo como sucede en todos las telenovelas.

Los efectos en los hombres por las telenovelas es que siempre quieren una mujer bella como la protagonista de la telenovela y en esos momentos empieza a buscar mujeres parecidas a las de la telenovela y vivir el sueño de no tener conflictos con la pareja y si existiera que en cierto momento todo eso termine de una manera favorable o querer ser como ellos, obtener lo que se obtiene en las telenovelas con facilidad lo cual en la vida real de cada persona es muy difícil. Ellos piensan que así como se resuelve "la vida" en las telenovelas, haciendo morir o sacando de combate al que estorba en una relación, se resolverán los problemas buscados por ellos al tener relaciones con mujeres que no aman.

Se puede también observar en las distintas telenovelas la poligamia, -que una persona tenga varias parejas- esto en el sentido en que en las telenovelas se puede apreciar que los jóvenes por tener dinero pueden tener distintas parejas tomando la vida como un simple juego y no como algo que es muy importante en la sociedad por los problemas que da lugar, como son las enfermedades que se da a partir de tener varias parejas, tal es el caso de la enfermedad más conocida que es el SIDA, entre otras.

Se puede apreciar también lo que es el feminismo y el machismo en las telenovelas lo cual afecta en gran medida tanto a los niños, jóvenes y la sociedad en general que quiere vivir en ese tipo de sociedad perteneciendo a una clase social distinta a la que pertenecen. Las telenovelas, desde los primeros capítulos captan la atención de la teleaudiencia, ya que en las mismas siempre tenemos el mismo argumento en donde los protagonistas, en una u otra forma, desarrollan un contexto en donde existe un pobre y un rico los cuales se enamoran y tienen distintos tipos de problemas en toda su relación y al final se casan, son felices y tienen una vida perfecta y los malos de la telenovela siempre terminan pagando toda sus maldades de una u otra manera. La pobre y humilde jovencita termina rica y feliz al lado del mejor galán de la novela, y la rica joven antagonista que le hacía la vida imposible, termina pobre en la cárcel o el manicomio, cuando no muere de una forma trafica y violenta.

4.2 Influencia de los programas juveniles, Reality y Farándula.

Durante sus primeros años, la función de los medios de comunicación masivos fue principalmente informar y educar, dejar en el público una enseñanza y, de una u otra forma, contribuir a la cultura con programas que fomentaran los valores fundamentales de la sociedad. Pero con el paso del tiempo, los contenidos televisivos fueron cambiando e influenciando las gentes con su cambio, fundamentalmente para favorecer a la entretención —que resulta más lucrativa -, pero lamentablemente en desmedro de la cultura, es así como nace la farándula que luego se convirtió en chisme.

El auge del mundo artístico en la sociedad y el gusto de la gente generó que con el tiempo la farándula se convirtiera en uno de los contenidos televisivos de mayor éxito de las últimas décadas y no sólo la televisión, sino que la prensa, la radio y el Internet para captar la atención de muchas personas se han alineados en el ambiente farandulero. Una de las razones de este auge es sin duda el famoso rating y las pautas de publicidad que son los principales factores que miden el éxito de un programa.

El periodismo y la televisión son fundamentalmente negocios con fines de lucros y si lo miramos desde esa perspectiva, los dueños de los medios intentan hacer lo posible por generar dinero, pero con la llegada de la televisión interactiva, este medio sufrirá diferentes cambios y la posibilidad de escoger la mejor propuesta estará al alcance de la mano de los usuarios, pero habrá que esperar hasta su implementación para recién dimensionar qué es lo que la gente realmente quiere y si actualmente es culpa de quienes ofrecen los pobres contenidos actuales o de aquellas gente que compran los programas de farándula y que ha hecho que en los últimos diez años la farándula sea la nueva cultura televisiva.

Según algunos estudios realizados acerca del contenido de las producciones, los programas de farándula y los realities constituyen las principales causa de insatisfacción de la audiencia de los medios audiovisuales de comunicación, y muy especialmente en la televisión y la red de Internet. Sin embargo, estos resultados no se corresponden con los altos índices de audiencia que obtienen este tipo de producciones, reconocidos como algunos de los más exitosos.

Los resultados de dichos estudios arrojan que un gran porcentaje de la audiencia cree que estos programas reiteran todos los días temas sin fundamento, investigan acerca de algo sin importancia que dijo un famoso, tratan mal a las personas, son vulgares y todos igualmente se diputan ser la universidad del chisme. Pero en realidad los jóvenes y las mujeres son atraídos ya que en estos programas pueden ver las modas, los cuerpos esculpidos por Dios y otros por el bisturís, los peinados, etc. Cada individuo de la audiencia se vislumbra como su artista favorito, se viste, habla y se comporta como lo hace esta persona.

Puesto que estos programas hacen que todos tipos de personas tomen cierto estereotipo de mujeres y hombres perfecto tanto en su apariencia física, como en su comportamiento, porque es muy claro que dentro de estos medios de comunicación solo toman en cuenta su belleza dejando a un lado los verdaderos conocimientos que estos tengan con respecto a un periodismo con criterio formado. Dentro de estos programas de televisión, también intervienen personajes de la política, reinas de belleza, etc. por lo que podemos ver que estas personas no son lo suficientemente formadas o preparadas para estar en el mundo de la televisión, sin embargo se les toma mucho en cuenta por la fama obtenida, sin saber siquiera que es ser realmente un periodista.

Gracias a los programas de farándula y el Internet, hoy día, todo el mundo sabe de todo, deportistas opinan de política, políticos opinan de historia, historiadores opinan de cosmética, cosmetólogos opinan de fútbol, todos los "XYX" opinan de moda, y así se cierra un círculo vicioso, violentamente nocivo para la sociedad, donde ya nadie ocupa el rol social que le compete en relación a sus capacidades. Se podrá objetar, y tal vez con justicia, que precisamente de eso se trata la opinión de expresar una visión personal y por lo tanto propia, sin necesidad de seriedad y conocimientos.

Pero cuando las opiniones se refieren a cuestiones donde es imperante que hagan uso de la palabra aquellos quienes han sacrificado una vida al estudio, no han de ser tomadas con una seriedad inobjetable aquellas opiniones de personas que no son doctas en dichos temas, tal como se hace hoy en día. Pareciese que la opinión del hombre común, no solo vale más, sino que neutraliza y reduce aquellas de personas con más capacidad técnicas e intelectuales.

Hoy la televisión se presenta como una caja de zapatos donde se representan con títeres de papel y harapientas marionetas, burdas representaciones, repletas de clichés propios del género mediocre, donde se repite incesantemente su carácter de real y verídico, a modo de justificación. Se infiere, de todo esto, que quienes están encargados de organizar el espacio televisivo, no sienten vergüenza al aprovecharse de la pestilencia que emana de una sociedad en decadencia, no sienten dolor al acompañarla en silencio hacia su ocaso. Después de todo, el estado actual de la televisión, con sus ridículos "reallity show", "talk show" y programas de farándula, se mantiene en pie porque la sociedad los consume incansablemente. De modo que no sería errado afirmar que la misma sociedad está condenada a suministrarse, bajo su propia voluntad, la cultura del látigo y el pastel.

Si la televisión de hoy representa, con sus guionados talk show y sus encuestas salidas de Internet, el drama de la vida cotidiana, lo cual tiene algo de cierto, entonces, no solo nos enfrentamos a la crisis política, social y económica más importante de la historia, sino que además nos encontramos frente a una crisis cultural sin precedentes, de donde podemos concluir que se desprenden las tres antes mencionadas. Ni la mente más optimista e intelectualmente virginal puede darse el lujo de sostener una opinión contraria a la idea de esta evidente decadencia cultural. Si persistiese obstinadamente en su negación, sin argumentos sólidos para instaurar un debate, entonces, no harían falta más indicios para situarlos directamente dentro de ella.

Lo grave de esta situación, en realidad reside en que no solo la "danza de los millones" y los intereses corporativos, políticos y comerciales sostienen a la televisión en su posición privilegiada de manipuladora de masas sociales, sin diferenciación de clases, las cuales le imbuyen en un mundo de ficción, donde las ideas son pisoteadas y procesadas para su mejor consumo.

La farándula está considerada como un medio que se utiliza para sacar ganancias y provechos con el tiempo y la mala calidad informativa que tiene. La "danza de los millones" ha provocado que hoy en día no se note la gran diferencia entre el periodismo y la farándula, ya que los dos caen en un mismo abismo. En medio de la política, del deporte, de la educación, entre otros, se ha logrado meter este fenómeno prejuicioso y falto de criterio. Hoy el periodismo ha perdido su real sentido, el rol del periodismo es informar a la ciudadanía de hechos relevantes, de interés, contingencia, temas actuales, y de esta forma además de informar, tratar de crear conciencia social. Un ejemplo claro de la importancia que se le ha dado a este tema, es la cantidad de revistas y artículos que se venden a diario y cada día nace una nueva sección, en donde es posible averiguar más sobre la vida de los demás, algo que no resulta nada raro, ya que hoy lo que más vende es la farándula debido a que alcanza un alto rating. Esto genera además que muchas personas se sienten identificadas con este tipo de información, en este punto vemos cómo ese aspecto de la comunicación va dirigida a gran parte de la sociedad ya que de una u otra forma la gente se ve identificada con lo que les presentan.

Hoy hace falta un poco más de seriedad, tomar el peso de nuestra realidad, reaccionar frente a los problemas que tenemos; pero es innegable que a la gente le gusta este tipo de cosas, ya que en toda nuestra vida nos han acostumbrado a sentir curiosidad por las vidas de las personas famosas, de personas reconocidas en el mundo, ya sea de la moda, del canto, de la actuación o de cualquier otro tipo. Hay que aceptar que por este medio nos hemos convertido en lo que somos hoy en día, y que en ocasiones, esto nos ha hecho más humanos. Con esto me refiero a que no podemos decir que todo, absolutamente todo es malo, debido a que en ocasiones esto trae algún efecto positivo, como apoyar algún tipo de causa. La farándula ocupa el segundo lugar en hora/espacio de programación de la televisión.

Los programas juveniles, por su parte, son cuestionados porque, en opinión de los analistas, muestran conflictos entre los jóvenes, exponen una imagen superficial de la juventud, erotizan y exhiben a las jóvenes como objeto sexual. Un grupo menor atribuyó características positivas a estos programas, como sana entretención y compañerismo.

Pero además, los programas juveniles han influido en los jóvenes en el sentido de que propician una autonomía sociocultural de éstos cada vez más temprana; es decir, los jóvenes tienen acceso a una gran cantidad de información a través de los medios de comunicación, información de la que no disponían las generaciones pasadas, pero sin embargo, esta gran cantidad de conocimientos a la que tienen acceso no va acompañada de una mayor madurez psicológica.

En el mismo orden, los realities se han convertido en los programas predilectos de una serie de jóvenes que se deleitan con la figura y destreza de muchos de los participantes. Sin embargo, este tema ha llegado a debatirse tanto que se ha logrado dividir a la sociedad en dos bandos: los que ven a estos programas como un -sano entretenimiento- y los que los consideran parte de la -televisión basura-.

Es cierto que muchos de estos programas lo que más explotan aparte del físico escultural de cada uno de sus participantes son sus vidas personales, llevándola inclusive hasta el momento más íntimo de la persona, desatando una serie de críticas de algunos analistas e incluso yendo contra la sensibilidad de muchos de sus espectadores. Sin embargo, esto nos lleva a tratar de determinar que tanta influencia tienen estos programas en la vida de los individuos que conforman la audiencia y en el comportamiento de cada uno de los participantes.

Muchos de los adolescentes y jóvenes optan por seguir a sus ídolos, cambiando su look, personalidad, manera de hablar, etc. logrando perder su identidad y personalidad solo porque creen poder tener así el éxito que los participantes de los realities. Así como "la danza de los millones" de los artistas, actores, actrices, cantantes y deportistas hacen que los adolescentes hoy en día piensen que no es necesario estudiar para poder lograr el éxito puesto que muchos de los ídolos sociales actuales no tienen estudios superiores, incluidos muchos políticos y funcionarios públicos.

La audiencia ha ido incorporándose a la tendencia marcada por los sistemas comunicacionales modernos, la televisión ha ido dejando de lado algunos recursos en la implementación de estos formatos de programas denominado "farándulas". Gracias a lo cual estos programas han llegado a ganar uno de los mejores puestos de programación en el medio televisivo por el simple hecho de que la audiencia se ha mal educado en ese y muchos otros aspectos, es así como la prensa rosa nos interesa más que programas verdaderamente educativos, formadores de una conciencia participativa y activa. Aunque los programas de farándula traten de entretener como su principal función, por lo menos este entretenimiento no debería tratarse solo de ir detrás de tal o cual artista, investigando su vida privada, sino más bien deberían sacar provecho de esa persona que puede tener mejores cosas que contar, como por ejemplo, hacerlos involucrar en programas sociales o en la creación de proyectos que beneficien a la sociedad. Si los personajes de la farándula o "ídolos" se vieran precisados a hacer obras sociales para poder salir en los programas de televisión, estuviéramos viviendo en un mundo mejor, pero al contrario hoy día los artistas para buscar cámara y notoriedad en los medios se valen del chisme, de hablar mal de sus compañeros de "arte", dejarse fotografiar en algún momento haciendo algo inapropiado o cualquier otra vileza.

Estas producciones televisivas nos han manipulado de tal forma, para hacernos creer que entretener equivale a hacernos saber "de primera mano" o "en exclusiva" la vida privada de los famosos, sus romances, sus peleas, sus infidelidades, sus vicios, sus problemas familiares, etc. Cuando la verdad es que todos esos famosos tienen mucho bien por hacer, mostrar y aportar a esta sociedad; cosas positivas que realmente eduquen y ayuden a fomentar un buen desarrollo profesional para las futuras generaciones. Y la televisión y los demás medios de comunicación tienen mucho poder para hacer de ellos unos verdaderos ídolos forjadores de un relevo sano, portador de buenas nuevas para la sociedad en donde deberán vivir sus propios hijos y los nuestros.

5

La telaraña del Dragón; el Internet y su influencia

La segunda mitad del siglo XX, trajo consigo una nueva tecnología dentro de la ya existente tecnología de procesamiento de datos. A partir de esta nueva tecnología se crearon múltiples plataformas informativas que luego fueron agrupadas en una plataforma llamada Internet, la cual ofrece nuevas y versátiles herramientas para la creación de los más variados formatos de carácter virtual. A partir del Internet se han desarrollado modelos virtuales de computadora que han facilitado el desarrollo de nuevos formatos de filmación y edición en el cine y la televisión, permitiendo introducir escenas virtuales en tomas de personajes reales, lo cual ha ayudado en la manipulación de las imágenes transmitidas a la audiencia, así también, el Internet ha ayudado al desarrollo de los videojuegos permitiendo que dos o más personas puedan jugar aun estando en lejanas localidades, unos de otros. De igual modo la tecnología telefónica móvil ha logrado un gran avance a través de las aplicaciones de la red tecnológica de Internet con la cual los celulares inteligentes actuales pueden interactuar dentro del mundo virtual haciendo las veces de una minicomputadora. Al mismo tiempo la tableta electrónica se ha venido desarrollando gracias a la maravilla de la telaraña del Dragón.

El Internet, más que ser un medio de comunicación masiva, es sin duda un Mega Sistema que integra todos los medios de comunicación social conocido por el hombre. El cual además de integrar, permite una interacción interpersonal en espacio y tiempo real entre usuarios. Esta maravillosa cibertecnología se ha convertido en el "cerebro" que a través de su red nerviosa controla todas las emisiones y recepciones que se producen a través de los Ojos Manipuladores del Dragón, constituyéndose así en la herramienta más potente, extraordinaria y asombrosa de influencia sobre los seres humanos, sin importar sistema político, raza, religión, cultura ni estrato social. La diferencia está bien clara, mientras las imágenes e informaciones en los Medios de Comunicación de Masas, son emitidas en un tiempo específico y el que no estuvo ahí, frente a la pantalla, simplemente se lo perdió, la integración de los medios de comunicación al Internet les permite a la audiencia ver dichas imágenes e informaciones a la hora que quieran y cuantas veces quieran, sin necesidad de intervención de alguna persona del medio audiovisual.

En ese mismo orden, en la Red de Internet están presentes la escritura y la fotografía de la prensa, las imágenes de video y audio de la televisión y el sonido de la radio, sumados a la interacción y personalización de mensajes. De forma que el Internet soporta en sus senos todos los demás medios de comunicación que el hombre ha creado hasta la fecha. A pesar de haber sido desarrollado último, el Internet puede ser considerado como el padre de los medios de comunicación e información de la humanidad.

Por ejemplo, un mensaje puede enviarse al mismo tiempo a una gran cantidad de personas, pero no todos sabrán de él al mismo tiempo; cada quien leerá el mensaje al revisar su Bandeja de Correos, y cada persona tendrá la opción de decidir si lo lee o no. Así también, los contenidos de un sitio virtual están al alcance de todos, pero cada individuo puede buscar entre toda la información que se le ofrezca sólo la que le resulte interesante. Lo que demuestra que el internet ha convertido los medios de comunicación personal en medios de comunicación social, y viceversa, ha convertido los medios de comunicación social en medios de comunicación personal, al permitir la interacción exclusiva y directa entre un emisor y un receptor en particular.

Es así, cómo los Medios Audiovisuales de Comunicación de Masas se han visto favorecidos grandemente gracias a la implementación de la tecnología de las redes digitales, y a la facilidad con que la población puede accesar y maniobrar con esta tecnología a través de las computadoras personales, las consolas de videojuegos, las tabletas electrónicas, los celulares inteligentes y los televisores inteligentes, con los cuales pueden navegar en el innovador y fascinante Mundo Virtual del Internet. A través de cualquiera de estos medios, los cibernautas pueden explorar, modificar y crear sus propias plataformas de información con la cual pueden interactuar con millones de personas en todo el mundo en tiempo real, estableciendo redes de comunicación que se conectan y crean la posibilidad de interactuar intercambiando datos, fotos, informaciones y contenidos a través de cualquiera de estos medios, aun estando ubicados en los más apartados rincones del planeta, lo cual ha hecho del Internet el principal Sistema de Interacción entre niños, jóvenes y adultos amantes del Mundo Virtual.

La herramienta del Internet ha sido capaz de penetrar en todos los estamentos de interacción humana, está presente en todos los ámbitos de desarrollo personal, profesional, cultural, social, científico y religioso. Y si bien es cierto que en sus inicios tuvo propósitos particulares, direccionados a ciertas actividades especiales de seguridad y comunicación militar, con el paso del tiempo se ha convertido en un instrumento de uso básico en todas las actividades humanas, hoy día, el Internet, se usa para informarse, hacer publicidad, educarse, buscar amigos, buscar pareja sentimental, entretenerse y comercializar. El Internet es la fuente más extensa e intensa de recursos de información y conocimientos compartidos fácilmente a nivel mundial y con mayor eficiencia. Siendo una vía de comunicación interactiva que establece la cooperación y colaboración entre las más disímiles comunidades en todo el planeta.

El Internet ha repercutido de tal manera en la sociedad que ha modificado todos los esquemas tradicionales de comunicación y la interrelación humana. La comunicación escrita, impresa e incluso la verbal están siendo desplazadas por el uso de la red; la mensajería electrónica está desplazando el envío de carta y fax, la publicidad en la red está desplazando la publicidad impresa, y no menos cierto es que hoy los jóvenes aun estando frente a frente prefieren "hablarse" enviarse mensajes a través de las diferentes aplicaciones en los celulares inteligente o tabletas electrónicas. Además de esto, tenemos grandes cambios en la forma de comercialización, y las prácticas profesionales como medicina, finanza, construcción, investigación, capacitación, educación, entre otras.

En definitiva el Internet ha modificado la forma de interacción de la humanidad, ofreciéndonos cientos de formas de comunicarnos sin la necesidad de estar frente a frente. Las posibilidades de manejar vídeo, audio, voz, imagen, texto, juegos y su capacidad de interconexión han hecho del Internet la herramienta clave para enlazar los Medios Audiovisuales de Comunicación de Masas en una red de comunicación sin precedentes en la historia de la evolución y el desarrollo mundial. Esta tecnología ha permitido que los individuos puedan interactuar con otros individuos, en tiempo real, en cualquier parte del mundo, ya sea a través de una computadora, un celular inteligente, una tableta electrónica, una consola de videojuegos o un televisor inteligente. Esta interacción ha permitido la creación de amigos virtuales, novios virtuales, y ha ayudado a individuos introvertidos a relacionarse de manera más eficiente a través de las llamadas redes sociales. Al mismo tiempo el Internet es un excelente medio para consultar información acerca de investigaciones, tareas, y cualquier tópico que nos interese. También es una excelente herramienta para capacitar personas a larga distancia en cualquier área militar o profesional.

Pero no todo es bondad, a pesar de que las principales características de las redes sociales del Internet son sus características de colaboración en el mundo virtual, en el cual se comparten conocimientos y entretenimientos. No menos cierto es que éste tiende a provocar un aislamiento del individuo de su entorno real. El uso del Internet provoca adicción y es así como se convierte en una influyente ayuda extraordinaria para los Ojos Manipuladores del Dragón. El Internet y sus numerosos enlaces y contactos o "amigos virtuales" han hecho del celular, la tableta electrónica, el videojuego y la computadora, más que medios de comunicación personales, medios de comunicación de masas. Lo cual los convierte en herramientas con mucha potencia, pero también con mucho peligro para los niños y adolescentes que navegan solos, sin control de sus padres o tutores.

"Apenas me conecto, diez, cien, doscientos hombres comienzan a chatear conmigo para tener sexo. Yo les hablo inocentemente. Pero hay algo que ellos no saben. Yo no soy real". Esta es la historia de Sweetie, una nena virtual filipina de 10 años que fue creada por una ONG holandesa para atrapar pederastas en internet.

Al igual que miles de niños filipinos que se conectan vía web cam con pederastas de todo el mundo, Sweetie chatea con hombres hasta que le proponen un lugar concreto de encuentro. Ahí es cuando la ONG holandesa, Terre des Hommes, creadora de esta "carnada" virtual, pasa los datos del potencial abusador a la policía.

"Unos 750,000 cazadores de menores están conectados a internet en cualquier momento del día, siendo sus víctimas menores, incluso de solamente seis años". (Albert Jaap van Santbrink)

Según la organización holandesa, el turismo del sexo virtual se está convirtiendo en una "epidemia". Para dicha ONG, el turismo del sexo por Internet se realiza con la ayuda de una "webcam" a través de la cual los menores realizan actuaciones sexuales para adultos que generalmente se muestran también desnudos ante los niños. Con la tecnología del Internet ya no es necesario irse a los países subdesarrollados para cometer actos de pederastia, ya que ahora se han trasladado de la calle y los parques al Internet.

Los individuos, especialmente los más jóvenes, a muy temprana edad comienzan a sentir los embates del stress que la sociedad moderna provoca en los adultos de su entorno familiar y social; comenzando por el "ahora no tengo tiempo, dile a tu papá/mamá", de los padres, y el "tú si molesta" de los hermanos mayores, lo cual los lleva a aislarse de su propia familia y buscar refugio en los amigos. Pero como hoy día es mucho más fácil hacer y mantener amigos en las redes sociales, dichos jóvenes forman sus lazos más estrechos con los equipos electrónicos los cuales siempre están disponibles para ellos, y a través de los cuales pueden descargar toda su furia. Es así como los jóvenes aislados por la sociedad moderna real se refugian en la sociedad moderna virtual en la cual ellos pueden crear su propio avatar. De esta manera al mismo tiempo que la humanidad está transformando la tecnología, la tecnología está transformando la humanidad.

En términos generales los usuarios del Internet no son capaces de determinar la calidad de la información que reciben, ya que ésta no está regulada. Muy pocos saben cómo impedir el paso de contenido indeseable a su computadora u otro medio audiovisual conectado a la red. Los "chats" son extremadamente peligrosos para los adolescentes que no son conscientes de que no todo el mundo quiere lo mejor para ellos. Muchos adolescentes son acosados frecuentemente por algunos cibernautas pero la mayoría no les comunica nada a sus padres o tutores por temor a que les prohíban seguir usando las redes. Estudios han demostrado que uno de cada cinco niños de ambos sexos, que usan regularmente el Internet, han sido objetos de propuestas sexuales por extraños. También, la industria de la pornografía ha saturado el Internet con páginas pornográficas y ventanas de anuncios que se presentan en su pantalla automáticamente. Si su hijo o hija utiliza el Internet quiere decir que existe una alta probabilidad de que haya sido expuesto a materiales pornográficos.

La facilidad, la rapidez y la versatilidad en el manejo de los recursos que se utilizan a través del Internet hacen de éste la plataforma creativa más asombrosa y eficaz que ojos humanos hayan visto jamás. La creatividad hace del Internet un mundo de infinitas posibilidades, donde el límite lo pone la propia creatividad, esto hace que cada vez más personas se inclinen por expresarse a través del mundo virtual, a través de los foros o subiendo materiales audiovisuales, al mismo tiempo que pueden mantenerse actualizado sobre la cotidianidad a través de las ediciones digitales de los periódicos. Siendo así como el Internet convierte a los propios usuarios de los principales Medios de

Comunicación de Masas en los protagonistas de la historia. Es de esperarse que en un futuro no muy lejano el Internet se constituya en la plataforma central y por excelencia de todo tipo o medio de comunicación masiva. De forma tal, los Ojos Manipuladores del Dragón terminaran convirtiéndose en una única red de instrumentos de interacción global, con un poder de manipulación infinito, por lo que muy pocos podrán escapar al hechizo de la red manipuladora.

La relativa rapidez con la que se han producido estos cambios ha llevado a considerar esta etapa como una nueva revolución industrial con un desarrollo mucho más elevado de tecnología que los expertos han coincidido en denominar de la Información o Informacional, al poner el acento en el desarrollo tecnológico que convierte los medios de comunicación masivas en medios personales y a los medios personales en medios de comunicación masivas. En un futuro no muy lejano todos los medios de comunicación humana serán uno mismo con su portador, ya que sin dudas apenas estamos iniciando la revolución tecnológica que nos conducirá a la verdadera "Era Virtual", una era en la cual se hará difícil diferencial, qué es humano o real y qué es artificial o virtual, una era en donde será de capital importancia la habilidad de tomar la información que recibe, transformarla en conocimiento y darle aplicación Inteligente con eficacia hasta ahora impensable.

Algunos analistas llaman a la etapa social en la que estamos viviendo una "sociedad mediática", en la que los medios de comunicación de masas están adquiriendo, cada vez, mayor protagonismo. Pero yo diría que estamos frente al inicio de la transformación del mundo real en un mundo virtual en donde el control de la humanidad estará en poder de la Red del Dragón. Estas tecnologías, que hoy nos hace tanto bien, se convertirá en el enemigo más temible de la humanidad, haciendo desaparecer la vida tal y como la conocemos hasta hoy; ha comenzado influenciando en el perfil de los internautas adolescentes a nivel psicológico y sociológico, destacando especialmente los cambios experimentados en la interacción familiar, en la interacción con grupos de amigos tradicionales y en la interacción con las Nuevas Tecnologías y los grupos de amigos o contactos virtuales.

Es importante tener claro que la relación Internet / Medios de Comunicación y familia es inevitable. Ya que desde el siglo XX hasta la actualidad ambos grupos sociales comparten la función de socialización de las nuevas generaciones, con un mayor impacto que las propias instituciones de educación. La red comunicacional de los medios audiovisuales de comunicación de masas está transformando muchos ámbitos del funcionamiento de la economía global; está poniendo en tela de juicio el propio marco jurídico de los estados, al mismo tiempo que está modificando las relaciones humanas, en un proceso que está atentando con crear una sola nacionalidad, un solo idioma, una solo moneda, una solo forma de comercialización y una sola cultura mundial.

El Internet y los medios audiovisuales de comunicación masivas han demostrado que la escuela no es la única ni la más influyente institución en la educación de los niños, jóvenes y adultos, ya que las nuevas tecnologías de comunicación posibilitan nuevos modos de presentar la información científica, social y cultural, poniendo al alcance de sus usuarios múltiples oportunidades de socialización. Estas oportunidades de socialización se caracterizan por la supremacía que aporta la magia del movimiento de las imágenes con sonido sobre la lectura de la información impresa. El nuevo método de enseñanza facilita el desarrollo de nuevas habilidades para la adquisición del conocimiento. El sector audiovisual, informática y medios audiovisuales de comunicación, convergen en el sistema de redes del Internet lo cual permite la elaboración y manipulación de la imagen. Actualmente estas nuevas tecnologías permiten el tratamiento y la manipulación simultánea de la información, mientras que la información alfabética, propia de los medios impresos, ha quedado relegada a un segundo plano y en poco tiempo pasará al olvido.

El perfil de usuario de las nuevas tecnologías comienza a definirse a partir de los avances tecnológicos de los últimos años, permitiendo experimental grandes cambios entre las diferentes formas de procesar la información, hasta llegar a integrarla para ser procesada dentro del propio cerebro, en una red humana. Pero mientras esto llega, la televisión, la computadora, la tableta electrónica, la consola de videojuegos y el celular inteligente están sirviendo para canalizar esta forma de inteligencia virtual.

Actualmente existe una nueva generación de individuos, que además de usar las nuevas tecnologías, son capaces de desarrollar procesos mentales vinculados a ellos, son sujetos que se encuentran en una amplia franja de edad comprendida entre 3 y 49 años y que utilizan mecanismos tecnológicos para comunicarse: la televisión con el control remoto; la computadora personal con el ratón; y la tableta electrónica y el celular inteligente con el dedo. Entre las capacidades que éstos sujetos han sido capaces de desarrollar, está la capacidad de exploración integrada de la información, la de realizar múltiples tareas de diferente índole, la habilidad para procesar información simultánea, y por último, la habilidad de procesar información de forma no lineal.

Entre los efectos que estas nuevas tecnologías ejercer en los más jóvenes se destaca la influencia que tiene en la modificación de sus actitudes y opiniones, en la disminución del rendimiento académico y de las capacidades intelectuales, así como su terrible influencia en la manifestación de conductas agresivas, resultado de la exposición continua y constante a imágenes violentas que en algunos casos provocan una estimulación desproporcional que exacerba los genes de la violencia de los individuos.

En esta sociedad caracterizada por el desarrollo tecnológico y un fuerte consumismo que arrastra a las personas a preocuparse más por el tener que por el ser, las familias favorecen la incorporación de esas nuevas tecnologías en el hogar. Un hogar moderno es considerado como un espacio donde se puede acceder a diversos medios de comunicación de masas; televisión, Internet, videojuegos, tabletas, celulares, etc., y es precisamente en este espacio donde los padres, en comunicación con sus hijos, debemos aprovechar para desarrollar un papel mediador en el establecimiento de los criterios que deben regular el uso del mismo.

El empuje de las nuevas tecnología ha favorecido que otras menos novedosas hayan pasado al olvido, estamos ante una nueva patología llamada narcosis de narciso: una adicción que nos obliga a querer poseer la última tecnología que sale al mercado a toda costa, a pesar de que el modelo de equipo que tenemos cumpla con nuestras necesidades, es incontrolable el placer que provoca poseer el próximo modelo anunciado, y hay quienes hacen fila por más de 48 horas frente a una tienda comercial para ser los primeros en tener el modelo nuevo en salir. Esta es una de las influencias más visible de los Ojos Manipuladores del Dragón.

Resulta simplista el planteamiento que nos limita exclusivamente a estudiar la influencia que el Internet tiene en los individuos, siendo ésta la tendencia imperante en lo que a las tecnologías se refiere. Pero no debemos pasar por alto el análisis de la influencia que la dinámica familiar ejerce en los usos y posibilidades de las nuevas tecnologías, teniendo en cuenta que se trata de una realidad compleja en la que han de valorar múltiples factores o elementos que se encuentran presentes e intervienen en dicha interacción. De hecho, la tecnología digital ha modificado los diversos procesos de la vida en sociedad, logrando unir al mundo en cuanto a su capacidad de interacción y abriendo un abanico infinito de posibilidades para individuos con mentalidad creativa.

El Internet ha revolucionado la forma de ver y de hacer las cosas a un ritmo acelerado. Mientras la escritura, el cine, la imprenta, la radio y la televisión tuvieron un proceso lento de evolución, el Internet se ha adueñado del mundo, incluyendo los propios medios de comunicación de masas, en un abrir y cerrar de ojos. Este fenómeno de comunicación interactiva ha creado una sociedad virtual que se caracteriza por facilitar a los usuarios el rápido acceso a una infinita cantidad de información, sobre cualquier tópico en particular desde y hacia cualquier rincón del planeta. El desarrollo de la red comunicacional del Internet ha convertido el mundo en una pequeña ciudad en la que podemos interactuar con todos.

Los Medios de comunicación que antecedieron al Internet, como la imprenta, la prensa, la radio, el cine y la televisión están descubriendo nuevas formas de llegar a su audiencia, adaptándose a la nueva forma de comunicación interactiva de las redes virtuales. Y ni que decir de los medios que se han ido desarrollando después del Internet, esto nacen de por sí bajo el favor de sus redes. Estas razones convierten al Internet en un mega canal idóneo para el desarrollo de las comunicaciones humanas. Siendo así como cada uno de los medios audiovisuales de comunicación tiene su espacio en la Red. Por un lado, los medios de comunicación tradicionales y los de última generación están aprovechando las facilidades del Internet para diversificar su impacto al mismo tiempo de permitir a los internautas navegar en el ciberespacio a su entera plenitud, interactuando de forma descentralizada, emisores y receptores que se hayan incorporados al mundo virtual como usuarios. Y por otro lado, permiten que estos medios lleven la información a cualquier parte del mundo, en tiempo real y actualizada al segundo.

La capacidad que el Internet le agrega a los medios tradicionales de comunicación es infinita, pero lo más notorio y extraordinario es la interactividad. Los medios tradicionales son unidireccionales, el mensaje se emite y es recibido por el público y allí termina el proceso. Solo en muy reducidos casos, la comunicación en los medios tradicionales llegó a ser bidireccional, antes del Internet. Sin embargo, con la nueva tecnología del Internet, cada individuo que accede tiene la posibilidad de comunicarse directamente con el sitio que visita, la atención es personalizada y todos pueden ser emisores y receptores en un momento específico. Pero lo más extraordinario es que esta nueva tecnología permite que sea el propio usuario quien decida cuándo, cómo y dónde acceder. Es un canal personalizado que ofrece la posibilidad a cada usuario de recibir y escoger lo que desea y le interesa, entre una gama enorme de posibilidades.

La generación de la juventud conectada está preparada para en cualquier momento y en cualquier lugar acceder a las redes tecnológicas del Internet, a través de cualquiera de los equipos electrónicos de comunicación digital de alta tecnología, en los cuales la virtualidad es un componente esencial en sus relaciones y convivencias cotidianas. El Internet ha convertido el Celular en el dispositivo más popular en el mundo de las pantallas y, a mi buen entender, el celular es el medio que relegará la televisión y los demás medios audiovisuales de comunicación tradicionales, a un segundo plano; su presencia, versatilidad, manejabilidad y capacidad unida a la del Internet lo están convirtiendo en el más potente de todos los medios de comunicación, lo cual lo podría convertir en pantalla única del mundo virtual. Una de las grandes ventajas del celular sobre los demás medios de comunicación es su individualidad sin limitar la cobertura de tiempo y espacio de los demás medios. Gracias a la tecnología del Internet el celular nos permite llevar en un simple bolsillo un televisor, un equipo de videojuegos, una cámara para tomar fotos, una video firmadora, música, tiendas, radio, periódicos, libros, una tableta, un computador personal, un teléfono inteligente, un GPS, etc., todos en uno.

A través de la experiencia internauta, con sus riesgos y oportunidades, los jóvenes del mundo virtual han desarrollado y fomentado una relación de confianza marcada por un panorama en el que la interacción con las nuevas tecnologías pauta todos y cada uno de los aspectos de sus vidas cotidiana. Contrario a lo que muchos piensan, una vida social virtual intensa puede reforzar los vínculos de los niños y adolescentes con sus semejantes. Los individuos usuarios de las redes sociales son más críticos y más conscientes de las oportunidades, pero también de los riesgos que encierra un uso intenso de las nuevas tecnologías sobre todo para niños y adolescentes.

Sin embargo, el panorama es mucho más peligroso para los jóvenes que navegan habitualmente en las redes sociales. Su mayor experiencia les expone mucho más y, llevan a cabo muchas más conductas peligrosas que los hacen estar más arriesgados en la Red. Sumándole a todo esto las exposiciones de violencia, sexo, morbosidad, etc., que les agregan los medios de comunicación tradicionales a la red de Internet. La tendencia establece que los chicos se sienten más cómodos con actitudes de mayor apertura y exposición, que son las que más riesgos pueden implicar. Mientras podemos observar que cuanto mayor es el individuo, mayor es su timidez a la hora de compartir datos sobre aficiones y gustos personales. Otro elemento de gran implicación es la diferencia en los equipos que utilizan los usuarios avanzados en redes sociales y aquellos que no lo son. Un alto volumen de usuarios utiliza las redes sociales en compañía de sus amigos e interactúan en el mundo virtual con amigos reales. La comunidad virtual convierte nuestra sociedad en un "Mundo Virtual" en donde el uso de los diferentes soportes se realiza en solitario, pero al mismo tiempo se observa una mayor intensidad en las interacciones reales con su entorno cercano de amigos.

Otro elemento de vital importancia es que a pesar de contener una gran cantidad de información sobre todo tipo de temas, el número de estudiantes con bajo rendimiento académico es notoriamente mayor entre aquellos que usan las redes sociales que en los que no la usan o la usan muy poco. Un alto porcentaje de los estudiantes que navegan frecuentemente en las redes suspenden más de dos asignaturas de forma habitual. Lo cual demuestra que no basta con que el medio tenga buenos contenidos, es más importante la actitud del individuo para aprovecharlo y no perder tiempo en banalidades que no aportan nada positivo a su crecimiento intelectual y espiritual.

El grado de dependencia que la red de Internet crea en los jóvenes es altamente riesgoso al punto que algunos individuos confiesan ponerse nerviosos e incluso enfadarse cuando no pueden conectarse. Los usuarios más frecuentes son los que muestran una mayor actitud negativa ante el hecho de no poder acceder al Internet. Debemos ser más prudentes a la hora de conceder a los medios de comunicación de masas más poder del que efectivamente le corresponde, ya que los efectos que estos producen en el comportamiento de los menores suelen ser duraderos y muy riesgosos.

El Internet ha cambiado las dimensiones de espacio y tiempo, tal y como tradicionalmente se entendían. La nueva tecnología ha eliminado las barreras espaciales que dificultaban la comunicación entre las personas. Hoy dos o más personas pueden mantener una conversación y estar viéndose, en tiempo real, sin necesidad de que ellos se desplacen. Ya no hace falta salir de casa para dialogar con los amigos, ni siquiera para jugar, pues los juegos presenciales, están siendo sustituidos por los juegos virtuales en los que varios de los jugadores se conectan en red y forman equipos para conseguir el objetivo que se persigue en el juego. De modo que la inmovilidad en el espacio está contribuyendo a que se valore más positivamente dicho espacio, considerando el propio hogar como el más adecuado, seguro, íntimo, cómodo, familiar, etc. Sin embargo, a pesar de que el número de personas que trabajan en casa está aumentando, es cierto que la mayoría no lo hacen de forma exclusiva, sino como algo complementario, esta forma de vida llevada a su expresión más extrema en el que la persona trabaja, compra y lo hace prácticamente todo desde casa, es minoritaria y sirve como reflejo de lo que será la vida en el futuro del hombre.

El Internet es capaz de ensanchar la brecha generacional entre los miembros de la sociedad, así como también entre los miembros de la familia. No todos los miembros que integran una familia se encuentran igualmente abiertos al uso de un medio tecnológico tan poderoso en información y comunicación como es el Internet. A esto se suma el gran número de publicaciones que hablan de su influencia negativa en los jóvenes en materia de adicción, estimulación de la violencia, pornografía, delincuencia, etc., hecho que preocupa a padres y tutores. Lo cual los lleva a oponer gran resistencia y negatividad hacia el uso de esta herramienta. Por lo tanto, existen diferencias entre padres e hijos en cuanto a las capacidades que desarrolla cada miembro familiar y que le predisponen a interactuar con el medio de distinta manera, pero además Internet también colabora a distanciar aún más las generaciones, de modo que la vida de los padres se hace cada vez más incompatible con la de los hijos.

Todos estos factores manifestados en la relación familia e Internet, pueden llevar a favorecer la incomunicación entre los miembros familiares, y con ello, el surgimiento de situaciones conflictivas que puedan llegar a deteriorar las relaciones entre ellos. Existe una relación directa entre medios de comunicación y la comunicación propiamente dicha, de modo que en la medida que los medios se desarrollan tecnológicamente, las personas están más incomunicadas. Debemos reincidir en el papel educativo de la familia, ya que un programa de televisión, una noticia leída en Internet, una receta, o un mensaje que hayamos recibido puede dar pie a debates apasionantes en las familias, siempre y cuando se dé una autentica acogida a los niños y adolescentes, y éstos se sientan que pueden hablar libremente con sus padres sobre los diferentes temas.

A pesar de las limitaciones o directrices que el Internet marca a la familia a la hora de interactuar juntos, nos gustaría resaltar que el efecto de los medios no sigue un sentido unidireccional. La familia no se queda de brazos cruzados ante estas interacciones. No es el Internet el único en dictaminar las reglas en dicha interacción, ni siquiera es el que lleva la voz cantante. La familia tiene mucho que decir y es precisamente el Internet quien depende de las decisiones que se tomen en ella. Por tanto, a pesar del poder que tiene el Internet en influir en los demás, en favorecer un nuevo estilo de vida, es la familia quien tiene la última palabra, o al menos es quién debería tenerla.

Son muchos los aspectos familiares que se deben tener en cuenta en su interacción con el Internet y con los demás medios de comunicación de masas en general, dado el apogeo que estos están teniendo en los hogares en los últimos tiempos. Los medios de comunicación se pueden ver influenciados por el comportamiento existente dentro de las familias ya que depende en gran medida de la edad de los receptores, de si la actividad es desempeñada individual o conjuntamente, de la clase social, de su nivel cultural, de su formación, de la actitud que exista hacia el medio. En muchos hogares los padres, ante los deseos de sus hijos, acceden a satisfacer uno de sus tantos caprichos, sin tener en cuenta la edad del niño, las capacidades del niño para manejar esta herramienta, etc.

El Internet también está suponiendo un elemento que indica un determinado estatus y muchos padres lo ponen a disposición de sus hijos porque los demás lo tienen y no quieren que a sus hijos les falte nada. Otros padres creen que Internet es un recurso más imprescindible en su proceso de enseñanza – aprendizaje, como los diccionarios, los libros de texto, el material escolar, etc. y acceden a comprar el mismo con fines totalmente educativos. Efectivamente la relación entre familia y medios de comunicación se encuentra teñida de luces y sombras. En el ciberespacio, al igual que en la sociedad, tienen cabida todas las personas. La diversidad de usos que las personas pueden hacer del Internet favorecer la visión del mismo como herramienta capaz de producir efectos bipolares.

Una vez que se ha contratado la conexión a Internet, los padres deben decidir en qué lugar de la casa van a situar la PC o el Smart TV, ya que dependiendo de la colocación de estos equipos en la casa los efectos que producen son distintos. La computadora al igual que la televisión no son elementos de decoración, que se deban colocar en el sitio que queden mejor. La situación de la PC en la casa no debe responder a criterios estéticos, pues si atendemos a estos factores, lo más probable es que llegue a parar a la habitación de alguno de los niños, siendo este el lugar menos conveniente cuando se tratan de menores poco responsables y autónomos. No podemos tratar a estos medios como si se trataran de un mueble más, por eso creo que las PCs, las consolas de Videojuegos y las TVs deben situarse siempre en habitaciones comunes de la casa y nunca en los dormitorios de los niños, con la finalidad de poder supervisar lo que pasa en las pantallas más fácilmente.

Los padres desarrollan una determinada actitud a favor o en contra de la nueva tecnología de Internet, en función de tres componentes básicos: cognitivo, conductivo y emotivo. Los componentes cognitivos se encuentra influenciado por el bombardeo de mensajes que desde los medios de comunicación de masas se transmiten. Curiosamente en la propia red podemos encontrar multitud de noticias donde se ponen de manifiesto los riesgos del Internet. El segundo componente hace referencia al conjunto de experiencias que los padres han tenido con la red, y por último, la valoración que éstos hacen de dichas experiencias, es el componente afectivo, el que realmente define la actitud.

En las últimas décadas, los niños y los adolescentes han aprendido hábilmente cómo utilizar el Internet a través de las computadoras, los videojuegos, las tabletas y los celulares. Por lo que estos se han convertido, después de la televisión, en los medios de comunicación que mayor influencia tienen en los más jóvenes. Los niños y adolescentes han aprendido hábilmente el manejo de las computadoras; sin embargo, aunque pueden ser usuarios experimentados ignoran y pueden manejar incorrectamente los peligros que su uso implica. Esta red de equipos es una excelente herramienta de comunicación, educativa y productiva que permite a niños y jóvenes aprender, investigar, buscar información, divertirse y comunicarse con familiares y amigos. En unos pocos años el Internet ha conseguido implantarse como herramienta básica e imprescindible en los distintos ámbitos en los que ha conseguido penetrar, convirtiéndose en el sistema nervioso central de todo el mundo.

La vertiginosa evolución de la tecnología comunicacional, plantea un ritmo muy acelerado en la vida del hombre actual. La humanidad se enfrenta a nuevos paradigmas en el área de informática, que evoluciona constantemente con una rapidez asombrosa. Lo que en determinado momento es sorprendente, se vuelve obsoleto con una rapidez vertiginosa en una espiral que parece ser infinita, y cuyo único tope es la creatividad humana. El motor que impulsa este acelerado proceso se relaciona más que con un aspecto puramente comercial, con una lucha constante por superar nuestra propia creación.

El uso frecuente de Internet crea una adicción patológica en los individuos, la cual puede tener múltiples aspectos de repercusión entre los que se destacan los siguientes:

- Deseo de estar más tiempo conectados a la Red.

- Descuidos alimentarios.

- Disminución de actividad física.

- Estados de nervios cuando no se puede conectar a la Red.

- Cambios drásticos en los hábitos de vida.

- Evitar actividades importantes a fin de permanecer más tiempo conectado.

- Cambio en los patrones de sueño a fin de disponer de más tiempo en la Red.

- Descuido de la salud personal a consecuencia de la actividad en Internet.

- Disminución de la actividad social que tiene como consecuencia la pérdida de amistades reales.

- Negligencia y apatía respecto a la familia y amigos.

- Rechazo a dedicar tiempo extra en actividades fuera de la Red.

- Negligencia y apatía respecto al trabajo y las obligaciones personales.

- Ataques de ansiedad, aceleración del pulso, incremento de la Tensión Arterial y alteración en los sueños.

- Estado de conciencia alterado durante largos períodos de tiempo, con una total concentración en la pantalla, similar al de la meditación o del trance...

- Irritabilidad importante cuando se es interrumpido por personas o circunstancias de la vida real mientras se está sumergido en el ciberespacio.

Por lo que podemos afirmar que navegar en la Red se caracteriza por la repetición irracional de una conducta riesgosa. Por lo que la valoración del tiempo de conexión puede ser una variable engañosa. Se especula con la existencia de un subgrupo de usuarios caracterizado por la timidez, que encuentra en el ciberespacio la posibilidad de liberarse de la ansiedad producida por las relaciones sociales cara a cara, ganando una auto confianza engañosa, dado el relativo anonimato que Internet proporciona. Por otro lado no debemos dejar de lado una de las patologías de las personas que padecen depresión, desorden bipolar, ansiedad, baja autoestima, problemas de contención familiar o han padecido anteriores adicciones son los más delicados, incluyendo en mayor número a niños y jóvenes adolescentes.

Son muchos los especialistas desde el área de la psicología que opinan y advierten que el uso excesivo del Internet puede crear adicción y recomienda que la conexión a la red no se prolongue más de dos horas diarias, el colectivo más vulnerable son personas introvertidas, con baja autoestima y con una vida familiar pobre, por lo que corren más riesgo de experimentar conductas adictivas a la red informática. Estas personas se encuentran en el ordenador ya que no les pide nada a cambio y, además, la máquina tampoco valora si están teniendo un comportamiento correcto o no, por eso, estos usuarios de Internet son capaces de crear un mundo virtual que los compensa de las insatisfacciones que tienen en el mundo real.

Actualmente está comprobada la adicción a las redes informáticas, el perfil de los usuarios adictos se caracteriza por los internautas jóvenes de un nivel cultural medio que disponen de tiempo libre, ciertos conocimientos de informática y que tienen fácil acceso a equipos con conexiones, y se definen a estos adictos a la red como aquellos usuarios que aumentan su dependencia a estar conectados a la red hasta aislarse de su entorno e ignorar otros aspectos de la vida cotidiana. Un ejemplo de adicción es cuando una persona no recurre a la red para obtener información sino como una forma de huir de sus problemas cotidianos o cuando sufre una necesidad imperiosa de ejecutar lo que le apetece con una pérdida de control importante.

Los síntomas más frecuentes de los afectados por esta adicción son la privación de sueño para "subir" a la red, el descuido de otras actividades importantes como dedicar tiempo a la familia o a las relaciones sociales y el hecho de pensar constantemente en la red cuando no se está conectado a ella.

Hay dos aspectos que son los más importantes en todo tipo de adicción: el primero se conoce como tolerancia; el adicto necesita cada vez más tiempo en la red para experimentar el mismo grado de satisfacción, y segundo, el síndrome de abstinencia, que se manifiesta en una pérdida de control que provoca la aparición de tics motores en los dedos en relación con el teclado de la PC, del Tablet o del celular, cuando no se está conectado.

Distinguir lo que es el uso normal del Internet de lo que es una adicción, es no abandonar ningún apego por el uso del mismo, mantener las relaciones sociales y familiares sin dar prioridad al contacto con la red, son algunos de los límites de autocontrol que se recomiendan a los usuarios de las redes informáticas. Personas que han pasado tiempo excesivo navegando en Internet, han desarrollado, problemas tales como: la ruptura de sus relaciones sociales, pérdida de autocontrol en sus conductas y lo peor de todo en los niños y jóvenes expulsión de la institución educativa, entre otros. Existen niños y jóvenes que pasan más de 100 horas semanales en línea, ignorando a familiares y amigos y descansando sólo para dormir. Otro caso es el de estudiantes que son expulsados de los establecimientos educativos por presentar signos de agresividad hacia sus superiores, pesadumbre, malestares enfermizos por retomar a sus computadoras agrediendo, inclusive a los propios docentes; algunos incluso confesaron que usaban Internet como un sustituto para la bebida o las drogas inclusive para mitigar la ansiedad que les ayudaba a controlarse.

El uso excesivo de Internet por parte de los estudiados puede provocar un desorden del control de impulsos, en la misma categoría del cleptómano o el comprador compulsivo. Otros casos que se presentan entre los adictos al Internet son:

- Presencia de maniaco – depresión

- Desórdenes de ansiedad tales como fobia social, considerada como un miedo persistente

- Bulimia o glotonería

- Problemas de hábitos de alimentación alguna vez en sus vidas.

- Estallidos incontrolables de ira o estímulos de compra impulsiva.

Nos encontramos ante un fenómeno de relativa novedad, por lo que la actitud más prudente es de alta prudencia, el hablar de estas hipotéticas enfermedades constituye un acto demasiado conceptual. En la medida que el Internet se vaya extendiendo también habrá más personas con problemas derivados de un uso inadecuado del misma, problemáticas que deberán ser tratadas por equipos interdisciplinarios, ya que es un síntoma del cambio social, cultural, económico y educacional.

Habría que valorar una serie de parámetros como puede ser el nivel de interferencia y de distorsión en la vida personal y familiar del individuo. Por ejemplo, si una persona se pasa horas y horas conectada, desatendiendo sus obligaciones familiares, deportivas, educativas, personales entre otras cosas, de forma habitual, podría estar entrando en una situación de adicción. Si además, esa persona no sólo pasa muchas horas, sino que el resto de actividades de su vida gira en torno a su conexión a Internet, es otro síntoma de que puede estar generándose un problema adictivo. En el caso de que una persona piense constantemente en el Internet y toda su vida gire en torno a la red, debe ser una señal de alarma de que puede surgir un problema de adicción.

El uso del Internet puede generar trastornos en el comportamiento de los usuarios más asiduos. En este sentido, podemos considerar el Internet como una nueva adicción. Hay que tener en cuenta que el control de los impulsos está muy implicado en todo tipo de adicciones y a veces, cuando se usa el Internet de forma desproporcionada, perdemos el control sobre nuestro propio impulso y podemos llegar a desarrollar una auténtica adicción. El primer gran problema que se plantea con esta adicción, igual que con las de otro tipo, es que el sujeto sea consciente de su adicción, y en segundo lugar está el reconocer las causas que han llevado a la persona a esta adicción. Esta persona, suele tener expectativas muy altas acerca de lo que se espera, en general, de las cosas de la vida y son muy dependientes, en el sentido de que necesitan aferrarse siempre a algún objeto o actividad que le satisfaga.

Muchas aproximaciones teóricas pueden ser útiles para estudiar cómo varios tipos de personalidades se comportan en el ciberespacio, pero, en este caso, ninguna podría ser más poderosa o versátil que el psicoanálisis. El ciberespacio es una extensión psicológica del mundo intrapsiquico del individuo. Este es un espacio donde solo la comunicación a través de textos e imágenes, estimulan el proceso de proyección y las transferencias. Es por eso, que una teoría que se especializa en el entendimiento del mundo intrapsiquico como el psicoanálisis se adecua a esto perfectamente presentando algunos síntomas como:

- La personalidad psicopática que es un trastorno antisocial de la personalidad. Los psicópatas no pueden empatizar ni sentir remordimiento, por eso interactúan con las demás personas como si fuesen cualquier otro objeto, las utilizan para conseguir sus objetivos; la satisfacción de sus propios intereses. No necesariamente tienen que causar algún mal.

- Los Narcisistas podrían usar el acceso a numerosas relaciones como un significado para ganar la admiración de una audiencia.

- Los Compulsivos podría ser atraídos por el ciberespacio por esa necesidad de control y manipulación de su ambiente.

- Los Esquizoides podrían disfrutar la falta de intimidad resultante del anonimato.

- Los Disociados pueden experimentar el anonimato y la identidad flexible que permite el ciberespacio como un vehículo para expresar y/o evitar las varias facetas de sus personalidades.

- Las personas paranoides tienen escasas relaciones sociales, en parte por su desconfianza hacia las personas, pero también se debe a que suelen provocar rechazo en los demás, debido a su comportamiento hostil. De todos modos, se desenvuelven muy bien en la vida, ya que no les gusta que otros se ocupen de sus asuntos. Los individuos con trastorno paranoide de la personalidad piensan que los demás se van a aprovechar de ellos. Si alguien, por ejemplo, saluda a una persona con este problema, inmediatamente éste pensará que el que le saluda "quiere o trama algo". Tienen dudas injustificadas sobre la "lealtad" de sus amigos o la fidelidad de su pareja, y les cuesta aceptar que se equivocan. Aparentan ser fríos, pero en realidad sólo es un intento de evitar que los demás conozcan sus puntos débiles y puedan aprovecharse de ello; son muy rencorosos, y nunca olvidan un insulto o una crítica.

• Histérico (o histriónico) son personas que tienden a llamar la atención de los demás en sus opiniones, en su forma de vestir, de comportarse, exagerando sus sentimientos, perdiendo el autocontrol, etc. Muchas veces, dan la impresión de estar representando un papel, aunque generalmente lo hagan de forma inconsciente.

• El trastorno depresivo de la personalidad, se caracteriza por un patrón permanente de comportamiento y funciones cognoscitivas depresivas. que comienzan al principio de la edad adulta, y se reflejan en una gran cantidad de contextos. Entre las características cognoscitivas de este trastorno, se incluyen sentimientos permanentes de abatimiento, tristeza, desanimo, desilusión e infelicidad, son individuos que se muestran serios, con poca capacidad para divertirse y relajarse, con poco sentido del humor, algunos piensan que no tienen derecho a divertirse. Algunos están inmersos en sus pensamientos negativos y en sus cavilaciones, ven el futuro con negatividad como ven el presente, ven complejo que las cosas puedan mejorar día a día.

• El trastorno masoquista (auto derrotista) de la personalidad, como su nombre indica refleja una manera de comportarse autodestructiva, buscando situaciones de riesgo y de sufrimiento sin prácticamente darse ni cuenta. Se perjudican a sí mismos. No valoran lo positivo y tienden a negativizarlo. Prefieren la monotonía al placer o al disfrute. Falta de autoestima y creencia en que son merecedores de la humillación.

- El trastorno obsesivo-compulsivo de la personalidad, personas con planteamientos excesivamente rígidos y muy preocupados por el orden, el perfeccionismo y el control. Rutinarios, monótonos y faltos de espontaneidad. Hiperpreocupados, planificadores y estructurados, nada se escapa de su control y este cada vez es más extenso.

- El trastorno pasivo-agresivo de la personalidad, caracterizado por un oposicionismo constante y una forma pasiva de actuación. Son personas que suelen llevar la contraria y se sienten molestos con todo. Se quejan frecuentemente, son pesimistas y parecen estar siempre enfadados, está ira no la muestran abiertamente solo queda reflejada por su manera inactiva y su cara de malhumor. Son inseguros emocionalmente, se ofenden fácilmente y desconfían de los otros. Su comportamiento provoca frustración y malestar en los allegados.

- El trastorno sádico de la personalidad, todo lo contrario que el patrón anterior experimentan placer al infringir dolor o malestar a los demás. Son humillantes y frustrantes. Buscan sentirse superiores a los demás "machacándolos". Críticos, agresivos y con baja tolerancia a la frustración. Son dominantes y desconfiados. Presentan dificultades para sentir afectos.

- El trastorno de la personalidad por dependencia, caracterizado por unas maneras de comportarse sumisas, basadas en la dependencia y con un componente marcado de necesidad de ser cuidado. Su guion de vida es satisfacer las necesidades de los demás y solo se siente queridos si hacen constantemente cosas por los otros, temen perder su atención y harán cualquier cosa para no perder este afecto. Dificultades para cuidar de sí mismos y ser independientes. Baja autoestima y faltos de habilidades.

- El trastorno de la personalidad por evitación, marcado por
una fuerte inhibición social, baja autoestima y una elevada
sensibilidad frente a la evaluación negativa. La inhibición
frente a las relaciones sociales tiene el origen en el miedo,
la vergüenza o el ridículo que sienten, muy sensibles a
la crítica y al rechazo. Su comportamiento tiende a evitar
todo aquello que sientan que les amenaza o puede hacerles
sentir mal.

Está comprobado que el mundo virtual es diferente al mundo
real donde vivimos. Las personas, las relaciones y los grupos
sobrepasan los límites de cómo y cuándo interactuar. Algunas
de las características únicas del ciberespacio que forman
fundamentalmente la experiencia del usuario en este nuevo reino
social son: La falta de la interactuación física cara a cara tiene
un curioso impacto en cómo la gente presenta sus identidades en
el ciberespacio. En la comunicación sola con texto, se tiene la
oportunidad de ser uno mismo, expresar solo partes de la identidad
asumir identidades imaginarias, o permanecer completamente
anónimo. El anonimato tiene un efecto desinhibidor que genera
dos caminos. A veces las personas usan esto para expresar alguna
necesidad o emoción desagradable, a menudo abusando de otro. O
esto les permite ser honestos y abiertos acerca de algunos asuntos
personales que no podrían ser fácilmente discutidos cara a cara.

¿Qué es mejor las relaciones entre personas o las relaciones en
el ciberespacio? La palabra clave es relaciones. Un aproximado
al entendimiento de este fenómeno es examinar los varios
medios por los cuales la gente se comunica y conecta con otros.
Por mecanismos específicos de interrelación. En el nivel más
fundamental, podemos comparar ambas relaciones de acuerdo
a como la gente se conecta vía la percepción a través de la
combinación de los cinco sentidos: escuchando, viendo, tocando,
oliendo y saboreando.

Los diálogos en las relaciones del ciberespacio pueden envolver
diferentes mecanismos mentales al igual que los de la relaciones
entre personas en el mundo real. Pero al mismo tiempo, el mundo
virtual puede ayudar a los internautas a reflejar un estilo cognitivo

distinto al que llevan en el mundo real, lo cual le permite a algunos ser más expresivos, sutiles, organizados, o creativos en la manera de comunicarse. Algunas personas sienten que pueden expresarse mejor en el mundo virtual. De cualquier manera, la experiencia creada en el ciberespacio puede en muchos casos ser asumida como un estado psicológico.

Cuando un internauta entra al ciberespacio a través de cualquier medio de comunicación de masas, ya sea que inserte un programa, un videojuego, escriba un email, o ingrese a un servicio en línea, siente, consciente o inconscientemente, que está entrando a un lugar o espacio psicológico profundo que cumple con un propósito específico y muy significativo para él y su grupo de contactos. De hecho, usan comúnmente las metáforas espaciales como mundos, dominios, territorios, reinos, niveles, cuartos, etc., cuando están en las actividades en línea. Los internautas a menudo describen su equipo como una extensión de su mente y personalidad, un espacio que refleja sus gustos, actitudes e intereses. En términos psicológicos, estos medios de comunicación de masas en el ciberespacio proyectan al internauta a un estado de abstracción del mundo intra psíquico.

Es decir, el individuo deja de prestar atención al mundo real para concentrarse en sus pensamientos. Cuando gracias a dichos pensamientos o a la acción de comparar entre los diversos puntos de vistas, se advierte que la cualidad aislada es común o semejante, el internauta convierte el ciberespacio en su "mundo real reflexivo". Cuando el internauta está experimentando este fenómeno metafísico y lee en su pantalla un email o un mensaje de chat escrito por un usuario de la red, siente como si su mente emergiera mezclándose entre los canales de 1 y 0 del mundo digital.

Cuando un internauta experimenta el ciberespacio como la extensión de su mente, atraviesa un espacio astral extrasensorial con un diverso rango de tipos de fantasías y reacciones de transferencia proyectadas entre su mente y la pantalla. Los usuarios aprovechan este estadio psicológico para mejorar el entendimiento de sí mismos, para desahogar o manifestar fantasías y frustraciones, ansiedades y deseos, como una oportunidad para explorar sus identidades y como una manera de interactuar con los demás.

Esta transición psicológica experimentada en la infraestructura de Internet influye en las conductas y en los aspectos sentimentales del individuo en su medio ambiente social y familiar, ya sea para bien o para mal.

5.1. Influencia de las Tiendas Virtuales.

Una tienda virtual (también conocida como tienda online, webstore, tienda en línea o tienda electrónica) se refiere a un comercio convencional que usa como medio principal para realizar sus transacciones un sitio web de Internet. Con la popularidad de Internet se ha producido un rápido aumento en la cantidad de tiendas virtuales y en los volúmenes de ventas anuales. Las compras en línea se han convertido en ventaja para los propietarios de tiendas al por menor. En este tipo de tiendas las personas pueden comprar desde sus casas hasta el jabón de baño, logrando tener más poder, ya que tienen una gran variedad de alternativas para elegir y no necesitan caminar grandes distancias para llegar a otras tiendas. El desarrollo de estas tiendas virtuales ha sido de gran beneficio para muchos pequeños y medianos empresarios ya que pueden tener una tienda abierta para todo el mundo a un costo mínimo comparado con la inversión que debería realizar para llegar a más lugares con sucursales.

A finales de la década de los años 1960, surgieron las primeras relaciones comerciales que usaban un ordenador para transmitir datos. Este tipo de intercambio de información incluía entre otros la transferencia de documentos, como facturas y órdenes de compra. Como resultado, se experimentaron grandes mejoras en este tipo de empresas.

A mediados de 1980, surgió la venta por catálogo o venta directa. De esta manera, los productos eran mostrados con mayor realismo, y con la posibilidad de exhibirlos al público, resaltando sus características. La venta se solía realizar mediante un teléfono, mientras el pago era realizado mediante una tarjeta de crédito.

En 1989 aparece un nuevo servicio, la WWW (World Wide Web). A finales de los años 90, las empresas y el público en general se habían dado cuenta de su potencial y el comercio electrónico creció de manera considerable y aún sigue en alza. La actividad de las tiendas virtuales se da a conocer como comercio electrónico, y sus ventas se consideran legalmente, ventas a distancia, disponiendo el comprador de una serie de derechos en la contratación de estos servicios o productos a distancia.

Los vendedores utilizan dos vías diferentes para poner sus productos y servicios a disposición de sus clientes; creando su propia tienda web o utilizando los servicios de unas o varias de las tiendas virtuales exclusiva para este tipo de venta. En ambos casos, los clientes potenciales pueden observar imágenes de los productos, leer sus especificaciones y finalmente adquirirlos. Este servicio le da al cliente rapidez en la compra y la posibilidad de hacerlo desde cualquier lugar y a cualquier hora. Algunas tiendas en línea incluyen dentro de la propia página del producto los manuales de usuario de manera que el cliente puede darse una idea de antemano de lo que está adquiriendo; igualmente incluyen la facilidad para que compradores previos califiquen y evalúen el producto.

La inmensa mayoría de tiendas en línea requieren la creación de un usuario en el sitio web a partir de datos como nombre, dirección y correo electrónico. Este último a veces es utilizado como medio de validación. Se le envían al cliente por correo o agencia de transporte, aunque según el país y la tienda puede haber otras opciones. Normalmente las tiendas web tienen distintas formas de pago para que el cliente pueda acceder sin problemas como el sistema de tarjetas de crédito, la transferencia bancaria, Paypal, el pago contra entrega (COD), este último es el pago al momento de entregar el producto en el domicilio del cliente.

Al ser Internet una red global permite vender a personas en todo el mundo y aunque se pueden hacer envíos internacionales, por ejemplo desde Estados Unidos hacia algún país de América Latina, se debe tener en cuenta que estos envíos internacionales dificultan las devoluciones y los reclamos por garantía incrementando costos, salvo si se trata de productos digitales. Además los servicios de aduana de cada país pueden exigir el pago de impuestos adicionales a la hora de despachar o introducir los productos al respectivo país.

Debido a las amenazas a la privacidad de los datos en Internet y la amenaza de robo de identidad es muy importante hacer compras en línea solamente en sitios reconocidos y de buena reputación. Igualmente es recomendable no proporcionar datos personales ni de tarjeta de crédito si no se está utilizando una conexión segura.

Para asegurarse que la tienda visitada es legítima, se puede comprobar, entre otros, los siguientes elementos:

* Presencia de Condiciones de Uso y Aviso legal,

* Datos de contacto completos, incluyendo el nombre y la dirección de la empresa.

Elementos que otorgan seriedad y confianza:

* Sello de confianza reconocido como el de Confianza Online, (No es requerido para que la tienda sea legal, solo da seriedad y confianza, la mayoría se sellos de confianza online solo requieren un elevado pago anual por tenerlo y cada día está más discutido este método)

* Presencia en directorios de tiendas en línea, que comprueban estos elementos, (No es requerido para que la tienda sea legal, solo da seriedad y confianza)

* Existencia de una tienda física, aunque no imprescindible,

* Aviso de consumidores en sitios externos (comparadores, foros, directorios de tiendas, etc.)

* Ganador de premios de comercio electrónico. (No es requerido para ser legal, solo da confianza, sería imposible crear una tienda y para ser legal recibir un premio antes

de abrirla, recibir un premio de comercio electrónico puede requerir años, incluso no recibirlo nunca, muchas tiendas muy importantes no tienen ninguno, a no ser que lo hayan comprado y en ese caso no tiene mérito)

A partir del siglo XXI, la aparición de nuevas tecnologías para acceder al Internet sin necesidad de la computadora ha provocado, en breve tiempo, que cientos de millones de personas se sumen a los cientos de millones que ya utilizaban el Internet, lo cual constituyó el más enorme mercado globalizado para el comercio que haya existido. Viendo estas posibilidades, poderosas empresas están realizando en este campo inversiones internacionales que alcanzan cifras siderales. La economía de Internet ésta creciendo a pasos agigantados. Compras on-line Mirar vidrieras, comparar precios y hacer compras sin salir de casa es tan apasionante para el consumidor como riesgoso para la economía familiar. Pero cuando la posibilidad es tan simple como un clic, una tarjeta de crédito y esperar a que el correo traiga el artículo que se ha comprado desde la pantalla, la tentación es inmensa. Cada vez más cibernautas son seducidos por el Internet, la herramienta tecnológica que está revolucionando los hábitos de consumo de la humanidad. En Latinoamérica el comercio electrónico aun es incipiente pero la oferta crece sin pausa.

Existen algunas Clubes de los Consumidores del Ciberespacio, que funciona en la red desde hace unos años, los compradores pueden recibir algunos consejos y compartir inquietudes. Algo que está al alcance de un simple clic como todo en Internet. El comercio por Internet está creando otra brecha entre los países desarrollados y los países no desarrollados. En los países en los cuales no se desarrollen suficientes empresas que estén en condiciones de competir en el comercio global del Internet se reducirán aún más las exportaciones y aumentaran las importaciones, se perderá parte del mercado interno del país por las ofertas desde otros países que por Internet reciben las empresas y los ciudadanos. La gran mayoría de los países de latino américa están comprando por Internet a otros países una creciente gama de productos: libros, revistas, música, cursos a distancia, servicios de traducción, esparcimiento, programas de computación, vinos, artículos electrónicos, etc. Esta facilidad de comprar por Internet de un país a otro beneficia a las grandes empresas y perjudica a otras, pero ambos casos se perderán muchos puestos de trabajo. Por ello, los países pobres serán más pobre y los ricos serán más ricos, la misma paradoja de siempre.

Podemos reflexionar sobre cuáles de los aspectos del comercio en Internet pueden beneficiar y cuales perjudicar el desarrollo de las personas, de las empresas y de un país, pero lo que no podemos hacer es elegir si involucrarnos o no, porque la cultura virtual llegó para quedarse y se nos impone como una gran e inevitable revolución tecnológica, como lo fueron la invención de: la imprenta, la electricidad, el automóvil, el avión, el teléfono, la televisión, los antibióticos, las vacunas, la energía atómica y otros productos de esa envergadura, frutos de la creatividad humana.

Los cambios que se están generando en el comercio a través del Internet están generando una nueva dinámica comercial que es muy distinta a la que era antes del Internet, esta realidad significa una nueva forma de competir que tienen que enfrentar las empresas y los países, en donde no será fácil estar entre los ganadores. Los gobiernos deberán tomar las medidas que sean necesarias para superar los problemas que dificulten el desarrollo de Internet en sus respectivos países. El asunto no será solo disminuir el costo para los usuarios, sino que deberán proporcionarlo gratis, para que todos puedan utilizarlo. El mayor costo lo constituye el empleo del teléfono para establecer la comunicación con Internet. Capacitar a los jóvenes y adultos en el eficiente empleo de Internet. Ello exige no solo enseñarles a navegar por Internet, también es necesario desarrollar en ellos en la mayor medida posible las capacidades para que puedan "elaborar inteligente y creativamente" la información que Internet les ofrece. Facilitar el comercio por Internet a los emprendedores y a las pequeñas y medianas empresas. Para ello se deberá poner especial esfuerzo en la utilización de Internet para la exportación de productos y servicios, ya sea vendiendo empresa a empresa o directamente a los consumidores de todo el mundo. Esta es una de las formas más efectivas y genuinas que tenemos para obtener divisas, generar trabajo, y luchar contra la desocupación.

El comercio electrónico, a nivel mundial, cerró el 2012 con números que demuestran su avance indetenible versus otros tipos de negocios. Los grandes minoristas están aprovechando los beneficios de las ventas por internet, para tener mejores resultados financieros, al vender sus productos prácticamente sin importar el horario o la geografía. A nivel global, los hábitos de las compras por internet, los factores que influyen en la decisión del comprador online, así como el impacto que está teniendo el comercio móvil, a través de los celulares inteligentes.

El desarrollo web, en estos momentos, está absolutamente condicionado por el avance imparable de los dispositivos móviles. Sería incoherente diseñar una web hoy en día sin tenerlos en cuenta. De hecho, muchas empresas han visto cómo sus webs de hace diez o menos años se han quedado obsoletas. Los usuarios no pueden acceder a muchos de los contenidos en sus teléfonos, o el diseño que presentan en las pantallas de estos aparece como desordenado y falto de elementos.

El diseño adaptativo, tiene por objeto facilitar la visualización de las webs en cualquier tipo de dispositivo, independientemente de su tamaño de pantalla o resolución. Esto pasa también por la adopción en programación del lenguaje HTML 5 y de las hojas de estilo CSS3. Igualmente, el diseño se ve influenciado por los dispositivos móviles en el tamaño con el que se presentan los elementos en una web. No es lo mismo la pantalla de 24 o 27 pulgadas de un monitor para un ordenador de escritorio, que las 8 de una tableta o las 2'5 de un smartphone. Esto obliga a que el diseño de los objetos y los botones en la web sea de un tamaño superior a lo que venía siendo.

Por otro lado, en el diseño web cada vez cobra más importancia la tipografía, es decir, el tipo de fuentes de escritura que se utilicen y la estética de las mismas. Ya se sabe que el contenido es el rey actual de la red, pero ese contenido se debe presentar, además, integrado con un criterio estético dentro de la página.

Las redes sociales también son decisivas en el diseño actual de los sitios de Internet. Así, la pequeña pantalla de un teléfono obliga al usuario a ir arrastrando hacia abajo la página para acceder a sus contenidos; pues bien, los botones de acceso a Facebook o a Twitter, deben acompañarle en su recorrido. La opción de compartir y la de calificar una página o un artículo, siempre han de estar presentes.

Al igual que los accesos a las redes sociales, los menús de las páginas y otros botones de interés también se deben desplazar cuando el usuario arrastra hacia abajo. La estructura de los sitios evita ahora el cambio de una página a otra al cambiar de sección dentro de una misma web, una vez más por las características de usabilidad que imponen los pequeños dispositivos móviles.

El objetivo de una red social es conectar a la gente por medio de imágenes y ofrecer un espacio para compartir intereses y gustos. Las redes sociales han triunfado a la par del Internet al punto que en la actualidad las personas asumen estos dos términos como sinónimos o similares. La posibilidad que dan las redes sociales de segmentar fotos, permite que los usuarios puedan seguir determinados productos y aumentar el grado de fidelización con ellos, ayudan a influencia en las decisiones de compra de los internautas.

Las redes sociales son las plataformas que más tráfico proporcionan a las tiendas online. Las principales redes sociales del mundo son: Facebook, Youtube, Twitter y Yahoo. Cada vez es mayor la influencia de las redes sociales en el momento de la compra, y según estudios, al día de hoy un 90% de las compras online han tenido alguna influencia de las redes sociales. Si tenemos este punto en mente, está claro que las acciones que podamos tomar en este sentido y que implican las recomendaciones de otros usuarios son clave en el presente y futuro de nuestra estrategia de venta. Algunas reflexiones sobre los datos de las compras en línea son bastantes llamativos como podremos ver a continuación:

- Las compras representan una actividad muy importante entre los cibernautas, considerando que el 85% de los cibernautas manifiestan realizar compras en línea. Tal vez este porcentaje no sea tan alto en Latinoamérica -a nivel de compras por internet-, pero igual es un dato fuerte que hay que considerar.

- Contenido, ocio, productos tecnológicos y de apariencia, son las categorías más populares entre las compras en línea. Tal vez una muestra del perfil del comprador online, o simplemente que estos productos tienen mayor facilidad para la venta por internet.

- La confianza y disponibilidad en el comercio electrónico, paga: Una gran mayoría de usuarios investiga con diversas fuentes, antes de tomar la decisión de comprar. Si tienes una tienda online, monitorea tu reputación, presencia en buscadores y comentarios dentro de tu sitio.

- Me extraño ver que sólo el 7% de los internautas recurren a redes sociales para obtener opiniones sobre un producto, el 81% de los consumidores reciben consejos online antes de hacer una compra en línea.

- El marketing en móviles y el e-commerce tiene una participación creciente en las compras en línea.

El conocimiento de las experiencias percibidas por el consumidor mientras visita un sitio web se ha considerado como uno de los principales factores que aseguran el éxito en el entorno virtual. Algunos especialistas señalan al respecto que "crear una experiencia on-line persuasiva para el consumidor virtual constituye un elemento decisivo en el desarrollo de ventajas competitivas en Internet". Estos autores también argumentan el relativamente escaso conocimiento sobre los factores que contribuyen a crear experiencias virtuales positivas, sugiriendo en consecuencia, que los comerciantes virtuales necesitan desarrollar un conocimiento exhaustivo del comportamiento del consumidor en entornos comerciales on-line.

Mientras que la apariencia estética del sitio web se considera un requerimiento básico para atraer a los clientes virtuales, el atractivo visual constituye uno de los varios elementos que, en conjunto, conforman la denominada experiencia web. Según muchos analistas la experiencia web se define como "la impresión general que los clientes on-line obtienen sobre las empresas virtuales". Por su parte, otros colegas definen este concepto como "el resultado de exponer al usuario a una combinación de ideas, emociones e impulsos provocados por el diseño y otros elementos de marketing que conforman la presentación on-line". La experiencia web se ve influenciada por factores como el esfuerzo de navegación necesario para ojear la información ofrecida en un entorno web concreto.

El E-mail ocupa un lugar muy importante en el comercio por Internet. Solo en base a él se puede estructurar un emprendimiento de comercio por Internet sin necesidad de poner un sitio. En el comercio por Internet se envían constantemente E-mail con el objetivo de promover las ventas. Revitaliza como ningún otro medio la creatividad aplicada a escribir cartas comerciales que tengan poder de: impactar, despertar el interés, mantener la atención, persuadir, seducir (despertar el deseo por el producto), profundizar la motivación a comprarlo, informar con claridad sobre el procedimiento que debe hacer el interesado para concretar la compra, apurar al comprador a realizar la acción de compra. Conseguir estos resultados escribiendo pocas líneas en un E-mail no es fácil, generalmente no se hace bien, es conveniente tener conocimientos sobre psicología y aplicar mucha creatividad. Hay que predecir el efecto que cada palabra y frase va a causar la manipulación en la mente del lector, en su parte emotiva y en la racional, consciente e inconsciente, es como ir al lector dentro de él mismo.

5.2. Influencia de la Redes Sociales

Las redes sociales son sitios en la web donde se pueden encontrar otras personas y socializar con ellas; las más reconocidas son Facebook, YouTube, Yahoo, Twitter, Flicker, Sonico, Hi5, entre otros. Los medios de comunicación y más específicamente los mensajeros de correos electrónicos son Hotmail, Gmail, Yahoo, AOL, Skype y muchas otras, pero casi todas con la misma finalidad. La influencia de las redes sociales en las sociedades ha sido muy significativa, ahora todos tienen un contacto de una forma discreta o indiscreta, pero, según algunos analistas, esta influencia la podemos dividir en dos clases positivas y negativas. Las características positivas, son que gracias a estas redes nos podemos comunicar sin importar las barreras de espacio, y del tiempo, también nos permite ampliar nuestra gama de amigos alrededor del mundo desde un mismo lugar, y estas podemos compartir nuestra información personal, estado de ánimo, fotos, con las personas que queramos. Pero las influencias negativas, no son derivadas de las redes sociales si no de la manera que las hemos usado, como por ejemplo cuando crean grupos para agredir la dignidad moral y ética de las personas que son colocadas en esos grupos, y también cuando se colocan páginas de agresión contras otras personas como por molestar, pero no se dan cuentan que en estas redes sociales no todos miran estos supuestos "chistes", como algo falso, si no como algo real y serio, lo cual podría acarrearle algunos problemas.

Las redes sociales se han convertido en uno de los principales medios de comunicación entre las personas ya que los utilizan para compartir recursos, convocar reuniones de trabajo o estudio, intercambiar material académico, contactar a familiares y amigos que no han visto en años, conocer otras personas alrededor del mundo, hacer invitaciones a celebraciones específicas, informarse de los acontecimientos políticos, sociales y económicos alrededor del mundo -ya que gran diversidad de noticieros cuentan con Facebook y Twitter- ver fotografías de familiares o amigos que no han visto por mucho tiempo, intercambiar tareas o trabajos entre compañeros de estudios, interactuar con personas de los demás medios de comunicación, participar en concursos, votar en algunas actividades de los medios, compartir contenidos de manera constante y, de ese modo, también conocimientos, incluso se pueden pasan apuntes de clase y se consultan dudas al mismo tiempo que aprenden a estudiar y trabajar en equipo.

Las redes sociales marcaron el paso de la unilateralidad en los medios a la ampliación de opciones que permiten mantener un contacto multilateral a través de las diferentes herramientas online (como pueden ser un blog o la Wikipedia, por ejemplo). Se trata de una evolución tecnológica en la que, en una primera fase, el usuario se limitaba a ser observador pasivo de todo lo que pasaba en el medio para pasar luego a compartir sus propios contenidos, propiciar una interacción real y fomentar la participación en línea de forma activa.

Teniendo esto en cuenta, se puede asegurar que la Web ha cambiado de forma radical la forma de ser de la sociedad. Actualmente todo se publica en la red, incluso lo que no ha ocurrido. Creo que existe, ahora más que nunca, la sensación de que si no públicas las fotos en la red de tus últimas vacaciones es que, directamente, no has estado de vacaciones; si no tienes un blog o no actualizas la red de forma continua no tienes nada interesante que contarle al mundo y si no estás presente en LinkedIn estás obsoleto a nivel laboral. De forma tal, dedicamos tanto tiempo a cuidar nuestra presencia en línea que este hecho nos quita espacio de nuestra vida real; Hemos pasado de ser una sociedad humana a una sociedad tecnológica.

A continuación señalo algunos detalles de las principales redes sociales:

Facebook: Una red muy popular entre los jóvenes caracterizada por las herramientas que se usan en ella, ya que están creadas por sus mismos usuarios y son muy fáciles de incorporar a la página personal propia. Se trata de una página cerrada a la que se accede por invitación expresa de cada contacto, lo que cierra en principio la entrada a posibles peligros.

Twitter: Es una aplicación web gratuita de microblogging que reúne las ventajas de los blogs, las redes sociales y la mensajería instantánea. Esta nueva forma de comunicación, permite a sus usuarios estar en contacto en tiempo real con personas de su interés a través de mensajes breves de texto a los que se denominan Updates (actualizaciones) o Tweets, por medio de una sencilla pregunta: ¿Qué estás haciendo?.

MySpace: Se trata de una red donde se alojan muchos jóvenes del ámbito universitario y artistas que quieren compartir sus creaciones. Es también una red abierta y muy popular porque de ella han salido algunas de las estrellas actuales de la música. Contiene estrictas cláusulas de propiedad de los contenidos.

La identidad virtual del internauta es su perfil, gracias a éste, las personas pueden expresarse de una manera abierta y a las personas tímidas las ayuda a hacer amigos, en realidad no se sabe con certeza todo lo que les llama la atención de estas redes, en cada caso puede ser diferente, en una persona puede ser la comunicación con personas que están lejos y en otros casos quien busca platicar con amigos que no ha visto en años, etc.

Las Redes sociales poseen una influencia increíble y junto con la evolución del internet, han ayudado a mantenerse en contacto en una enorme red mundial que conecta a organizaciones, comunidades y personas. Las redes sociales son el más fácil, rápido y explosivo medio para transmitir y recibir información y lo mejor es que cualquier persona puede tomar ventaja de ello, inclusive las pequeñas y grandes empresas, incluyendo los propios medios de comunicación, han aprovechado este medio para llegar a nuevos clientes.

Las redes sociales nos han obligado a replantearnos la definición de la palabra "presencia", puesto que ya no podemos nombrarla refiriéndonos solo al mundo real, sino también a la presencia en el mundo virtual. Esto muestra uno de los principales problemas que se encuentran integrados en la vida de los seres humanos de una sociedad moderna tecnológicamente manipulada. Por medio de las redes sociales, se conocen personas, se recuperan y mantienen las amistades lejanas, se chatea con amigos, te pones en contacto con quien quieras de forma inmediata, se interactúa con los programas de los diferentes medios, etc.

Las redes sociales son un canal en el que es más fácil decir lo que se piensa, hacen que la gente se abra mostrando sus sentimientos, por lo que a la vez es una oportunidad de conocer mejor a las personas, sobre todo a los tímidos. Pero a la vez, esto hace que no superen sus barreras y digan las cosas a la cara, arriesgándose, teniendo la oportunidad de ver los rostros de las personas tras recibir noticias buenas, malas o regulares. Si esto sigue así llegaremos a un punto en el que las relaciones cara a cara llegarán a ser incómodas.

Nos estamos dejando llevar por las nuevas tecnologías de la información y la comunicación, ya que nos hacen la vida más sencilla. La comodidad, inmediatez y premura nos llevan a acudir a Internet en todo momento sin preocuparnos de estar convirtiendo nuestro cerebro en una maquinaria vaga, despreocupada y cada vez con menos perspicacia, ya que todo lo tenemos al alcance con un simple clic.

Sócrates decía que a medida que el ser humano obtiene ideas del exterior deja de depender de sus propios contenidos. Internet busca la información por nosotros, nos la almacena, guarda nuestros recuerdos... Estas son funciones que debemos hacer por nosotros mismos, puesto que si hay recuerdos que desaparecen de nuestra mente será porque deben desaparecer e Internet no tiene ningún derecho a recordárnoslo. El ser humano tiende a acomodarse a la tecnología, recordemos el uso de la calculadora, hoy día ningún estudiante superior puede hacer una división o multiplicación solo con su mente, y esa misma tendencia es la del Internet.

Si esto sucede es porque en ningún momento hemos rechazado las comodidades que nos ofrece la nueva tecnología y, de hecho, sería antinatural, pero debemos tener en cuenta que hay que utilizarlo en su justa medida, sin permitir que la tecnología sobrepase la humanidad. Ya que para utilizar aparatos tecnológicos necesitamos batería, electricidad, pilas... y la vida solo debería ser recargada con las incontables vivencias que la constituyen dando lugar al mundo real.

Un hecho que nunca debemos perder de vista es que en las redes sociales no existe la privacidad. Estas comunidades virtuales son públicas por lo que cualquier persona puede accesar a la información personal. Las imágenes de perfil, galería y álbum son utilizadas para cualquier fin. También está demostrado que el uso constante y frecuente se vuelve adictivo dejando de lado las responsabilidades especialmente por parte de niños y adolescentes. Anclado a lo anterior, existen numerosos casos de demostraciones de apatía, falta de compromiso en todo tipo de actividades, etc., por el mal uso de estas plataformas.

Otro de los aspectos que se está dando en los actuales momentos es que la tecnología ha llegado a las aulas de clases en las escuelas ya que se ha convertido en un requisito importante para los establecimientos enseñarles a los niños parte de lo que encierra este mundo digital. Ya que posee aspectos positivos entre los que se puede decir que esta ayuda a la persona a sentirse socialmente como parte fundamental del desarrollo humano. Además ayuda a que se puedan tener otros puntos de vista. Entre los aspectos negativos esta que estar inmerso en una misma página puede alejarlo de las relaciones con el mundo exterior, y por ende convertirlo en una persona solitaria.

En la última década creció abruptamente la cantidad de niños y adolescentes que usan las redes sociales. Según sondeos, un 29% de los adolescentes ingresa a sus páginas favoritas más de 10 veces diariamente y más de la mitad lo hace más de tres veces. Algunos especialistas advierten que los que sufren depresión podrían buscar consuelo en sitios y bitácoras de contenido peligroso, es decir, que promocionan el abuso droga, prácticas sexuales inseguras y otros tipos de conductas autodestructivas o agresivas.

Miembros de la Academia de Pediatría de Estado Unidos comentaron sobre síntomas de depresión que muestran algunos niños y adolescentes que suelen pasar demasiado tiempo en las redes sociales. Los contactos con sus pares y la manera en cómo estos les tratan son factores cruciales para los adolescentes, no solo en su vida virtual, sino que también en la vida real. Y en este sentido los que tienen un menor número de visitas, contactos, fotografías y "posts" en el muro podrían ser los más vulnerables.

Un grupo de médicos estadounidenses que estudiaron la influencia de las redes sociales en niños y adolescentes, sugiere que ha surgido un nuevo diagnóstico: la "depresión debida a Facebook". Según estos expertos, la participación en sitios de Internet que incluyen participación interactiva puede ayudar a los adolescentes a mejorar sus habilidades de comunicación, nexos sociales y hasta capacidades técnicas, estos medios también conllevan ciertos riesgos para los adolescentes por su insuficiente regulación y exposición a la presión e influencia de parte de otros usuarios.

Como la comunicación en las redes sociales presenta una copia distorsionada de lo que está ocurriendo en la realidad, por la falta de expresiones faciales y de lenguaje corporal, esto puede llevar a que se sientan en un peor aislamiento que los que están sentados solos en cafeterías de la escuela o en otros lugares de encuentros de la vida real, dice el estudio publicado en la revista oficial del grupo Pediatrics.

5.3. Las Relaciones de parejas en Internet.

Hoy día nadie tiene dudas de que cada vez son más las personas que buscan su media naranja a través de las redes de Internet. Cada vez más, tanto hombre como mujeres, en todo el mundo tenemos menos tiempo libre y menos oportunidades para socializar con nuestros semejantes, que el que teníamos veinte años atrás, de forma que de seguir dicha tendencia, el porcentaje de gente que encuentre pareja en la red será cada vez mayor.

Los sitios de citas virtuales aseguran cumplir, cual flecha de cupido, con todos los deseos de los buscadores de amor. Estos sitios cuentan con centenares de individuos potenciales con perfiles para todos los deseos y características de los buscadores. Estos sitios en la web pone en contacto a gente que de otra manera no se hubiera conocido jamás, y eso incrementa las posibilidades de una relación romántica. Actualmente, hombres y mujeres, solteros y casados pasan dos y tres horas al día tratando de formalizar parejas virtuales en las redes. Algunos estudios demuestran que el índice de infidelidad virtual entre personas casadas es de más de un 70% y que va en crecimiento. Hoy día, mientras la otra pareja está en la cama esperando para dormir la otra está en la red social haciendo el "amor virtual" con una/un ciberamante.

Según muchos analistas, estas webs no siguen el método científico porque sus resultados no se pueden replicar de manera independiente, se desconoce en qué consiste el algoritmo y qué estadística utilizan. Pero la realidad es que cada vez nos encontramos con más ejemplos de parejas que deben su situación a uno de estos sitios de citas. Se estima que más de un tercio de los matrimonios de los últimos cinco años se deben a la flecha del cupido virtual.

Existen sitios virtuales que analizan los genes y las moléculas para encontrar almas gemelas. Los executivos de estas páginas plantean que la afinidad de pareja no es una coincidencia, por lo cual ellos ofrecen una vía segura para emparentar hombres y mujeres según sus genes. Ellos aseguran conseguir para cada quien un par compatible genéticamente lo cual garantiza una química perfecta. Otros sitios usan otra tipo de aproximación a través de valorar moléculas, como por ejemplo, las hormonas y neurotransmisores.

Un estudio, publicado en la revista científica Proceedings of the National Academy of Sciences (PNAS), indican que 7.67 por ciento de las parejas que se conocieron en el mundo real –universidad, trabajo y bares, por ejemplo– estaban separadas o divorciadas, frente a 5.96 por ciento de aquellos que se conocieron en el mundo virtual.

Las personas que conocieron a su cónyuge a través de Internet también reportaron mayor satisfacción marital que aquellos que lo hicieron por la vía tradicional. Ambos resultados no sufrieron cambios después de que los investigadores controlaron factores demográficos que pudieron haber incidido en las rupturas amorosas, como ingresos, estatus laboral, número de años de matrimonio, educación y edad, entre otros.

5.4. Los delitos a través de Internet.

Un delito informático es toda aquella acción, típica, antijurídica y culpable que se da por vías informáticas o que tiene como objetivo destruir y dañar computadoras, medios electrónicos y redes de Internet. Debido a que la informática se mueve más rápido que la legislación, existen conductas criminales por vías informáticas que no pueden considerarse como delito, según la "Teoría del delito", por lo cual se definen como abusos informáticos, y parte de la criminalidad informática. (wikipedia.org)

El contenido de una página web o de otro medio de comunicación puede ser obsceno u ofensivo por una gran gama de razones. En ciertos casos dicho contenido puede ser ilegal. Igualmente, no existe una normativa legal universal y la regulación judicial puede variar de nación a nación, aunque existen ciertos elementos comunes. Sin embargo, en muchas ocasiones, los tribunales terminan siendo árbitros cuando algunos grupos se enfrentan a causa de contenidos que en un país no tienen problemas judiciales, pero sí en otros. En otro orden, un contenido puede ser ofensivo u obsceno, pero no necesariamente por ello es ilegal.

La criminalidad informática tiene un alcance mayor y puede incluir delitos tradicionales como el fraude, el robo, el chantaje, la falsificación y la malversación de fondos públicos en los cuales ordenadores y redes han sido utilizados como medio. Con el desarrollo de la programación y de Internet, los delitos informáticos se han vuelto más frecuentes y sofisticados.

Existen actividades delictivas que se realizan por medio de estructuras electrónicas que van ligadas a un sin número de herramientas delictivas que buscan infringir y dañar todo lo que encuentren en el ámbito informático: ingreso ilegal a sistemas, interceptado ilegal de redes, interferencias, daños en la información (borrado, dañado, alteración o supresión de data crédito), mal uso de artefactos, chantajes, fraude electrónico, ataques a sistemas, robo de bancos, ataques realizados por crackers, violación de los derechos de autor, pornografía infantil, pedofilia en Internet, violación de información confidencial y muchos otros.

"Se contactó con la chica por el chat, pero nunca le confesó su edad. Él, de 23 años, dijo que era como ella, de 12. Con el tiempo entró en confianza, la sedujo y le propuso que se encontraran personalmente. La tarde que la pasó a buscar por su escuela, ella se sorprendió: su amigo tenía 10 años más. Pero ya se había ganado su confianza. Conversaron y caminaron unos metros hasta la

plaza Alberdi, en Mataderos. Después de 20 minutos de charla, volvió a sorprenderla: la llevó hasta una zona poco transitada dentro del parque, la violó y se fue. Ella volvió a su casa y trató de disimular la angustia. Unos días después se quebró, le contó a su madre e hicieron la denuncia. Él fue detenido el 30 de julio, después de más de 20 días de búsqueda, mientras chateaba en un locutorio de Morón." (lanacion.com)

Actualmente existen leyes que tienen por objeto la protección integral de los sistemas que utilicen tecnologías de información, así como la prevención y sanción de los delitos cometidos en las variedades existentes contra tales sistemas o cualquiera de sus componentes o los cometidos mediante el uso de dichas tecnologías.

La criminalidad informática incluye una amplia variedad de categorías de crímenes. Generalmente este puede ser dividido en dos grupos:

1. Crímenes que tienen como objetivo redes de computadoras, por ejemplo, con la instalación de códigos, gusanos y archivos maliciosos, Spam, ataque masivos a servidores de Internet y generación de virus.

2. Crímenes realizados por medio de ordenadores y de Internet, por ejemplo, espionaje, fraude y robo, pornografía infantil, pedofilia, etc.

Un ejemplo común es cuando una persona comienza a robar información de websites o causa daños a redes o servidores. Estas actividades pueden ser absolutamente virtuales, porque la información se encuentra en forma digital y el daño aunque real no tiene consecuencias físicas distintas a los daños causados sobre los ordenadores o servidores. En algunos sistemas judiciales la propiedad intangible no puede ser robada y el daño debe ser visible. Un computador puede ser fuente de pruebas y, aunque el computador no haya sido directamente utimarinalizado para cometer el crimen, es un excelente artefacto que guarda los registros, especialmente en su posibilidad de codificar los datos.

Esto ha hecho que los datos codificados de un ordenador o servidor tengan el valor absoluto de prueba ante cualquier corte del mundo.

Los diferentes países suelen tener policía especializada en la investigación de estos complejos delitos que al ser cometidos a través de internet, en un gran porcentaje de casos excede las fronteras de un único país complicando su esclarecimiento viéndose dificultado por la diferente legislación de cada país o simplemente la inexistencia de ésta.

El fraude informático es inducir a otro a hacer o a restringirse en hacer alguna cosa de lo cual el criminal obtendrá un beneficio por lo siguiente:

1. Alterar el ingreso de datos de manera ilegal. Esto requiere que el criminal posea un alto nivel de técnica y por lo mismo es común en empleados de una empresa que conocen bien las redes de información de la misma y pueden ingresar a ella para alterar datos como generar información falsa que los beneficie, crear instrucciones y procesos no autorizados o dañar los sistemas.

2. Alterar, destruir, suprimir o robar datos, un evento que puede ser difícil de detectar.

3. Alterar o borrar archivos.

4. Alterar o dar un mal uso a sistemas o software, alterar o reescribir códigos con propósitos fraudulentos. Estos eventos requieren de un alto nivel de conocimiento.

Otras formas de fraude informático incluye la utilización de sistemas de computadoras para robar bancos, realizar extorsiones o robar información clasificada.

Algunas jurisdicciones limitan ciertos discursos y prohíben explícitamente el racismo, la subversión política, la promoción de la violencia, los sediciosos y el material que incite al odio y al crimen.

5.5. Spam, hostigamiento y acosos en Internet.

El spam, o correo electrónico no solicitado para propósito comercial, es ilegal en diferentes grados. La regulación de la ley en cuanto al Spam en el mundo es relativamente nueva y por lo general impone normas que permiten la legalidad del spam en diferentes niveles. El spam legal debe cumplir estrictamente con ciertos requisitos como permitir que el usuario pueda escoger el no recibir dicho mensaje publicitario o ser retirado de listas de correo electrónico.

Dentro de los delitos informáticos que relacionan al SPAM existen distintos tipos:

* Spam: Se envía a través del correo electrónico.

* Spam: Este es para aplicaciones de Mensajería Instantánea (Messenger, etc).

* Spam SMS: Se envía a dispositivos móviles mediante mensajes de texto o imágenes.

El hostigamiento o acoso es un contenido que se dirige de manera específica a un individuo o grupo con comentarios vejatorios o insultativos a causa de su sexo, raza, religión, nacionalidad, orientación sexual, identidad etnocultural, etc. Esto ocurre por lo general en canales de conversación, grupos o con el envío de correos electrónicos destinados en exclusiva a ofender. Todo comentario que sea denigrante u ofensivo es considerado como hostigamiento o acoso. El acto de destruir los artículos, desaparecer el nombre de un determinado autor, el "delete" de los nombres de las publicaciones de un intelectual, que realizan supuestos guardianes de wikipedia es otra forma de acorralamiento o bullying digital, atentando contra los derechos humanos y la libertad de expresión, mientras no afecten a terceros. Aun el fraude al justificar por un causal no claro, por decir desaparecer una asociación cultural y decir "banda musical promocional".

El narcotráfico se ha beneficiado especialmente de los avances del Internet y a través de éste promocionan y venden drogas ilegales a través de emails codificados y otros instrumentos tecnológicos. Muchos narcotraficantes organizan citas en cafés Internet. Como el Internet facilita la comunicación de manera que la gente no se ve las caras, las mafias han ganado también su espacio en el mismo, haciendo que los posibles clientes se sientan más seguros con este tipo de contacto. Además, el Internet posee toda la información alternativa sobre cada droga, lo que hace que el cliente busque por sí mismo la información antes de cada compra.

Desde comienzo del siglo XXI el terrorismo virtual se ha convertido en uno de los novedosos delitos de los criminales informáticos los cuales deciden atacar masivamente el sistema de ordenadores de una empresa, compañía, centro de estudios, oficinas oficiales, etc. Un ejemplo de ello lo constituye el ataque en contra del sistema de ordenadores de la Universidad de Pennsylvania ejecutado por un hacker de Nueva Zelanda en 2008, quien en compañía de otros hackers, dirigió La difusión de noticias falsas en Internet (por ejemplo decir que va a explotar una bomba en el Metro), es considerado terrorismo informático y es procesable.

Muchas de las personas que cometen los delitos informáticos poseen ciertas características específicas tales como la habilidad para el manejo de los sistemas informáticos o la realización de tareas laborales que le facilitan el acceso a información de carácter sensible.

En algunos casos la motivación del delito informático no es económica sino que se relaciona con el deseo de ejercitar, y a veces hacer conocer a otras personas, los conocimientos o habilidades del delincuente en ese campo.

Muchos de los "delitos informáticos" encuadran dentro del concepto de "delitos de cuello blanco", término introducido por primera vez por el criminólogo estadounidense Edwin Sutherland en 1943. Esta categoría requiere que: (1) el sujeto activo del delito sea una persona de cierto estatus socioeconómico; (2) su comisión no pueda explicarse por falta de medios económicos, carencia de recreación, poca educación, poca inteligencia, ni por inestabilidad emocional.

El sujeto pasivo en el caso de los delitos informáticos puede ser individuos, instituciones crediticias, órganos estatales, etc. que utilicen sistemas automatizados de información, generalmente conectados a otros equipos o sistemas externos. Para la labor de prevención de estos delitos es importante el aporte de los damnificados que puede ayudar en la determinación del modus operandi, esto es de las maniobras usadas por los delincuentes informáticos.

5.6. El "Bullying" en Internet.

Las redes de internet son extensiones de nuestras interacciones en el mundo real y si bien resulta de gran utilidad para determinados pacientes, otros ven como los problemas cotidianos siguen acechándoles en el mundo virtual. Los niños acosados por sus propios compañeros también tienen que sufrir la intransigencia y la violencia más allá de las aulas. Concretamente las redes sociales y el teléfono celular son herramientas frecuentemente utilizadas por los maltratadores.

La falsa creencia de que no existen formas de saber de dónde provienen los acosos le da una errónea sensación de anonimato e impunidad a los agresores del entorno virtual. Esta falsa idea lleva a los individuos acosadores a envalentonarse con la falsa idea de seguridad que les proporciona el mundo virtual. Este comportamiento crea nuevos métodos de maltrato que pueden unirse a los que ya se daban en la escuela. Las formas de este ciberacoso son diversas:

- **Divulgación de imágenes/vídeos no autorizados**: el acosador utiliza servicios de alojamiento o las propias redes sociales para subir fotografías comprometidas (manipuladas o no) que con frecuencia incluyen actos de maltrato a los que previamente ha sometido a la víctima. Estas capturas suelen ser realizadas por terceros cómplices.

- **Altas no deseadas:** un grupo de acosadores da de alta un perfil de la víctima en una determinada página web con la intención de difamarla y ridiculizarla. Es especialmente sangrante cuando se trata de web en las que pude valorarse el aspecto físico de la víctima, en estos casos otros alumnos son partícipes del maltrato emitiendo votos negativos y a través de comentarios hirientes.

- **Usurpación de identidad:** unido al punto anterior, puede darse también una usurpación de identidad de forma que se utilice el perfil falso para provocar e insultar. En este caso el acosador busca enfrentar a la víctima con terceras personas.

- **Difusión de datos privados:** teléfono móvil, correo electrónico, dirección, etc. son datos privados a los que el acosador suele tener acceso y que puede divulgar por la Red e incluso utilizarlos para dar de alta a la víctima en servicios no deseados de forma que esta quede expuesta. En este contexto también se da el envío de SMS y correos electrónicos con amenazas o frases intimidatorias.

- **Rumores dañinos:** el maltratador publica rumores falsos sobre el acosado, más o menos elaborados, con el objetivo de ponerlo en ridículo o enfrentarlo a terceras personas. Habitualmente se busca que otros tomen represalias contra la víctima.

Según el Pediatra Curtido, las consecuencias del ciberbullying son tanto o más importantes que las del maltrato físico que ya conocemos. Algunos estudios reflejan que el 36% de los niños y el 46% de las niñas de 12 años han sufrido ciberbullying y la tendencia a la depresión o la ansiedad en estas víctimas es mayor.

Los casos más trágicos han aparecido desde finales del siglo XX en los Estados Unidos, aunque muchos otros países también están sufriendo este flagelo. La sensación de depresión, la ansiedad ante la idea de acudir a los centros de educación, la vergüenza y la impotencia llevan a que hasta una cuarta parte de los acosados tengan ideas suicidas.

Pero no sólo el acoso directo es peligroso, los niños y las niñas más jóvenes son también los más vulnerables a otro tipo de acoso silencioso: el aislamiento del mundo virtual. Un curioso estudio británico ha sugerido que los niños de ocho-nueve años pueden ser más propensos a ver amenazada su autoestima cuando son excluidos de un grupo virtual. Este ostracismo virtual es quizás la forma más frecuente de bullying en Internet y tiene una potencialidad dañina igual al acoso directo.

En cuanto a los colectivos más vulnerables y que son más frecuentemente acosados, también lo siguen siendo en Internet. Los adolescentes no-heterosexuales (Lesbiana, Gay, Bisexual, Transexual) y sus amistades son víctimas habituales del ciberbullying. Lo más grave es que un estudio llevado a cabo en la Universidad de Iowa ha encontrado que tienen miedo de contárselo a sus padres ya que piensan que no les creerán; además un 55% opina que sus padres no sabrían cómo ayudarles y lo mismo sucede en el caso de la escuela.

Tal y como hemos mencionado, Internet no es el origen de esta lacra, no debemos buscar chivos expiatorios; el ciberbullying viene generalmente acompañado y precedido de un acoso en el ámbito escolar real. Si queremos buscar culpables deberíamos empezar a mirar hacia nosotros mismos, estoy cansado de oír que "los niños de hoy en día lo tienen todo mascado" o que "con Internet estos niños cada vez maduran antes". Lamentablemente, la despreocupación, la ingenuidad de los padres y la falta de conocimientos informáticos de éstos hacen que los adolescentes se enfrenten solos a una realidad abierta y accesible al mundo virtual.

Vistas las respuestas del estudio de Cooper, el temor de los niños a la incomprensión por parte de los padres y la idea de que ni estos ni el colegio pueden hacer nada para arreglar la situación son los mayores problemas. Es esencial identificar a las víctimas y hablar con ellas, hacerles entender que este problema es también un problema que les concierne. En el colegio las discusiones grupales sobre el tema, el debate abierto y establecer unas pautas claras de actuación son de gran ayuda.

En cuanto a los ciberacosadores, no suele ser efectiva su criminalización, el castigo o la humillación ya que finalmente redunda en un espíritu de venganza. Lo realmente esencial es el diálogo y generar un debate que proporcione al acosador los razonamientos necesarios para comprender la crueldad de sus actos. El trabajo más importante que queda por hacer es el de dar a los padres y educadores las herramientas con las que trabajar ya que en muchas ocasiones, aunque se tenga conocimiento de una situación de maltrato no se conocen las pautas que deben seguirse y se toman medidas contraproducentes.

6

Efectos e Influencia del Ojo más Inteligente del Dragón; La Computadora

A lo largo de la historia de la humanidad el hombre ha buscado formas de mejorar su calidad de vida social y laboral, unas veces inventando y otras innovando los equipos que ha desarrollado gracias a la ciencia. Esto le ha permitido lograr el desarrollo de grandes inventos científicos como la calculadora, el fax, la fotocopiadora, la televisión, la radio, el teléfono, la computadora y el Internet, estos grandes avances han llevado al mundo a tener un enorme desarrollo social. En este extraordinario desarrollado social de la humanidad la computadora han jugado un papel protagónico estelar, lo cual la ha convertido en parte esencial de la vida cotidiana.

Las computadoras son máquinas que nos permiten realizar muchas tareas diferentes, por esta razón han influido en muchos aspectos de nuestras vidas. Gracias a las computadoras se han logrado continuos avances en múltiples ramas de la ciencia como la robótica, la cibernética y la inteligencia artificial que han permitido hacer realidad muchos proyectos que hace años solo estaban en las fantasías de libros y películas.

Son muchos los ámbitos de la humanidad que se han visto influenciados por esta concentración tecnológica, entre ellos

podemos citar el manejo de la información y la comunicación.
A través de una computadora u otro equipo con acceso a
Internet, es fácil ingresar a determinadas páginas las cuales
conducen a la información requerida por el usuario, y en cuanto
a la comunicación, en cierta medida, ayuda a acortar distancia y
economizar dinero ya que los costos bajan considerablemente.
Antes de las computadoras y el Internet, los medios de
comunicación de masas eran territoriales; los canales de televisión,
las emisoras de radio, y los periódicos, abarcaban solo una ciudad
o un pequeño pueblo, pero con la ayuda de los sistemas de redes,
estos medios se han convertido en globales o mundiales. Por
ejemplo, un periódico local de una pequeña ciudad como Sabana
Grande de Boyá, puede ser leído en cualquier ciudad del mundo
gracias a la magia de los Ojos Manipuladores del Dragón, pero aún
más los lectores pueden interactuar entre sí y con los editores en
cualquier momento que lo deseen.

Desde sus inicios, las sociedades han tenido especialistas en el
manejo de la información de los diferentes campos del saber. Pero
en la actualidad existen dos tendencias principales en este aspecto,
una social y otra tecnológica, que están relacionadas y apoyadas
al mismo tiempo en el diagnóstico de una revolución social que se
está produciendo gracias al desarrollo del procesamiento de datos e
informaciones, a niveles nunca antes imaginados. Esta revolución
tecnológica ha cambiado fundamentalmente el uso y manejo de la
información producida en todos los campos de actividad humana.
El procesamiento de la información se ha vuelto cada vez más
visible e importante en la vida económica, social y política de todas
las naciones del mundo contemporáneo, por lo cual los sectores
de poder la utilizan para manipular cada aspecto de la vida en
sociedad de una manera sutil y elegante.

La más fehaciente prueba del avance evolutivo del procesamiento
de datos y el manejo de la información está presente y palpable en
el crecimiento del mercado de las computadoras y otros equipos
modernos de manejo de información, así como en el crecimiento
estadístico de las ocupaciones especializadas en actividades de
informática, técnicas de computadoras y manejo de redes. Las
ocupaciones relacionadas con el mundo de las computadoras

componen hoy la mayor cuota de empleo en muchas sociedades industrializadas. La categoría más extensa es la de los procesadores de información, seguida por la de productores de información, distribuidores y trabajadores de infraestructura (o hardware, en inglés).

El avance de las tecnologías basadas en el micro procesamiento de la información, junto con otros avances tecnológicos como la fibra óptica, los discos ópticos, las pantallas táctiles, etc., permiten enormes aumentos de potencia y manejos de las computadoras con una reducción de costos en todas las etapas de la producción y el procesamiento de información. Los aspectos de procesado de información de todos los trabajos cambian a través de la tecnología informática (o IT, por sus siglas en ingles), por lo que la revolución tecnológica no se limita solamente a las ocupaciones relacionadas con la información, sino también a todos los demás campos del saber del mundo moderno.

La computadora y los medios de comunicación de masas eran en el pasado sectores bastante diferenciados, que implicaban tecnologías distintas. Pero en la actualidad, estos sectores han convergido alrededor de una misma actividad en el ciberespacio. Los actuales dispositivos informáticos y de telecomunicaciones manejan datos en forma digital empleando la misma tecnología de micro procesamiento digital de las computadoras y todos los medios de comunicación están siendo diseñados con microprocesadores o minicomputadoras integradas. Esto permite que los diferentes medios de comunicación de masas puedan compartir las mismas plataformas, procesando e interactuando entre sí y sus usuarios, facilitando el uso de una amplia gama de actividades que antes eran exclusivas de las computadoras, como la conexión a Internet. La adaptación de los individuos a estas nuevas tecnologías han sido mucho más rápidos que la de cualquier otra tecnología. En apenas tres décadas el microprocesador se ha convertido en el elemento central y común en todos los ámbitos económicos, políticos, sociales, científicos y tecnológicos, así como en cada hogar, lugar de diversión y centro de trabajo, a través del empleo de las diferentes pantallas que constituyen los Ojos Manipuladores del Dragón.

Ahora bien, el microprocesador ha traspasado los terrenos de las computadoras y los medios de comunicación de masas, penetrando en todos los demás dispositivos tecnológicos modernos, tales como; equipos científicos, exploración espacial, equipos médicos, equipos del hogar, equipos de oficinas, equipos industriales, equipos de entretenimiento, teléfonos, imprentas, automóviles, aeronavegación, náutica, etc. Las diferentes instituciones sociales se han adaptado, de una manera extraordinaria, al uso de los sistemas de computadoras.

La tecnología computacional se ha introducido en los sistemas de producción, distribución y comercialización, modificando en la mayoría de los casos el ambiente laboral y eliminando una gran cantidad de mano de obra. Por ejemplo, la oficina tradicional, con una gran cantidad de secretarias que trabajaban haciendo cartas con notas escritas sobre papel e intercambiando documentos manualmente, se han sustituido o reducido sorprendentemente por el uso de sistemas computarizados, más rápido y que permiten el almacenamiento, producción y distribución en serie de dichos documentos. De hecho, la mayoría de aspectos de la vida en sociedad han cambiado drásticamente después de la inversión del microprocesador.

La computadora forma parte importante de la sociedad moderna, con todas las ventajas y desventajas que ella representa al permitirnos conocer más allá de lo que vemos al relacionarnos con el medio ambiente en que vivimos impulsándonos a tomar decisiones rápida y acertadamente en los diferentes quehaceres de los seres humanos.

- En el área de la medicina las computadoras han sido partes necesarias para los grandes avances en los diagnósticos de enfermedades, el monitoreo de pacientes internos y durante cirugía, el control permanente de prótesis, y muchas otras especialidades. También con ellas los doctores han encontrado la manera de poder estudiar con detenimiento las partes esenciales del ser humano con detalle, logrando conocer más acerca del funcionamiento de los diferentes órganos del cuerpo humano y del proceso de desarrollo de las enfermedades. Las computadoras han ayudado en el conocimiento del genoma humano y están ayudando en la creación de vida por métodos no tradicionales. Algunas aplicaciones médicas interesantes usan pequeñas computadoras de propósito que operan dentro del cuerpo humano para ayudarles a funcionar mejor. Como ejemplo se puede mencionar el implante de cóclea, el implante de un aparato especial para el oído que permite escuchar a personas con marcada deficiencia auditiva, entre otros. El uso excesivo ha traído como consecuencia una nueva condición de la salud llamado el Síndrome de la Visión de Computadora (CVS). La mayor parte de los estudios indican que los operadores de computadoras que utilizan los operadores reportan más problemas de visión que aquellos que no los utilizan con frecuencia.

- En los hospitales las computadoras se emplea para entrenar médicos residentes y en la automatización de técnicas para crear imágenes, las cuales producen imágenes completamente dimensiónales con mucho mayor detalle y menor riesgo que las comunes de rayos x. Técnicas más recientes incluye la creación de imágenes de resonancia magnética (MRI), y la tomografía con emisiones de positrones (Pet) usando estas técnicas, los médicos pueden ver la parte interna del cuerpo y estudiar cada órgano con detalle.

- En el campo de la educación las computadoras han influido en el aprendizaje, ya que los maestros las usan como elementos primordiales para hacer las clases más dinámicas, ayudando a los estudiantes a aprender más rápido, permitiéndole también repasar y poder entender algo que ya había sido impartido lo cual enriquece el conocimiento de temas complejos. La computadora ha llegado al punto de casi sustituir al profesor. El tema de la posible sustitución del docente por la computadora ha sido objeto de discusiones durante años y ha suscitado reacciones emocionales de gran intensidad. La mayoría de los maestros o profesores en el ámbito educativo han esgrimido toda clase de razonamientos para defender su papel como educador al participar en esta gran polémica.

Sin embargo, el tema así expuesto está correctamente planteado. En primer lugar, cabe diferenciar las tareas puramente instructivas de las formativas y educativas. En tareas puramente instructivas, la computadora tiene y tendrá un papel importante. Para estudiar se precisan materiales, no sólo personas que ayuden, orienten o transmitan información. Los programas de computación cada vez resultan más interesantes en este terreno. El uso de redes de computación, por ejemplo, facilita la enseñanza no presencial, pero hablar de la sustitución de los profesores por las computadoras o las redes de comunicación supondría un cambio organizativo o estructural que desembocaría en la desaparición de la escuela, situación está que no ocurrirá.

La desaparición de una institución que en este momento cumple una función no solo instructiva, sino también formativa, parece difícil por el simple hecho de que existan programas educativos de computación. Por este motivo, aunque la reacción de desconfianza de los profesores frente a las máquinas sea comprensible, debe ser relativizada, es decir, si bien la computadora puede sustituir la figura del profesor cuando se trata de que el alumno desarrolle tareas puramente instructivas, esta suplantación no es posible en lo que respecta a la función formativa, de mediación, que solamente puede llevar a cabo el maestro o profesor, siendo su presencia en este caso imprescindible, además de tener en cuenta que todo proceso de enseñanza – aprendizaje constituye un proceso dirigido. Las Instituciones educativas están particularmente integradas en las computadoras como una herramienta interactiva para el aprendizaje. Los programas de educación asistida por computadora (CAE), pueden solicitar retroalimentación del usuario y responder de manera apropiada. En forma similar, programas interactivos de aprendizaje pueden enseñar, y hacer pruebas de comprensión y repaso basados en lo aprendido por el estudiante.

La educación on line y la auto educación han sido desarrolladas gracias a la tecnología de las computadoras. Estos criterios no contraponen el uso de las computadoras a la enseñanza personalizada y cooperativa, a la socialización. A pesar del hecho de que utilizar computadoras implica, según la perspectiva humanista, un aislamiento, falta de solidaridad, falta de emotividad y, en definitiva, parece que con su utilización las personas entran en un proceso de deshumanización, el desarrollo de las computadoras ha hecho del mundo un lugar más cómodo de vivir. Actualmente cualquier trabajador común disfruta mejor vida que cualquier emperador o rey de la antigüedad, y todo gracias a los avances de la tecnología digital.

- En los campos científicos se utilizan potentes computadoras para generar estudios detallados de la forma en que se producen los sismos y huracanes, cómo construir edificios seguros, cómo contrarrestar la contaminación, sobre la exploración espacial, etc. Los científicos utilizan las computadoras para desarrollar teorías, recolectar y probar datos y para intercambiar electrónicamente información con otros colegas alrededor del mundo.

- En el campo industrial las computadoras han influido en el diseño y la elaboración de productos en series a bajos costos, así como en la administración eficiente. En apenas tres décadas, las computadoras han cambiado drásticamente las prácticas de negocios en todo el mundo se utilizan computadoras en todas las áreas desarrollo, diseño, producción, elaboración o manufactura, empaque y embalaje, almacenaje, distribución, ventas, promoción, publicidad, servicio al cliente, etc. Existen aplicaciones para manejo de transacciones: Se refiere al registro de un evento al que el negocio debe de responder. Los sistemas de información dan seguimiento a estos eventos y forman la base de las actividades de procesamiento de la empresa.

- En los campos de Ingeniería y arquitectura. Se diseñan objetos en una computadora, se crea un modelo electrónico mediante la descripción de las 3 dimensiones del objeto. En papel se tendría que producir dibujos diferentes para cada perspectiva, y para modificar el diseño habría que volver a dibujar cada perspectiva afectada. La manera de diseñar objetos con una computadora se llama diseño asistido por computadora (CAD).

- En el área de Manufacturas. Además del diseño de productos, las computadoras están jugando un papel más importante cada día en la manufactura de dichos productos. La fabricación con sistemas computarizados y robots sé nombra manufactura asistida por computadora (CAM). De modo más reciente, la manufactura con integración de computadoras (CIM) ha dado a las computadoras un papel adicional en el diseño del producto, el pedido de partes y la planeación de la producción de tal manera que las computadoras pueden coordinar el proceso completo de manufactura, sin necesidad de intervención humana.

- Las computadoras han cambiado drásticamente las prácticas de comercialización del mundo moderno. Son tres las áreas principales de desarrollo de aplicaciones: a) Manejo de transacciones; son utilizadas para registrar eventos a los que el negocio debe de responder. Los sistemas de información dan seguimiento a estos eventos y forman la base de las actividades de procesamiento de la empresa. Estos sistemas pueden operar en cualquier combinación de mainframes, minis y micros y son utilizados por muchos individuos dentro de la empresa. b) Productividad personal; estos se enfocan a mejorar la productividad de las personas en el área empresarial. Automatizan las tareas que consumen mucho tiempo y hacen que la información tenga una mayor disponibilidad, haciendo que las personas tengan una mayor eficacia. Las aplicaciones de productividad personal incluyen procesadores de palabra que permiten capturar, editar e imprimir texto en una gran variedad de formatos y estilos;

hojas electrónicas de cálculo que realizan cómputos sobre hileras y columnas de números, y bases de datos que pueden guardar y administrar datos, números e imágenes.

c) Computación en grupo de trabajo; esta es un área de aplicaciones de negocios que combina elementos de productividad personal con aplicaciones de transacciones, para crear programas que permitan a grupos de usuarios trabajar con una meta común. La computación en grupos de trabajo frecuentemente está orientada a documentos. Las tareas de los miembros tienen que ser sincronizadas y coordinadas. Todos consultan y actualizan el proyecto en la computadora. Cada cual trabaja en su parte, pero se coordinan, reportando el avance y compartiendo la información.

- En el campo de la Astronomía se emplean las computadoras para almacenar imágenes solares, estelares radiaciones, imágenes de nacimiento y explosión de estrellas, etc. De tal manera que estos datos quedan archivados y así se facilitan el estudio y posteriormente tanto estadísticos como técnico de las imágenes obtenidas.

- En el área de las comunicaciones las computadoras han influido de manera extraordinaria al punto que hoy en día son el principal centro de entretenimiento y búsqueda de información de niños, jóvenes y adultos en todo el mundo. La tecnología de las comunicaciones avanza a la misma velocidad que la computación. Por ejemplo el internetworking es el campo dentro de las redes de datos, que se encarga de integrar o comunicar una red de área local con otras globales. Una red puede estar compuesta de elementos simples incluso de redes más pequeñas, pero surge la necesidad de conectar redes entre sí para conseguir una mayor capacidad de transferencia, acceso de datos, servicios de otras redes etc.

A decir verdad, la computadora es una herramienta bastante eficiente y necesaria, el problema radica en el mal uso o el uso exagerado que se hace de este aparato, pues aunque sean un gran instrumento de trabajo y ayude a simplificar la vida de las personas, también se está convirtiendo en la principal causa de enfermedades psicológicas, ya que una persona prefiere pasar horas y horas detrás de una pantalla de computador antes que hacer ejercicio, o por estar inmersos en la computadora descuidan sus horarios de comida, además ni que decir de las malas posturas que se adoptan al hacer uso de la computadora, pues se pasa mucho tiempo sentado en mala posición, lo que perjudica altamente la salud del individuo. Otras enfermedades que han incrementado por el uso de la computadora son las de los ojos, ya que la exposición durante largo tiempo a la pantalla produce daños en la visión del usuario. Para lo cual los especialistas recomiendan evitar mirar fijamente la pantalla por periodos prolongados, parpadear frecuentemente, cambiar la dirección de la vista periódicamente, colocar su monitor a 75 cm. de distancia de los ojos, evitar que alguna luz se refleje en la pantalla, utilizar un monitor de pantalla liquida.

El padecimiento causado por el uso continuo del computador con el cuerpo en una postura inadecuada, y forzándolo a trabajar de una forma para la cual no fue diseñado, se llaman "lesiones por esfuerzos repetitivos", las cuales empezaron a aparecer entre personas que pasaban el mayor tiempo tecleando datos en las computadoras. Entre estas lesiones están una lesión de muñecas causada por teclear durante periodos prolongados. El síndrome carpiano, es una deformación debido a que el usuario ha pasado el mayor tiempo con los dedos rígidos o tensos y como consecuencia puede apretar los nervios que pasan a través del túnel, causando entumecimientos, dolor o incapacidad para usar las manos.

Sin embargo, la sociedad no ha tomado conciencia del efecto que estos daños pueden causar a largo plazo y las autoridades continúan haciéndose de la vista gorda e ignorando todos los perjuicios que el uso exagerado e inadecuado de la computadora puede traer en un futuro no muy lejano. Vale la pena que nosotros de manera individual hagamos conciencia de la importancia del uso de las computadoras en la vida cotidiana, pero a la vez también es bueno detenerse a pensar que no nos podemos convertir en dependientes de estas máquinas, de lo contrario serán ellas quienes terminaran manejando el mundo. Es preciso que se utilicen y que se traten como una herramienta de trabajo, pero no como parte indispensable de la vida del ser humano y mucho menos es bueno relegar el trabajo humano por el de una computadora, de lo contrario los índices de desempleo y vandalismo continuaran en aumento día tras día.

En la actualidad los seres humanos estamos corriendo el riesgo de la posibilidad de que se caigan algunos sistemas importantes de computadoras, con lo cual el mundo que conocemos se detendría de repente, el planeta entero estaría en confusión absoluta. Muchas ciudades quedaría a oscuras, sin agua potable, millones y millones de toneladas de alimentos se perderían, muchos aeropuertos quedarían fuera de servicio, nadie podría contactar a otro por el Internet, juegos en línea serían aplastados, muchas televisoras y emisoras serían apagadas, y los teléfonos celulares dejarían de trabajar. Y todos estos problemas provocarían una serie incalculable de nuevos problemas, que de no corregirse a tiempo darían al traste con la civilización humana.

La computadora, gracias al Internet, refleja a través de la televisión, los videojuegos, las tabletas, los celulares e incluso del cine. Cada programa de televisión, cada película, cada videojuego, cada comunicación con un aparato electrónico, y cada cosa que tenemos es prácticamente tocado por una computadora de una manera u otra. En pocas palabras, las computadoras son ahora nuestro mundo, y esto no importa si nosotros lo queremos así o no. Ellas han tomado completamente nuestra sociedad, y nosotros no podríamos deshacernos de ellas sin que tuviéramos un problema. Con el tiempo estos equipos seguirán haciéndose mucho más portátiles de los que ya son, hasta integrarse en nuestros propios cuerpos, interconectados a nuestros cerebros, haciéndose dueños de nuestras propias vidas.

Pero las computadoras así como han ayudado al desarrollo social también han ayudado a auspiciar el crimen. Los depredadores sexuales anda navegando en el ciberespacio disfrazados como cualquier internauta común y corriente tratando se seducir a niños y adolescentes. El crimen organizado ha estado utilizando cada vez más las computadoras para agilizar y mejorar sus actividades criminales, los criminales han empezado a utilizar computadoras para tener acceso a los sistemas de cómputo de las grandes compañías. Cada día, muchas personas están siendo extorsionadas con la amenaza de subir fotos comprometedoras a las redes sociales.

Los delitos relacionados con computadoras son múltiples y en crecimiento, pero pueden controlarse usando medios de seguridad. Sin embargo, esto implica nuevas especialidades técnicas criminales y a menudo solo pueden detectarse y prevenirse teniendo una buena compresión técnica acerca de un sistema de computación.

Los motivos de los delitos por computadora normalmente son: Beneficio personal, Beneficio para la organización, Síndrome de Robín Hood (por beneficiar a otras personas), usando a jugar, Fácil de detectar, desfalcar, El departamento es deshonesto, Odio a la organización (revancha), El individuo tiene problemas financieros, La computadora no tiene sentimientos ni delata, Equivocación de ego (deseo de sobresalir en alguna forma), Mentalidad turbada, Se considera que hay cuatro factores que han permitido el incremento en los crímenes por computadora, Están son: El aumento de números de personas que se encuentran estudiando computación. El aumento de números de empleados que tienen acceso a los equipos. La facilidad en el uso de los equipos de cómputo. El incremento en la concentración del número de aplicaciones y de la informática.

Como podemos ver, la computadora ha ayudado tanto al desarrollo económico, educativo, empresarial y social, así como también, la sociedad sale beneficiada, nos encontramos con las personas que se aprovechan de estas mejorías con la tecnología y la usan para infringir con la ley o tomar ventaja de ello, sin embargo, todo depende del uso que se le da a este medio.

Actualmente, la sociedad se encuentra vinculada muy estrechamente con el uso de la computadora, ya sea para hacer el bien o para hacer el mal, no se puede negar que este aparato ha llegado a hogares y oficinas y se ha posicionado de manera arbitraria en la vida de cada uno de nosotros. La tecnología es el resultado del intento del hombre de hacerse semejante a Dios; creando vida o algo parecido a ella. La tecnología representa la búsqueda del "ORIGEN DEL HOMBRE Y SU DESTINO". La tecnología de la información ha mejorado nuestro estilo de vida, pero debemos reconocer que la sociedad ha establecido un verdadero compromiso con las computadoras. La tecnología ha penetrado en nuestras ciudades, casas y lugares de trabajo sin ninguna intención de salir. El hombre, a través de la tecnología, está tratando de crear máquinas pensantes que sean capaces de: procesar un lenguaje natural, establecer una comunicación satisfactoria con los humanos, tener sensaciones y estímulos. La tendencia apunta a la integración del hombre con las maquinas en una sola inteligencia central.

7

Efectos e Influencia del Ojo más Popular del Dragón; el Celular Inteligente

Durante los primeros años del siglo XXI, los usuarios han transformado los usos de la comunicación inalámbrica a medida que las redes de comunicación se han difundido a nivel global. Inicialmente diseñados como aparatos de comunicación profesional dirigidos a un mercado de elite, los dispositivos móviles se han convertido en productos de consumo de masas, instalándose en las prácticas de comunicación de cientos de millones de personas en todo el mundo. Han pasado de ser una tecnología avanzada reservada a los países desarrollados, a convertirse en la tecnología ideal para que los países más pobres reduzcan la brecha de la conectividad. Han pasado de ser un sustituto móvil para la comunicación de voz a evolucionar hasta convertirse en un sistema de comunicación multimodal, multimedia y portátil que está absorbiendo paulatinamente las funciones del teléfono fijo y de muchos otros aparatos tecnológicos.

Hemos visto cómo a lo largo de la historia ha existido la necesidad en los seres humanos de estar comunicados con sus semejantes. En la actualidad ha aumentado en gran escala las posibilidades de comunicación sin importar la distancia, y uno de los medios más populares y con más difusión en el mundo, es el teléfono móvil o celular. Esta nueva tecnología ha sido tan influyente que hoy día, para muchos, es una prioridad y sería impensable la vida sin él.

En la última década, este diminuto aparato digital ha evolucionado gracias a los avances tecnológicos, por lo que a la hora de elegir un teléfono celular los hay de muchas formas y tamaños, de distintos colores, estilos, funciones y accesorios, pero lo que más valoran los usuarios son las aplicaciones de videojuegos, el acceso a internet y el envío de mensajes de texto, ya que no se trata solo de comunicación oral, sino también de comunicación escrita.

Por lo general, las personas obtienen el teléfono celular por las funciones adicionales que éste ofrece. Estas funciones y aplicaciones son las que hacen que este aparato digital reciba el nombre de "Celular Inteligente" o Smartphone por su nombre en inglés. Sin embargo, la mayoría de los usuarios no conocen en su totalidad todas las aplicaciones de su equipo y lo que utilizan con más frecuencia son aquellas opciones que funcionan como distracción o entretenimiento.

En sus inicios el celular inteligente era una herramienta cuyo objetivo principal era la comunicación personal, pero con la integración de los diferentes avances tecnológicos del microprocesador, del internet y de las pantallas táctiles, se han desarrollado diferentes modelos de celulares inteligentes con múltiples funciones que han hecho de este pequeño instrumento el medio de comunicación de masas más popular y de mayor crecimiento en la sociedad.

Actualmente debido al avance tecnológico del celular inteligente también se ofrece la posibilidad de conectarse a Internet, sacar fotos y videos, enviarlos a otros usuarios, jugar con otras personas en red, ver películas y televisión, entre muchas otras posibilidades que imitan el uso común de la computadora y el televisor. Y es que el celular inteligente ha integrado en su pequeño "ser" las funciones del cine -películas-, televisión, radio, minicomputadora, videojuegos, tableta electrónica, GPS, cámara fotográfica y videos, MP3, comunicación escrita, teléfono, acceso al internet y muchas otras aplicaciones. Las posibilidades que brindan los celulares inteligentes son infinitas.

El celular inteligente ayuda a acortar distancias, ya que con él podemos comunicarnos rápidamente con la persona o lugar que necesitemos, sin importar lo lejos que se encuentre. Y esto es posible gracias a que este dispositivo es totalmente portátil. Por otro lado podemos marcar como un aspecto positivo el tema de que no solo es posible la comunicación a través de la voz sino también mediante la escritura, a través de los mensajes de textos por las diferentes herramientas, aplicaciones o bloques sociales.

El celular inteligente se ha convertido en un símbolo de estatus social, en donde todo lo que el sujeto es, lo hace gracias a poseer el "último" modelo en salir al mercado. Por lo que las publicidades de los diferentes fabricantes son destinadas a individuos entre 5 y 59 años, ya que éstas son las edades de mayores usos y donde es más fácil de persuadir con publicidades que apuntan a usos y características de los celulares. Sin duda los más jóvenes son el mercado natural, que va en aumento, y al mismo tiempo deja en evidencia la cantidad de jóvenes que no saben escribir correctamente aun en su idioma principal, y otros que aun sabiendo cometen faltas de ortografía debido a que la limitación 160 caracteres permitidas en un mensaje los obliga a escribir en forma de "palabras cortadas" en los mensajes de texto.

Sin embargo, las limitaciones de la cantidad de caracteres máximas en un mensaje del correo electrónico en el celular inteligente, no nos debe hacer descuidar la forma en la que nos comunicamos con nuestro entorno. Siempre debemos tener presente que en cualquier acción de comunicación que iniciamos, estamos transmitiendo qué, cómo y quiénes somos, por tanto, nuestra personalidad y la imagen que deseamos que los demás tengan de nosotros o de nuestra empresa debe ser tomada en cuenta a la hora de escribir nuestras ideas evitando el uso de las palabras cortadas que no tienen ningún significado y en tal caso usar únicamente las abreviaturas correctas del lenguaje en cuestión.

La existencia de los celulares inteligentes influye mucho en la gente, la hace un poco dependiente y más tranquila ya que al creer que por que poseen tanta tecnología en sus manos y poder hacer muchas cosas con tan solo presionar algún botón, no es necesario estar tan pendientes personalmente de sus asuntos y lo dejan en manos de éste.

El incremento del uso del celular inteligente ha influido en que cada vez más estudiantes de niveles básicos, medios y superiores hayan dejado de leer libros y realizar otras actividades físicas. Los chats, los mensajes de textos y los correos electrónicos son más del noventa por ciento del total de producciones escritas de los adolescentes y los mensajes de texto, en particular, han dado lugar a frases más sencillas con errores ortográficos, ausencia de puntuación y un vocabulario más simple, donde se quitan preposiciones y artículos y se acortan los vocablos, ausencia de mayúsculas y signos de interrogación y hasta algunas consonantes se cambian por otras lo que permite emplear menos letras en los mensajes, aunque el lenguaje pierda expresividad literaria.

El uso extendido de celulares inteligentes en las aulas se está convirtiendo en un problema creciente para el desarrollo normal de las actividades educativas, por lo cual los profesores prohíben su uso mientras se está dentro del salón de clases, con el objetivo de garantizar el debido respeto y la concentración que demanda el proceso pedagógico. No se cuestiona que los estudiantes concurran a las escuelas con teléfonos celulares, pero sí que los mantengan encendidos durante las horas de clases, porque si bien se considera muy importante asociar los adelantos tecnológicos con la educación formal, limitar el uso de celulares durante las horas de clases ayuda a promover el respeto y la concentración que se necesita en el proceso de aprendizaje.

El celular inteligente es el aparato que está inspirando el mayor y más rápido proceso evolutivo tecnológico de todos los tiempos, su gran versatilidad y su pequeño tamaño, están permitiendo que las personas puedan llevar en un bolsillo todos los avances tecnológicos de la actualidad. A pesar de no ser la herramienta más económica, el celular inteligente, se ha convertido en parte fundamental del día a día de todos los individuos que conforman la sociedad moderna. Y es la herramienta que está aglutinando en sus senos todo el poder y el hechizo de los Ojos Manipuladores del Dragón.

Aunque no haya sido desarrollado para esos fines, el celular inteligente, también es un medio que difunde material obsceno e inadecuado, y se presta para promover ciertas conductas antisociales como la infidelidad, la lujuria, la ira, la violencia y una infinidad de sentimientos destructivos del ser humano. También se han dado casos en que los individuos que se inclinan por este tipo de comunicación, pierden facultades para comunicarse de manera personal, y se conducen a un aislamiento donde sólo es posible contactarlos a través del teléfono.

Es imposible negar las grandes ventajas que el celular inteligente ofrece pero el gran problema es que esta tecnología se está convirtiendo en una extensión del cuerpo humano. Más que una dependencia, éste se ha convertido en un nuevo estilo de vida que está obligando a la sociedad a evolucionar junto con él. En definitiva, en la actualidad el uso del celular inteligente es primordial para adaptarse al ritmo de vida de la sociedad moderna. Estos diminutos dispositivos digitales permiten el acceso a páginas de internet y otros contenidos informativos así como transmisión rápida de contenidos entre celulares. Lo cual puede representar un nuevo desafío para el sistema educativo en lo que respecta a adecuar los programas pedagógicos a la implementación de aplicaciones del celular inteligente, hecho que podría aprovecharse para motivar el regreso del "alma" de los niños, niñas y adolescentes al aula de clases.

La facilidad de interconexión del celular inteligente y demás dispositivos digitales capaces de recolectar y archivar información, a través de la red de Internet, resulta una vía factible para la implementación de una forma de evolución del sistema educativo. De forma que en lugar de tomarse acciones relacionadas con la restricción del uso del celular en las escuelas, sería más apropiado dar un paso hacia adelante y colocarnos al nivel de la innovación tecnología ayudando a niño, niña y adolescente en la utilización de estos dispositivos para que los mismos faciliten y contribuyan a su mejor desempeño escolar.

El desarrollo de una comunicación efectiva es la base de toda buena relación. El mensaje, sea verbal o escrito, no es un elemento aislado sino un conjunto de circunstancias con un contexto social y cultural, y una forma específica de transmisión; como dijo el filósofo español José Ortega y Gasset: "yo soy yo y mi circunstancia y si no la salvo a ella, no me salvo yo"; si no nos preocupamos por hacer de la tecnología de la comunicación moderna una circunstancia, y a su vez incorporarla a nosotros de la mejor manera posible, ella se apoderará de nosotros y no nosotros de ella.

Está demostrado que ningún movimiento de protesta, oposición o rechazo a los avances tecnológica ha tenido resultados exitosos. Debido a esta experiencia la sociedad debe hacer consciencia y asumir la responsabilidad sobre la evolución tecnológica del celular inteligente, ofreciendo, en primer lugar, orientación sobre el correcto uso de la misma, y una adaptación que contribuya a implementar adecuadamente nuevos modelos educativos a todos los niveles.

Pero las múltiples bondades del celular inteligente son precisamente la que lo convierten en el Ojo manipulador más popular del Dragón, ya que si bien podemos considerarlo como una herramienta tenemos que tener presente que su uso representa pros y contras, los cuales dependen pura y exclusivamente de nosotros. El tener tantas opciones de comunicación y entretenimiento en un dispositivo portátil, hace que aumenten los niveles de abstracción de la sociedad de los usuarios.

Otros elementos de capital importancia del Ojo más pequeño del Dragón son la difusión de fotografías y videos pornográficos, tomados por muchos jóvenes a través de los mismos, y subidos a la red con la finalidad de hacer daños a otra persona, casi siempre expareja sentimental. Esto ha originado grandes polémicas sociales que ha obligado a las autoridades competentes a tomar cartas en el asunto castigando a los individuos que se dedican a esta práctica que afecta a niños, niñas y adolescentes de todos los extractos sociales.

Los efectos negativos del pequeño Ojo del Dragón no solo se limitan el gran poder de manipulación que éste ejerce sobre sus usuarios, sino que además de esto, el diminuto aparato produce más daños físicos que sus hermanos mayores. Los usuarios adictos al celular inteligente se quejan de diferentes pero persistente dolores de cabeza, de la nuca, del dedo pulgar, etc., y todo debido a que pasan demasiadas horas escribiendo mensajes en su móvil o pendiente de la diminuta pantalla. Tanto en los Estados Unidos como en Europa y Asia los médicos han alertado que las lesiones causadas por el uso de celulares y otros aparatos electrónicos están aumentando con rapidez, principalmente porque los sostenemos y los utilizamos mal y por periodos de tiempo demasiados extensos.

El doctor Steven Conway, portavoz de la Asociación Americana de Fisioterapia (ACA, por sus siglas en inglés), señaló: "Apreciamos un incremento dramático en el número de personas que vienen a la consulta con estos problemas". Agregando, "generalmente, los síntomas son dolores en el cuello y, a veces, en el dedo pulgar, producidos por sobrecargas musculares tras muchas horas de uso del celular... La gente pasa muchas horas mirando una pequeña pantalla o enviando mensajes de texto como locos; se concentran en un área muy pequeña y en dónde ponen el dedo, y sostienen el aparato demasiado bajo. Al final se genera tensión en el brazo y en el cuello", concluyó diciendo.

Dado que los celulares pueden llegar a ser adictivos fácilmente, muchos sicólogos consideran éstos una enfermedad más que un fenómeno social, y puede traer consecuencias en el ambiente familiar, porque crea un distanciamiento de las personas queridas en el hogar cuando la persona dedica la mayoría del tiempo a enviar mensajes, jugar, escuchar música, hablar con amigos, entre otras cosas. Muchos expertos coinciden con estas opiniones y agregan que creen que los daños podrían ser aún más frecuentes en el futuro, cuando una nueva generación de adictos al celular y a otros aparatos electrónicos alcance la edad adulta.

Otro aspecto negativo en cuanto al uso del celular es que los usuarios tienen permanentemente el teléfono disponible y cualquiera que sea la actividad que estén desempeñando; trabajo, estudio o social, están siempre pendientes al funcionamiento del celular. Con lo cual el celular interfiera en la vida cotidiana y en las relaciones interpersonales del individuo. Algunos estudios han demostrado que esta situación incrementa la presión sanguínea del individuo lo cual provoca frecuentes dolores de cabeza sin aparente razón alguna.

El uso del celular también puede provocar problemas para la Seguridad Personal y la Intimidad. Aparecen multitud de problemas derivados del uso irracional del celular inteligente. Uno de ellos es el problema de la seguridad personal. Por un lado existen problemas de seguridad de tránsito, tanto para conductores como para peatones, aumento de riesgo de accidentes, aumento de robos y hurtos en los cuales incluso puede peligrar la vida, y por otro lado la intimidad personal queda desprotegida, cualquiera puede oír nuestra conversación telefónica, desde un simple usuario hasta las agencias de investigación nacional, hacernos una foto, o grabar nuestra imagen o nuestra voz para usos morboso o de otra índole.

Además de los insultos en el recreo, el castigo, las amenazas y los maltratos físicos, los acosadores de hoy utilizan deliberadamente las tecnologías de la información y la comunicación (TICs), -en especial Internet y el móvil- para angustiar y herir a otros niños y jóvenes. Hay que tener presente, no obstante, que con el móvil e Internet se da también el acoso involuntario, ya que se puede ofender o dañar al receptor del mensaje sin darse cuenta. El acoso con las nuevas tecnologías es una invasión del espacio personal y una intromisión en unos entornos que siempre habían sido refugio seguro, como es el hogar.

Dada la dificultad que supone controlar electrónicamente los mensajes que circulan, su grado e intensidad, el acoso vía las TICs puede ser mucho peor que las formas de acoso tradicional. Asimismo, será también más difícil para la víctima recuperarse, sabiendo que los contenidos almacenados en la memoria digital pueden reaparecer en el futuro. Cara a cara, la víctima reconoce a su agresor; a través de las TICs, el agresor selecciona a la víctima y permanece en el anonimato. Y esto redunda en más presión sobre el agredido. Los acosadores de hoy no tienen necesariamente que pertenecer al mismo grupo de compañeros, ni ser mayores, ni chicos o chicas más fuertes. La edad y el tamaño ya no tienen importancia cuando se trata de acoso electrónico o bulling por su siglo en inglés.

La comunidad escolar, incluso los profesores, pueden también ser víctimas del ciberacoso de alumnos o ex-alumnos. Pueden colgar en Internet fotos suyas, tomadas desde el móvil, o crear un perfil falso o de un doble e invitar a otros usuarios a colgar mensajes insultantes. De forma tal, con la tecnología del celular y del Internet, es fácil para los que está alrededor participar en el acoso, simplemente pasando un mensaje o una imagen humillante o colgando mensajes en algún perfil de una red social determinada. En ocasiones el acoso ocurra sin intención; por ejemplo, un chiste enviado puede resultar profundamente ofensivo o doloroso para el joven que lo recibe. Un mensaje malintencionado que, en vez de mantenerlo en privado, se comparte entre los amigos, puede también producir mucha angustia.

Sin embargo, es una realidad que al tener tantas opciones de comunicación y entretenimiento en un solo instrumento, que además es portátil, hace que bajen los niveles de atención de las personas que lo usan, al punto de desconectarse del entorno al momento de disfrutar de él. Una sensación común de los usuarios de los celulares inteligentes, es que cuando olvidan el celular, o por cualquier otra circunstancia no lo llevan consigo, se sienten incomunicados, como si le faltara algo de su propio cuerpo, causando gran expectativa y ansiedad, por no saber quién los llama o envía mensajes, por lo cual se sienten desconectados del mundo.

También para tener en cuenta otra aplicación conocida como sistema de mensajes cortos o mensajes de texto, se trata de un sistema de bajo costo que permite a los jóvenes hablar con los amigos e interactuar permanentemente, ya que también son utilizados para participar en concursos, juegos, y les permite estar conectados con una sociedad que depende mucho de la información y la comunicación. Pero no solo los jóvenes se están beneficiando de esta tecnología, también los negocios han implementado sistemas de publicidad y promociones con los mensajes cortos. Son muchos las compañías que han nacido en base a las promociones de los mensajes cortos a través del celular.

El problema de los celulares en los adolescentes está provocando daños severos ya que cada vez se reportan más niños con problemas ortopédicos por el uso desmesurado del celular por enviar mensajes de texto. Para los niños hoy en día aparte de ser una moda es una necesidad el estar pegados al teléfono pero ni siquiera una necesidad válida, es una necesidad creada por ellos. Necesitan tener crédito y hablar a zutano y mengano, necesitan mandar mensajes de texto o se sienten aislados, incomunicados y muy comúnmente llegan a mandar hasta 100 mensajes al día sin pensar en el daño tan grave que esto les puede provocar. Esta dolencia es parecida al famoso síndrome del túnel carpiano el cuál suele aparecer por el uso inadecuado y excesivo del teclado. El túnel carpiano es un conducto por el que pasan los tendones de los músculos flexores de los dedos y el nervio mediano, que controla los dedos pulgar, índice y mayor. Comienza en el antebrazo, atraviesa la muñeca y finaliza en los dedos.

Muchos adolescentes y jóvenes de diferentes edades manifiestan que son adictos a cada dos minutos revisar su celular, adictos a auto fotografiarse, adictos a subir fotos a la red y otros se sienten agonizar cuando no se pueden conectar al Internet. Algunos afirman que luego de un tiempo sin poder conectarse, cuando por fin lo logran sienten que el alma le regresa al cuerpo. Es como pasar de un estado de ira a un estado de alegría. Es sorprendente ver como chicos y chicas de la misma edad pero de entornos educativos y sociales completamente distintos, expresan los mismos sentimientos ante su interacción con las tecnologías de la información y la comunicación.

Diversos estudios han revelado que para los jóvenes de las poblaciones urbanas las tecnologías de la información y la comunicación (TICs), ocupan un lugar fundamental e imprescindible y sin ellas sentirían un vacío enorme, con lo cual no hayan qué hacer. Mientras que para los jóvenes de los entornos rurales, son algo importantes pero no tan vital en sus vidas. Pero en ambos casos existe una situación bastante preocupante, todos usan las pantallas en soledad, sin tener cerca a sus padres o tutores para que los puedan orientar en caso que se presente alguna situación de riesgo en el ciberespacio.

El celular inteligente es la pantalla estrella y la más característica entre los jóvenes de todo el mundo. Las razones que explican esta afinidad son múltiples: todos lo perciben como un utensilio realmente personal y versátil; es un dispositivo especial y, en cierto modo, de fácil adquisición. En los Estados Unidos se dice que hay 5 celulares por cada habitante. Otra condición especial a tomar en cuenta es que más del 50 por ciento de los jóvenes cambia su celular inteligente cada 6 meses o menos. Los chicos que utilizan redes sociales cambian sus celulares con mayor frecuencia que los no usuarios.

La informática y los medios de comunicación de masas eran en el pasado sectores bastante diferenciados, que implicaban tecnologías distintas. Pero en la actualidad, estos sectores han convergido alrededor de una misma actividad, como el uso de Internet. Los actuales dispositivos informáticos y de telecomunicaciones manejan datos en forma digital empleando las mismas técnicas básicas. Estos datos pueden ser compartidos por muchos dispositivos y medios, procesarse en todos ellos y emplearse en una amplia gama de actividades de procesado de información. El ritmo de adopción de nuevas IT ha sido muy rápido, mucho más que el de otras tecnologías revolucionarias del pasado, como la máquina de vapor o el motor eléctrico. A los 25 años de su invención, el microprocesador se había convertido en algo corriente en casi todos los lugares de trabajo y en muchos hogares: no sólo está presente en los ordenadores, sino en una inmensa variedad de otros dispositivos, desde teléfonos o televisores hasta lavadores o juguetes infantiles.

También existe la desventaja de que los cambios en la tecnología tienen un ciclo muy corto por lo que, se corre el riesgo de enfocar la atención solamente a disponer de lo más avanzado en tecnología, en lugar de buscar satisfacer las necesidades reales de las instituciones, y estar permanentemente tratando de poseer lo más avanzado en tecnología en lugar de mantener funcionando eficientemente aquella que está resolviendo efectivamente las necesidades de la institución.

A decir verdad, la computadora es una herramienta bastante eficiente y necesaria, el problema radica en el mal uso o el uso exagerado que se hace de este aparato, pues aunque sean un gran instrumento de trabajo y ayude a simplificar la vida de las personas, también se está convirtiendo en la principal causa de enfermedades psicológicas, ya que una persona prefiere pasar horas y horas detrás de una pantalla antes que hacer ejercicio, o por estar inmersos en la tecnología descuidan sus horarios de comida, además ni que decir de las malas posturas que se adoptan al hacer uso de la máquina, pues se pasa mucho tiempo en una mala posición, lo que perjudica altamente la salud del individuo.

Al integrar una tecnología a nuestras vidas, ésta cambiará automáticamente, no será de la noche a la mañana, pero es un cambio paulatino que logra que las personas no piensen en la integración de la tecnología como una imposición sino como una simple evolución y la evolución de los mismos celulares como aparatos electrónicos ha sido un gran cambio. Se desplaza la función principal por la cual fue adoptado en un principio para ser reemplazado por una cámara digital, una cámara de video, reproductor de música, agenda, radio, etc., y es ahora cuando buscamos no sólo un aparato que funcione y te comunique con alguien más, ahora buscas el celular que integre la mayor cantidad de funciones y que aparte esté bonito, que pese poco, delgado, pequeño, o de cierto color para poner identificarlo como parte de un estilo de vida. Este es un punto muy importante ya que las funciones principales son desplazadas de nuevo por el estatus, la importancia que le puede dar a una persona el traer el celular más avanzado, con más funciones, etc., pero que además represente su propio yo, con ciertas imágenes, colores y diseño.

El celular inteligente al mismo tiempo que es un artículo de estatus también es un accesorio básico para todas las personas de todos los estratos sociales, los individuos están dispuestos a hacer cualquier sacrificio con el fin de poder tener el celular más moderno. La mayor parte de los individuos de todas las nacionalidades tiene un celular e incluso se ha llegado a sustituir por la línea telefónica de casa. Conviene más estar disponible a comunicarnos en todas partes en que nos encontremos que estar pagando por una línea telefónica residencial en la casa, un lugar en el que no siempre estamos. Incluso cuando nos hayamos en nuestra propia casa también podríamos estar en cualquier parte de ella con nuestro celular algo que no siempre nos permite el teléfono residencial. Posiblemente esta sea la razón por la cual las estadísticas señalan que en la actualidad 1 de cada 5 personas en el mundo posee un celular.

Cada vez es más común ver a la gente con celulares por las calles, cada vez más jóvenes y niños tienen un celular, es una tecnología que no discrimina edad, sexo, raza ni estrato socioeconómico, está al alcance de casi toda la población mundial por lo que permite a una gran población estar comunicados en todas partes, con los respectivos problemas que incluye el hecho de no importar en dónde estés, siempre estarás comunicado. La tecnología celular ha evolucionado porque las personas han evolucionado y seguirá siendo así, a diario se inventan nuevas aplicaciones, modelos, colores, etc. todo para el celular pero esto no está mal, si no estás de acuerdo con esto, no compres el celular más nuevo que exista, aún existe gente que trae celulares gigantes, mejor conocidos como matracas o tabiques que funcionan bien y todavía permiten comunicarse con las personas.

Hoy en día el celular presenta una gran influencia en todo sentido en todas las sociedades del mundo, un claro ejemplo de ello son las grandes cantidades de celulares que están en el medio común de la sociedad, la mayoría de la gente ha sido influenciada con la "capacidad adquisitiva" de este tipo de medios de comunicación, por lo que se ha considerado hasta 5 teléfonos móviles o celulares por cada persona en el mundo. Además se presencia una de las grandes verdades expresada por un crítico en España, "el hombre está evolucionando, al esclavismo de la edad antigua, pero en este caso él es el esclavo, de la tecnología", esta afirmación se vive en desarrollo actualmente, el hombre adquiere nuevas formas de tecnología a diario, que esclavizan su esencia de hombre social y de buenas costumbres, un claro ejemplo es el medio de comunicación que ha denigrado la esencia de la comunicación, a través de formas de costumbres vulgares e inaceptables, el Internet, la mente humana es la esclava de una red mundial que recopila todo tipo de información, incluyendo información que destruyen las buenas costumbres. Todo esto convierte al hombre, en una persona no en desarrollo social sino en un desarrollo aislado, lo que ocurre con el celular, que con sus nuevas tecnologías esclavizan al hombre.

Un punto de análisis que se destaca por el arrebatamiento por parte de la tecnología móvil, de las tecnologías propias de otro tipo de dispositivos, como el computador, la radio, o la cámara, el celular se ha apropiado de un mini computador, un mini radio, una mini cámara, de un mini mundo anteriormente mencionado, el reflejo de ello son los nuevos celulares con cámara, video llamada, radio FM, lo que ha desplazado a los dispositivos ya mencionados en su esencia y funcionamiento en la sociedad, siendo remplazados por el celular; hoy ya no se dice "prende el equipo de sonido", ahora es el "pon música en tu celular", ¿hace cuánto no utilizas tu equipo de sonido?

El celular socialmente se ha considerado como uno de los mayores logros tecnológicos del hombre, por sus nuevas tecnologías y su mini mundo incluido, lo que ha desplazado la esencia inicial del celular, de la necesidad de comunicación, no podemos concluir este tema, solo con una pregunta que abre paso a la profundización del tema, ¿Está la telefonía móvil destruyendo la esencia de comunicación que es aún primordial?

Una serie de pruebas realizadas por científicos del Laboratorio de Investigación sobre el Transporte arrojaron que cuando se conversa por teléfono mientras se conduce, las reacciones son más lentas que bajo la influencia del alcohol. La investigación indica que el peligro es prácticamente el mismo si se utilizan teléfonos celulares o aparatos que no se tienen que sostener en la mano. El uso de teléfonos móviles mientras se maneja es ilegal en más de 30 países, pero en otros, como en Inglaterra, no ocurre lo mismo.

Las consecuencias que trae la adicción a estos equipos de entretenimiento se ven rápidamente, en el hogar, excluyéndonos de nuestras familias, aislándonos de los seres queridos al dedicarle gran cantidad de tiempo. Se han vuelto más que algo para comunicarnos con los demás. Como cualquier tecnología, el celular puede generar adicción, y es que la idea de tener un teléfono que se pueda trasportar fácilmente en el bolsillo y poder comunicarse con las demás personas a un bajo costo, es algo que a muchos atrae.

Los jóvenes no quieren largas oraciones, sino comunicaciones cortas, donde el concepto ortografía no existe: "k" por "que", "t" por "te", "tb" por "también", etc. Esto es previo al argot de los mensajes de texto de los celulares, que en todo caso surge de aquí. No se considera interesante un intercambio al estilo de la charla tradicional, como si no hubiera tiempo para ello. Lo que se escribe casi no se piensa, aunque estén dos horas chateando, pues lo que buscan es conversar con la mayor cantidad de personas posible al mismo tiempo.

8

Efectos e Influencia del Ojo más Joven del Dragón; La Tableta Electrónica

No podemos negar que la tableta electrónica o Tablet PC se ha posicionado en un lugar predilecto en el mercado de la computación personal. Este extraordinario dispositivo electrónico funciona como una computadora, solo que más orientado a la multimedia y a la navegación ciberespacial que a usos profesionales. Este medio audiovisual de comunicación se ha convertido en muy poco tiempo en sustituto de muchos artilugios y objetos de la vida diaria como el libro, como el periódico, el cajero automático para revisar nuestro saldo, la PC, o incluso el celular inteligente. Hoy en día, este aparato presenta una gran influencia en todo sentido en todas las sociedades del mundo, un claro ejemplo de ello son las grandes cantidades de tabletas electrónicas que están en manos de los internautas de la sociedad virtual, la mayoría de la gente ha sido influenciada con la versatilidad, operatividad y capacidad adquisitiva de este tipo de medio audiovisual de comunicación, por lo que se ha considerado como el más Joven de los Ojos manipuladores del Dragón.

En los Estados Unidos, cada vez más, las aulas se están llenando de equipos informáticos; computadoras de sobremesa, laptops, netbooks y tabletas electrónicas se han ido sustituyendo unos a otros con el fin de ofrecer a cada alumno un equipo personal con el que trabajar en el aula. Pero en algunos Estados estos cambios han estado un poco rezagados por lo que el proceso de informatización de las escuelas está siendo lento, fragmentado, y por el momento, escaso. Aunque ya hay tabletas electrónicas en las aulas de muchos centros educativos públicos de la nación, todavía queda un largo camino por andar para que la adaptación del país llegue al nivel de otros países desarrollados, debido, en parte a la depresión económica de la última década y a las luchas de poderes políticos.

De cualquier modo, la implantación de sistemas de tecnologías de información y comunicación en todas las aulas es cuestión de tiempo, y es en cierta medida bueno que se haya demorado de esta forma: la tecnología es cada vez mejor y más barata, y existe mayor implicación por parte de los fabricantes. Gracias a los programas de modernización del sistema educativo los TICs están llegando a las aulas. Sin embargo, antes de concretarse esto habrá que lidiar con cientos de teorías, formuladas por pedagogos, psicólogos y políticos, sobre la viabilidad de incorporar estos dispositivos en las aulas, y los pros y contras que afectarían el rendimiento escolar.

Hoy en día los niños de muchos países tienen que cargar con mochilas de hasta 10 Kilos día a día desde su casa a la escuela, ya que muchos países carecen de las facilidades que tienen los alumnos americanos de tener los libros en las aulas para su uso diario. Portar una tableta electrónica aliviará directamente la espalda de los chiquillos, ya que el peso causa dolores impropios de niños y adolescentes y provoca incluso problemas en el desarrollo óseo y muscular. Ahora todos lo que tendrá que cargar será una tableta de un reducido peso. Definitivamente que las características de las tabletas las convierte en el compañero ideal del alumno, por ser ligeras y compactas.

Desde finales del pasado siglo, la educación se ha valido de la tecnología informática en la dotación de computadoras para los alumnos desde la escuela primaria, y no ha dejado de actualizarse en la medida en que se renueva la tecnología. Hoy en día los nuevos diseños se han simplificado de tal manera que hasta los niños de educación preescolar participarán en el uso de la informática, gracias a la tableta electrónica.

Cada vez más países están empezando a dotar los jardines de infancia con estos dispositivos que ofrecen ventajas como las pantallas táctiles, sonido estéreo y el tamaño adecuado, para despertar la creatividad del infante con programas pedagógicos, e integrarlos desde temprana edad al manejo de las nuevas tecnologías, que quizás algún día remplacen la dáctilo pintura con tintes y los creyones. También hay que destacar la labor medioambiental que se realizaría de esta forma. Aunque durante la fabricación de la mayoría de tabletas aumenta las emisiones de CO_2, cada vez son más habituales los materiales ecológicos y los procesos de fabricación verdes, y a pesar de que suena contradictorio, a mayor uso de estos aparatos electrónicos, menor huella ecológica gracias a la reducción en el uso de papel en lápices, libros y cuadernos.

Los Medios Audiovisuales de Comunicación y el Internet están cambiando el mundo. En los últimos treinta años hemos visto crecer la tecnología de la información y la comunicación a una velocidad vertiginosa, la cual nos hemos visto obligados a aprender sobre la marcha, ya que el sistema educativo no estaba en absoluto preparado para enseñarnos todo lo que se estaba desarrollando. Pero en pleno siglo XXI es ya una obligación que las escuelas ayuden a los jóvenes a entender y manejar los nuevos sistemas de la información y la comunicación. Con una tableta electrónica para cada alumno y conexión inalámbrica en las clases, se potencia el uso de Internet de un modo constructivo, siempre bajo la supervisión del profesor, y permite que la interacción entre alumnos y profesor se extienda más allá de lo establecido hasta ahora con el método tradicional.

Gracias a los sistemas operativos presentes en el mercado, las interfaces visuales y las pantallas táctiles, la interacción con las tabletas son tan sencilla que desde el benjamín de la casa hasta la abuelita serían capaces de hacerse con el total control del artilugio en tan solo un par de sesiones, logrando que la curva de aprendizaje y el consiguiente periodo de adaptación del alumnado y profesorado a las nuevas tecnologías resulten mínimos.

La tecnología innovadora de la informática y la comunicación está en franco crecimiento exponencial en los últimos años. Actualmente está energía innovadora nos influye de una forma que ni siquiera podemos imaginarnos. Es uno de los factores que se aferra a nuestras vidas y nos proporciona beneficios cuando la usamos racionalmente y nos distrae cuando la usamos inconscientemente sin moderación ni cordura. En las últimas dos décadas y más pronunciadamente en los últimos diez años, la tecnología, ya sea informática, o la comunicación electrónica nos ha atrapado en un mundo completamente virtual que nos distancia de una verdadera vida social y humana. Las relaciones virtuales crecieron bruscamente en los años recientes. Todo se debe a la nueva tecnología de comunicación. Pero el inconveniente es la constante dependencia de aferrarse a la vida virtual. El estar constantemente pendiente de las redes sociales, de leer los emails, de jugar, o de chatear con amigos por Internet, hace que nos distraigamos drásticamente o completamente causando un alejamiento de lo que estamos realizando en ese momento.

En cuanto a la tecnología electrónica de la comunicación, se puede decir que ha afectado completamente la forma de interactuar en la vida. Del mismo modo, en las tabletas electrónicas, la informática está vinculada con la comunicación, uno de los más preciados valores que preserva y estima la humanidad.

Las tabletas electrónicas, al igual que los celulares inteligentes, hacen que estemos constantemente pendientes de ver si alguien nos ha enviado un mensaje de texto o si alguien se trata de comunicar con nosotros por cualquiera de estas vías modernas. El efecto negativo de esta situación es que nos quita energía mental cansando nuestras mentes y desviamos nuestra atención y pensamientos a situaciones que sinceramente no tienen tanta importancia cuando podríamos estar razonando hechos más interesantes y productivos.

Por un lado debemos de tener en cuenta que niños o niñas tan pequeños pueden dañar este dispositivo con facilidad, y con ello incluso hacerse daño a ellos mismos. Además no sabemos qué efectos pueden tener estos dispositivos en niños o niñas tan pequeños. Los especialistas recomiendan que los niños tengan de 3-5 años en adelante, dependiendo del desarrollo mental del niño, para empezar a utilizar la tableta. Pensando en los niños y niñas, más pequeños, la regla básica debe ser usar la tableta con las manos limpias, y con ningún otro objeto a su alcance. Así como nada de comida y ni bebida cerca de ellas y la tableta. La fragilidad de las tabletas es otro factor a tomar en cuenta, ya que por muy cuidadoso que sea el niño o la niña, los accidentes ocurren, y las tabletas resultan propensas a la avería fatal. Protectores, fundas y carcasas ayudarían en este aspecto. Esto es algo que también aplica para laptops y celulares.

Muchos expertos han apuntado a los grandes aportes en el desarrollo que supone el uso de las tabletas electrónicas y otros dispositivos TIC en niños y niñas, menores de 5 años. Ésta es una época donde los niños y niñas deben moverse, jugar al aire libre y aprender a relacionarse socialmente, por lo cual es recomendable que los padres les dejen interactuar tanto en el mundo real como en el virtual, para ayudar en el desarrollo de muchas de sus capacidades motoras y mentales. Para empezar a establecer estas pautas entre los niños y las tabletas lo primero en lo que deberíamos de pensar es en la edad de estos. Cada vez más se ven niños más pequeños, incluso podríamos decir bebés, aprendiendo a usar la tableta, o dispositivos similares.

Sin embargo, algunos analistas manifiestan su oposición a que se permita a niños y niñas el uso de estos dispositivos electrónicos. En mi opinión el uso de una tableta electrónica o iPad no supone ningún problema para el desarrollo de los niños y niñas, por el contrario ayuda a estos a adquirir una serie de competencias, como la creativa, la capacidad de organización, los reflejos, la agilidad mental, la autonomía personal o la facilidad en el uso de las nuevas tecnologías de información y comunicación. En cierta medida la tableta electrónica y en general los nuevos dispositivos a nuestro alcance son buenos si se usan en su justa medida. Debemos pactar con nuestros hijos e hijas, desde el primer momento, unos plazos y unos tiempos para el uso de las tabletas electrónicas y demás dispositivos TIC. Establecer unos tiempos máximos diarios y apoyar otras iniciativas o actividades físicas al aire libre.

Aconsejamos un límite de 2 horas al día para que los niños entre 3 y 12 años usen cualquier dispositivo que requiera visualizar una pantalla. El exceso de uso puede cansar la vista y resecar los ojos, provocando problemas visuales futuros. Además demasiada actividad virtual disminuye los niveles de actividad física. Para hacer cumplir estas normas lo mejor es que los dispositivos estén guardados por los padres o tutores y se los den a los niños cuando sea el momento oportuno.

Otro aspecto a resaltar es el hecho de a qué sitios van a poder acceder los menores. Es necesario habilitar las restricciones a sitios o contenidos que no sean aptos para menores de edad. Cuando le dejamos la tableta a un niño o niña hay que restringir la opción de poder instalar aplicaciones. Incluso sería interesante deshabilitar el wi-fi o acceso a internet si los padres van a dejar al niño "sólo" utilizando la tableta. Ahora bien, a pesar de los peligros que representa ser uno de los Ojos Manipuladores del Dragón, con la tableta podemos acceder a muchas herramientas educativas de manera divertida. Dado que les gusta tanto poder utilizar estos dispositivos es una gran oportunidad para que aprendan de una manera entretenida.

Entre las actividades educativas que se pueden desarrollar con la tableta están, colorear figuras, aprender a asociar sonidos, comenzar a reconocer letras y números sin tener que estar en la escuela. Estas aplicaciones aprovechan la interactividad para mantener el interés de los niños y niñas. Pueden aprender estando en cualquier parte. Así que si tienes la oportunidad de usar las nuevas tecnologías con tus hijos, hazlo. Pero siempre ten presente que debe protegerlos del hechizo de los Ojos Manipuladores del Dragón.

Pero los problemas no se limitan solo a los niños y las niñas también para los adolescentes y jóvenes las TICs representan grandes riesgos y problemas. Algunos jóvenes optan por dedicarse a piratear dado que si no, no pueden tener juegos o aplicaciones de fuera de las tiendas oficiales. Este proceso es ilegal y debemos hacerle saber a nuestros jóvenes acerca de la no conveniencia de los mismos. Estos procesos permiten a los usuarios acceder por completo al sistema operativo, permitiendo al usuario descargar aplicaciones, extensiones y temas que no estén disponibles en su dispositivo. Dicho de otro modo no se recomienda piratear estas aplicaciones para poder acceder a juegos y otros entretenimientos que no están disponibles en su dispositivo dado que esto puede llevar a la descarga de aplicaciones que estén realizadas con fines totalmente distintos al juego que se desea y que su finalidad última sea tomar el control de nuestra tableta.

La tecnología de las tabletas electrónicas y demás TICs está aquí para ser aprovechada. Depende de nosotros ayudar a nuestros niños, adolescente y jóvenes a aprovechar todo el potencial de estos dispositivos de información y comunicación, educándoles desde pequeños en su uso, para que muy lejos de resultar un elemento distractor en su formación, sean sus aliados en su desarrollo y aprendizaje.

Un alto porcentaje de los jóvenes entre 12 y 49 años es adicto a las nuevas tecnologías de la información y la comunicación y el resto está en riesgo de serlo. Se trata de un problema emergente que va incrementando su magnitud día a día y que incluso puede llegar a afectar el desarrollo y la salud mental de jóvenes y adolescentes, así como generar algún tipo de enfermedad psicosomática.

La evolución de las tecnologías de la información y la comunicación ha hecho que se genere y se comparta información de una forma cada vez más veloz y eficiente. Y aunque en muchos casos esto ha simplificado muchas actividades, también existen importantes riesgos, puesto que esto nos está llevando a la dependencia tecnológica. De hecho, la llegada de la tableta electrónica y el celular inteligente al mercado ha supuesto un cambio en las formas de comunicación, ya que el acceso a Internet, y por lo tanto a la información, y en particular a las redes sociales, es continuo, haciendo que se pueda convertir en un hábito adictivo. Pero aunque muchos expertos plantean que el perfil de la persona adicta a estas nuevas tecnologías suele ser una persona joven, de procedencia urbana y manejo habitual de computadora, en realidad muchos adultos y jóvenes de todas las clases sociales están propensos a la adicción de los Ojos Manipuladores del Dragón.

9

Efectos e Influencia del Ojo más Agresivo del Dragón; El Videojuego

El Videojuego se ha instalado en nuestra sociedad al igual que lo han hecho los demás medios audiovisuales de comunicación e información, convirtiéndose con el paso del tiempo en la primera opción de entretenimiento para niños, niñas, adolescentes, jóvenes y adultos.

Se entiende por videojuego, todo tipo de juego digital interactivo entre una o varias personas y un aparato electrónico, llamado consola, que ejecuta dichos videojuegos, estos pueden ser sencillos o complejos, algunos son capaces de narrar historias y acontecimientos usando audio y video.

El auge de los videojuegos ha sido tan extraordinario que ya existe un área específica de estudio que se ocupa de los efectos e influencias de la interacción entre los jugadores y el dispositivo electrónico, la cual es llamada "Ludología". Así también, necesidad irresistible de jugar, que experimenta un individuo, acompañada de ansiedad, sentimiento de culpa, sudoración, dolor de cabeza y, en algunos casos, de ingestión de drogas psicoactivas es llamada "Ludopatía".

Los videojuegos son, dentro de las tecnologías de la información y la comunicación, los dispositivos más criticados por los efectos e influencias negativos que ejerce sobre los "ciberjugadores". El hecho de pasar demasiado tiempo ante la pantalla de videojuegos, imbuidos por completo en un universo virtual de fantasía que puede atrofiar el desarrollo emocional de la juventud es el principal elemento que toman en cuenta los críticos y analistas de los Ojos manipuladores del Dragón.

Los críticos aducen que la rapidez con que se mueven los gráficos en los videojuegos puede provocar ataques en las personas que padecen algún tipo de epilepsia. Así como provocar frecuentes lesiones en los brazos y cuello por el excesivo uso de equipos electrónicos como el Wii de Nintendo. Otros síntomas frecuentes son dolores en los codos por emplear demasiado tiempo jugando estos videojuegos, y permanecer en la misma postura. Pero la mayoría de críticas surge de un desfase generacional o de influencias político - religiosa.

Por otro lado, los defensores de los videojuegos afirman que éstos enseñan a resolver problemas técnicos, estimulan la habilidad de los jugadores en su neuro-cinética, mejoran la adaptación motora, reflejos visuales y enfoque objetivo de múltiples puntos de visión. Incluso sostienen que mejoran la comunicación cuando se juega en familia o en línea. Los videojuegos se emplean también como entretenimiento en clínicas y hospitales, así como en ciertas terapias de rehabilitación. También hay facultades académicas y educativas que usan los videojuegos para potenciar habilidades de los alumnos. Actualmente se ha superado el tópico de que los videojuegos son infantiles y para adolescentes, ya que existe un gran porcentaje de adultos que son asiduos usuarios de estos juegos virtuales.

El avance tecnológico de las videoconsolas permiten que estas se puedan conectar al Internet, con lo cual no solo debemos tener cuidado con el aislamiento de los usuarios imbuidos en el mundo virtual, sino también, al peligro existente al acceder a cualquier tipo de información, al peligro de las interacciones con otros usuarios en el Internet, entre otros problemas que al estar planteados desde una concepción antagónica de la relación entre tecnología y sociedad, nos permiten cuestionar y reflexionar sobre el uso inadecuado y excesivo de estos dispositivos electrónicos.

Como pudimos aprender en los antecedentes tecnológicos, un videojuego es un software o programa creado principalmente para el entretenimiento en general, y basado en la interacción entre una o más personas y un aparato electrónico que ejecuta dicho videojuego; este dispositivo electrónico puede ser una computadora, una máquina arcade, una videoconsola, un DS, un PSP, un celular inteligente o una tableta electrónica, los cuales son conocidos como plataformas. Aunque, usualmente el término video en la palabra videojuego se refiere en sí, a un visualizador de gráficos rasterizados, en la actualidad se utiliza para hacer uso de cualquier tipo de visualizador.

Por lo general, los videojuegos hacen uso de otras maneras de proveer la interactividad e información al jugador. El audio es casi universal, usándose dispositivos de reproducción de sonido, tales como altavoces y auriculares. Otros dispositivos de tipo feedback o retroalimentación se presentan como periféricos hápticos que producen una vibración o retroalimentación de fuerza, con la manifestación de vibraciones cuando se intenta simular la retroalimentación de fuerza.

En muchos casos, los videojuegos recrean entornos y situaciones virtuales en los que el video jugador puede controlar a uno o varios personajes o cualquier otro elemento de dicho entorno, para conseguir uno o varios objetivos por medio de reglas determinadas. Se interactúa mediante la visualización del videojuego a través de un dispositivo de salida de video como podría ser un televisor, un monitor o un proyector, y en los que el programa va grabado en cartuchos, discos ópticos, discos magnéticos, tarjetas de memoria especiales para videojuegos, o en línea. Algunos son de bolsillo. La enorme popularidad alcanzada por estos videojuegos a finales del siglo XX ha dado origen al desarrollo del más Agresivo de los Ojos Manipulador del Dragón.

Hace apenas unos 30 años los niños, las niñas, y adolescente se divertían jugando pisacolá, al escondido, trucano, el loco paralizado, cepillo, mano caliente, bloques, palitos, rompe cabeza, botellita, la silla, el rueda rueda, el carrusel, bolas o canicas, pelota, cuentos, adivinanzas, muñecas, al sancochado, etc., esta era una época en donde la diversión y el entretenimiento no se encontraban bajo la influencia de la tecnología como sucede en la actualidad. Es a partir de la creación de Pong en adelante cuando los niños y adolescentes comenzaron a interactuar con tecnologías provenientes del campo de la computación que han generado tanto fascinación como preocupación por parte de los adultos que se preocupan por los efectos, influencias y peligros de los Ojos Manipuladores del Dragón en los menores y los adultos.

Resulta ilustrativa la explicación de las concepciones acerca de lo animado e inanimado, lo vivo y lo inerte, lo humano y lo no-humano, lo real y lo virtual en cuanto se refiere a las relaciones que establecen los niños y adolescentes con las tecnologías del videojuego, y cómo en esa interacción se generan cambios en torno a la percepción y la concepción de la realidad. En tal sentido, la exploración de los incipientes mundos virtuales resulta una experiencia fascinante y en ese sentido los videojuegos han dejado de ser una mera forma de entretenimiento para pasar a ser una forma de expresión cultural.

En la actualidad el poder de influencia de los videojuegos solo está por debajo del celular inteligente, de forma que supera a la televisión y todos los demás medios de información y comunicación tecnológica, lo que supone un momento de transición cultural importante, desde la llamada "caja boba" hasta hoy. Los niños en la actualidad prefieren los videojuegos, y pasan más tiempo en la red ya que pueden controlar lo que ven en lugar de recibir pasivamente los contenidos de la televisión. Esto demuestra que el Ojos más Agresivo del Dragón ha desarrollado un mayor poder y dominio en los menores en contraposición a la televisión y cualquier medio impreso.

La tecnología de la televisión y la computadora se unieron y dieron como fruto los videojuegos, cuyas pantallas laberínticas - neobarrocas son comprendidas rápidamente por los niños y las niñas, frente al estupor de los adultos que añoran encontrarse con un Pac-man o un Atari, más cercano a la lógica en la que fueron criado, una lógica más organizada, más lineal y secuencial. Esta comprensión de los menores implica una experiencia de inmersión en el programa del juego, ya que el éxito en gran medida depende de que el programador halle la lógica que permita la facilidad de interacción entre los jugadores y el juego.

La necesidad de superación en el juego, aun cuando se juega contra la propia máquina, ayuda a minimizar la apatía característica de la juventud. Los niños y las niñas aprenden sobre los trucos, los resultados de la superación, sobre ser eficientes, resolver los problemas que se les plantean y buscar soluciones inteligentes. Cada pantalla, nivel o mundo nuevo al que se enfrentan es un desafío que los niños y las niñas asumen, buscando la forma de sortear las dificultades a las que se ven expuestos su personaje de turno. Cada pantalla, nivel o mundo a resolver mueve intensos afectos que pueden ir desde la ansiedad, pasando por la frustración, la ansiedad, la rabia, la ira, la furia, hasta llegar a la satisfacción y el orgullo de encontrar y develar el sistema subyacente.

Uno de los elementos cuestionados por los analistas sobre los videojuegos es la propensión a la introversión que estos generan en los niños y adolescentes. También es cierto que los videojuegos se han transformado en un lugar donde estos menores, quedan inmersos y depositados por los padres, un lugar en cierta forma alienante que separa las generaciones de padres e hijos. Sin embargo, si bien por un lado esto es observable en algunos casos, en la mayoría de los casos tanto la información del ciberespacio como los trucos aprendidos para superar determinado nivel de un videojuego son dispositivos con abundantes elementos socializantes. Aunque no por esto debemos pasar de lado los riesgos que implica un aprendizaje más autónomo, así como tampoco hacernos de la vista gorda sobre las diferencias que están planteando las nuevas generaciones frente al placer de aprender, el placer de la búsqueda, de la experimentación, comparado con la lenta respuesta de las instituciones educativas tradicionales.

Otro elemento que ha originado fuertes críticas es el alto contenido de violencia observable en la gran mayoría de videojuegos y que ha demostrado ser una de las principales razones por la cual un videojuego es altamente exitoso en el mercado. Muchos de los elementos de los videojuegos se basan en aspectos violentos que simulan virtualmente una realidad social. Los expertos hacen uso de la teoría que plantea que jugar videojuegos agresivos estimula la conducta agresiva, ya que los niños aprenderán e imitarán las acciones de dichos videojuegos.

El papel de socialización no es exclusivo de los medios tecnológicos de información y comunicación, y a pesar de que día a día estos medios están influenciando cada vez más la audiencia más vulnerable sustituyendo a los padres en muchas de sus funciones, debemos plantear firmemente que ni la escuela ni los medios de comunicación e información podrán nunca desempeñar el potencial educativo que suponen los padres, pues el ámbito familiar se caracteriza no sólo por socializar y educar a los menores, sino también por la afectividad y seguridad que se transmite en los mismos, haciendo que el aprendizaje adquieran un verdadero sentido filiar. Para el aprendizaje de los valores se hace necesario un clima de afecto, aceptación, comprensión y acogida que envuelva la relación educador-educando y esto es más fácil encontrarlo en la familia. Por tanto, el ámbito idóneo para la socialización y apropiación de los valores que nos permiten convivir en esta sociedad como ciudadanos comprometidos con la misma es el núcleo familiar.

Visto esto, es apropiado señalar que dicho proceso de socialización puede realizarse adecuada e inadecuadamente en ambos agentes de socialización. No en todas las familias prevalece la armonía, el amor, la acogida y aceptación de cada uno de los miembros que la componen, paradójicamente son los medios de comunicación e información los que tienen el rol de sacar a la luz pública el lado más oscuro y dañino de las familias: la violencia doméstica. Del mismo modo, los medios de comunicación e información no deben valorarse a priori como medios eficaces o adecuados para la socialización de nuestros hijos e hijas por sí solos. Si bien es cierto que estos medios y la herramienta del Internet ofrecen muchas posibilidades educativas en el entorno escolar, no menos cierto es que lamentablemente en ellos es donde existe el mayor riesgo de que los menores más autónomos y carentes de supervisión, orientación y preparación por parte de sus padres, sucumban ante las posibilidades de ocio y diversión que éstos ofrecen, ocupando el tiempo de que disponen para cumplir con sus obligaciones escolares y hogareñas. En definitiva el videojuego puede ser a la vez un recurso educativo que se utiliza para realizar trabajos en la escuela, y un recurso de entretenimiento e información general.

Los sistemas de videojuegos de última generación muestran el verdadero rostro del Dragón de la avaricia. En donde encontramos las formas esenciales de dependencia. Las relaciones establecidas en éstos se perciben como experiencias vividas, y para nada como virtuales, por quienes participan de ellas. Estas experiencias son, para ellos, tan reales como las que estas mismas personas tienen cara a cara con el resto del mundo. Pero el gran peligro se centra en que para un alto porcentaje de estas personas esta experiencia resulta más interesantes y menos riesgosas que la de la vida real.

Las principales características que influyen en los jóvenes y los hacen sentir una experiencia real con el videojuego son:

- **Realismo:** rostros totalmente similares a los humanos, con capacidad gestual y de habla. Los soldados pueden estornudar, mostrar miedo, etc. Autos que imitan los sonidos y realizaciones de los reales. Armas que lucen como reales. Edificaciones y ciudades que se ven reales. En el Civilizations, pueden elegir el tipo de régimen político, y se dan cuenta de que cada uno tiene sus ventajas y desventajas. En el Call of Duty, los usuarios eligen el arma y la posición que les resulta más cómoda, según su carácter. En el Age Of Empires, seleccionan qué tipo de civilización construyen: una que haga énfasis en lo cultural, o en lo militar, o en lo religioso, o en lo económico. En el Rome: Total War, eligen cómo edificar y administrar su Imperio, hacer frente al descontento social, las estrategias políticas, diplomáticas y militares. El punto es que cualquier desarrollo unilateral fracasa: hay que encontrar el equilibrio perfecto entre los diferentes planos.

- **Control:** en todos los juegos, el usuario controla absolutamente todas las variables propias. El azar no existe: según el nivel de juego seleccionado, o la fuerza de sus adversarios humanos, les irá mejor o peor. Pero sobre todo, adquieren la capacidad de recrearse a sí mismos detrás de la pantalla, tal cual quisieran ser. Pueden imaginar un mundo en el que sean estrellas, reyes o generales, e incluso dioses.

- **Vértigo:** en estos juegos no hay tiempo para ponerse a conversar. Lo máximo que se puede hacer es lanzar una burla al jugador eliminado, pero los ojos deben estar fijos en la pantalla, para controlar lo que sucede en los diferentes planos. La cantidad de variables en juego es gigantesca, y la concentración y los reflejos deben ser totales. Una distracción puede implicar que el auto tome mal una curva y se vuelque, que un francotirador te dispare sin que aciertes a ver de dónde provino la ráfaga, que un pelotazo de cincuenta metros tome mal parada a tu defensa y sobrevenga un gol, que el descontento social se traduzca en rebelión civil y pierdas un enclave, o que no te des cuenta de que un ejército enemigo se ha acercado a tu posición hasta que es demasiado tarde, y entonces deberás afrontar el asalto directo o el sitio. Por eso se ha extendido el uso de auriculares, y se reafirma otra razón para estar en ambientes oscuros: lo único que te debe importar es el juego.

De cierta forma, el vértigo implica un total compromiso, una alienación espectacular de la persona con relación a la máquina. No hay tiempo para nada que no sea una decisión, pero sobre todo, no hay tiempo para actos que no sean reflejos. Por eso, el tiempo realmente vuela; pasan tres horas antes de que el internauta salga del hechizo del más agresivo de los Ojos Manipuladores del Dragón y recuerde mirar el reloj. En medio de este trance el individuo tiende a manifestar ira, furia, agresividad y hasta violencia cuando alguien lo interrumpe en medio de una sección de juego. Las comparaciones con los juegos de casino y los videojuegos en general son indudablemente correctas, a excepción del riesgo implicado en la búsqueda de ganancias monetarias. Pero la manera en que se afronta el juego es similar; se pierde una partida y casi antes de darse cuenta ha iniciado otra, para buscar una revancha que tampoco satisfará sus anhelos.

Es importante señalar que no todos los jóvenes experimentan las mismas atracciones de los juegos, ni todos ellos viven igual esta experiencia, ni todos buscan la misma salida de las situaciones de ansiedad a que son sometidos por su núcleo familiar o social. Pero, es cierto, los juegos permiten un grado de abstracción que relativiza el tiempo transcurrido, vuelve los días más cortos, y permite escapar de las experiencias del día a día. Aunque con el tiempo puede volverse una patología, ciertamente algo debe andar mal en la vida de una persona, sea niño o adulto, para que éste busque refugio en el mundo virtual. El componente evasivo aparece como la salida más evidente, pero qué es lo que se evade cambia dependiendo del individuo en cuestión. Así cuando el jugador está en trance, está tenso, con mandíbulas apretadas, ojos fijos en la pantalla, no responde a llamado, pierde interés por comer o por otras actividades propias de la vida diaria, se atrae de su propia vida y de la sociedad.

La innovación tecnológica de la información y la comunicación ha provocado estos cambios en nuestro estilo de vida, lo cual ha llevado principalmente a los niños y adolescentes a relacionarse más con este tipo de pasatiempo, dejando a un lado otros métodos de diversión así como los deportes, los juegos de mesa en familia y los juegos con sus amigos reales entre otros. Además, muchos adolescentes utilizan los videojuegos y las TICs como mecanismos de escape a dificultades en la escuela o en el hogar obstaculizando así el desarrollo adecuado del mismo ya que confunden la realidad con la fantasía, especialmente durante los primeros 7 años de vida.

El abuso en el uso de los videojuegos se hace más peligroso cuando se trata de videojuegos violentos que pueden llevar a reforzar las conductas agresivas de los menores y desembocar en prácticas violentas y diferentes formas de bullying escolar, familiar y deportiva, según consideran algunos analistas. Los mismos sostienen que el fácil acceso que se tiene a los videojuegos, sin una adecuada orientación ni advertencia sobre los contenidos de algunos de ellos que exacerban la violencia, puede llevar a niños y adolescentes a confundir la fantasía con la realidad, y a percibir la agresión como algo completamente natural. Estos expertos plantean que esta influencia se da con mayor medida en los niños y los jóvenes usuarios de los videojuegos con una temática bélica, de enfrentamiento cuerpo a cuerpo, uso de armas letales y donde es común dar muerte al adversario. Existe una alta probabilidad de que los niños y adolescentes puedan llegar a pensar que las diferencias se deben resolver a golpes, asumiendo usualmente roles de héroes y villanos de los videojuegos con los que simpatizan, algo que exacerba su innata conducta violenta.

Claro está que los videojuegos no son los únicos factores que pueden reforzar las conductas agresivas de los niños y jóvenes, sino que también lo pueden hacer los contenidos televisivos, las películas, la red de Internet y la violencia intrafamiliar. Los especialistas relacionan los videojuegos violentos con actitudes violentas; los adolescentes con desorden de comportamiento disruptivo, y los que más interactúan con juegos violentos son los más propensos a cometer acciones violentas en contra de los demás. Es por esta razón que los padres deben dialogar con sus hijos sobre los riesgos de acceder a contenidos violentos en internet y no reemplazar su afecto y tiempo con sus hijos a cambio de regalos como celulares, tabletas y videojuegos, sobre todo aquellos con temática de violencia.

Varios estudios independientes realizados en Estados Unidos y Japón han demostrado que tras varias horas de juegos violentos, el cerebro del jugador resulta afectado a nivel celular, y se producen señales erróneas entre diferentes células nerviosas que guardan cierta relación con los estímulos de algunos sentimientos. Los especialistas usaron un avanzado equipo de imagen por resonancias magnéticas para monitorear la actividad cerebral de los adolescentes con el desorden del comportamiento disruptivo, y descubrieron una actividad menor en los lóbulos frontales de sus cerebros. Esta zona del cerebro controla las emociones, los impulsos y la atención. Tras someter a estos individuos a varias horas de videojuegos violentos, la actividad en esta zona del cerebro decreció aún más. Está claro que no todos los niños que utilizan videojuegos violentos son violentos en la vida real; como tampoco es correcto culpar enteramente a los medios de información y comunicación por los actos agresivos de los adolescentes. Lo que sí pueden hacer estos videojuegos es alimentar la idea de que la violencia es una forma normal y aceptable para solucionar conflictos.

A partir de los juegos con los que se entretenga, el niño o adolescente podrá llegar a hacerse una idea de la sociedad y podrá aprender a diferencial cuáles comportamientos son correctos y cuáles no, lo que conlleva a los videojuegos a ser un arma de doble filo ya que, igual que puede ser usado de manera educativa, también puede ser utilizado con la intención de manipular y confundir a la persona sobre la forma de actuar y pensar a partir de la creación de unos principios morales equivocados.

El interés que suscitan las nuevas tecnologías de la información y la comunicación en la juventud es una realidad que los especialistas no pueden pasar por alto. Este motivo hace que muchos de ellos planteen una incorporación de dichas tecnologías en el mundo de la enseñanza ya que, de esta manera, el individuo podrá adquirir conocimientos mediante el seguimiento de la rutina normal de un videojuego en el cual se van mostrando datos o relatos de capacitación o entrenamiento, y el hecho que los conocimientos se muestren dentro de una herramienta lúdica suscitará un mayor interés en el estudiante. El hecho que sea un sistema de entretenimiento hace que se capte la atención del individuo que está interactuando con el sistema.

La estrategia de cualquier videojuego se basa en el aprendizaje de ensayo y error, premiando los aciertos y penalizando los posibles errores. Para llegar al éxito en el juego, primeramente habrá sido penalizado por los errores cometidos y, a través de estos errores, el jugador ha aprendido en el transcurso del juego y ha modificado sus estrategias hasta llegar al objetivo final. Dicha estrategia es tan útil en el mundo virtual como en el real ya que, al fin y al cabo, el jugador lo que hace es aprender de sus errores e intentar corregirlos de manera que no se vuelvan a producir y salir exitoso de la misión.

Al igual que los videojuegos pueden llegar a ser creados con fines pedagógicos y terapéuticos, también existen otro tipo de juegos con argumentos y desarrollos faltos de principios justificando cualquier medio para lograr la finalidad del juego por muy poco loables que sean éstos. Desde los años 80 del siglo XX, los videojuegos han sido objeto de críticas viscerales por ciertos entornos entre los cuales acusaban a los videojuegos de crear conductas violentas, antisociales y provocar problemas articulatorios a los jugadores. Muchas de estas críticas se producen sin ningún tipo de prueba científica que corrobore la acusación, pero es innegable que los argumentos de los videojuegos suelen hacer apología de la violencia y el sexismo y, si un juego con un argumento apropiado puede facilitar la educación de un niño, no es descabellado pensar que un argumento violento también pueda influir la conducta del jugador en su vida social.

El crecimiento de actos violentos por la juventud en el entorno escolar es indudablemente uno de los problemas sociales más graves con los que nos enfrentamos y a los cuales hay que buscarle solución de manera inminente. Sin embargo, antes de crear posibles estrategias para erradicar dicho brote de violencia, hay que determinar los factores causantes de un comportamiento inapropiado en la juventud y, de esta manera, tener conciencia de contra qué se debe luchar.

Partiendo de la base que en el aprendizaje en los primeros años de vida está relacionado con todas las actividades que practica, el tema de los videojuegos puede llegar a ser un punto preocupante ya que, si se hace una lista de los juegos más exitosos, en ella encontraremos una gran cantidad de títulos en los que la violencia explícita y las malas formas son los temas predominantes. Pero a pesar de estas aparentes evidencias es bueno recordar que aún mucho antes del desarrollo de las tecnologías de la información y la comunicación ya existían las acciones violentas en la sociedad, lo único que precisamente el hecho de no existir una comunicación avanzada hacia que dichos hechos de violencia no se conocieran a nivel global como sucede hoy día.

El desarrollo evolutivo del videojuego lo ha hecho cada vez más complejo tecnológicamente, más realista y por lo tanto más violenta, tratando de simular la realidad social actual. La ola más reciente de estos videojuegos basada en la tecnología, se está haciendo más parecida en realidad al cine y la televisión de lo que tradicionalmente esperábamos de un juego de vídeo. Esta es otra señal de la mezcla que se está produciendo entre todos los dispositivos de las tecnologías de la comunicación y la información. Gracias a esta mezcla la industria del videojuego se inspira en los filmes más taquilleros para crear nuevas aventuras, y la industria cinematográfica hace lo propio con estrenos de películas basadas en las temáticas de algunos videojuegos. Pero no solo el cine, también la televisión, la computadora, la tableta y el celular permiten la incorporación y la facilidad del videojuego a través de la red de Internet. Concretándose así la unión de los Ojos Manipuladores del Dragón.

10

Influencia de los Comerciales a través de los Ojos Manipuladores del Dragón

La publicidad es la técnica de comunicación múltiple que utiliza en forma paga los medios de comunicación para la obtención de objetivos comerciales, intentando actuar sobre las actitudes de las personas. En este tipo de comunicación, el anunciante es el emisor, el medio es la vía y la audiencia es el receptor. Entre el emisor y el medio existen otras entidades: la agencia de publicidad (institución que media entre el anunciante y los medios), el emisor técnico que es quien crea, produce y planifica la difusión de los avisos y finalmente el medio, que difunde el aviso haciéndolo llegar a su audiencia.

La publicidad cumple una función que es necesaria para un razonable funcionamiento de la economía de un mundo civilizado: poner en comunicación a los que ofrecen un producto o servicio con los potenciales compradores o usuarios del mismo. Pero en nuestra sociedad de consumo, la función de la publicidad es mucho más amplia, puesto que debe conseguir: Que distingamos un producto de otros similares. Que prefiramos adquirir un producto frente a otros alternativos. Crear la necesidad en las personas que reciben publicidad sobre un producto y el deseo de adquirirlo. Mantener a los consumidores en un permanente comportamiento consumista, transmitiendo ideas, actitudes y emociones que provoquen un continuo deseo de compra.

La publicidad es omnipresente en la sociedad moderna; Ella es la que produce las grandes riquezas de los medios de comunicación. Puede ser vista en la televisión, Internet, periódicos, revistas, carteles y camisetas, y oída en la radio. Lo que comenzó como un simple medio para informar al público sobre bienes y servicios a la venta se ha convertido en el principal medio para crear necesidades en el público para que sean satisfechas a cambio de una ganancia.

Actualmente cabe distinguir entre dos clases de publicidad: la publicidad offline, la que se emite a través de los medios tradicionales, como televisión, cine, radio, prensa, etc., y la publicidad online transmitida a través de las nuevas tecnologías de información y comunicación, como el Internet, el Tablet, el Celular, el Videojuego y la Televisión Interactiva. Estos nuevos medios están permitiendo nuevas formas de interactividad con los usuarios y generando en especial lo que se conoce como "suscripción a contenido por demanda". Esto permite que los prospectos se agrupen en grupos objetivos de manera voluntaria y pueda comunicárseles información que están dispuestos a consumir. RSS (Really Simple Sindication) está recreando la publicidad de maneras novedosas y más inteligentes. Los podcasts (una forma de RSS en audio) permiten que los usuarios descarguen automáticamente contenido de estaciones radiales según sus preferencias personales. Lo anterior ha llevado a caracterizar estos medios como medios dirigidos o relevantes, ya que mediante ellos la publicidad llega a la gente específica, de interés, y no al público en general.

De modo tal, cuando uno se suscribe a un contenido RSS puede estar dando permiso al remitente de adjuntar publicidad relativa al tema de su interés. Nuevas plataformas como el product placement y las campanas de guerrilla utilizan medios no convencionales para sus piezas de comunicación. Los blogs son también herramientas que dan liderazgo de opinión a las marcas que los utilizan y al mismo tiempo una gran fuente de enlaces y contenido focalizado. Las redes sociales proporcionan también un público objetivo focalizado, que ofrece una predisposición positiva así como una fácil y rápida propagación. El consumidor pasa de ser pasivo a participativo.

Si nos detenemos a analizar este tema nos daremos cuenta que las empresas televisivas nos manipulan psicológicamente y nos venden los productos que ellos quieren, como quieren y las veces que quieren. La intención de los anunciantes cuando publicitan sus productos a través de los medios de comunicación es impactar al público para que prefiera sus productos o servicios frente al de la competencia. Por tanto, el anunciante espera que la exposición de la audiencia a la publicidad influya sobre la actitud del individuo ante la marca y, así, sobre su intención de compra. Aquí se pone de manifiesto que existe una relación significativa entre la evaluación que se realiza de la publicidad, la actitud ante la marca del producto o servicio publicitado y la intención de compra del consumidor.

De esta forma, la publicidad y el consumo van ligados de la mano sobre todo cuando se habla de las grandes ciudades, donde influye la moda presente día a día en los medios de comunicación con un alto potencial publicitario. Ésta provoca nuevas tendencias en los hábitos de compra. Dependiendo del producto o servicio, hasta un 90% de las decisiones de compra se realizan en el punto de venta. Por esta razón, la publicidad interactiva o a través de los medios dirigidos en el punto de venta se ha convertido en un valor en alza. Existen numerosas iniciativas de pantallas interactivas/pasivas en sucursales bancarias, supermercados, hoteles, etc. Existen numerosas nuevas soluciones "software" de publicidad interactiva. Dichas soluciones permiten a los gestores de los circuitos gestionar cientos de puntos de ventas desde un entorno web, y automatizar la creación y envío de contenidos multimedia publicitarios.

Los mensajes publicitarios actúan agresivamente sobre los consumidores con el fin de mantener o crear pautas de comportamiento. Los mismos contienen roles sociales que acaban condicionando nuestra conducta. A menudo, la publicidad perpetúa una serie de estereotipos que tradicionalmente se han adjudicado a los hombres, las mujeres, los niños o los ancianos.

La publicidad impone un ideal en cuanto a la imagen física, estilo de vida, propone llegar a la "felicidad" consumiendo los productos y servicios que difunde, lo que hace que todo aquel que se vea influenciado por la publicidad intente alcanzar el ideal alejándolo de su propia realidad.

Siendo los niños, adolescentes y jóvenes un público objetivo susceptible, se podría hacer una analogía entre ellos y una esponja, ya que van absorbiendo todo lo percibido en la publicidad. Mientras jóvenes y adolescentes tratan de definir su personalidad, la publicidad les ofrece una serie de roles estereotipados con mensajes dañinos de nuevos conceptos de moralidad, de religión, de respeto, de pudor, etc. Las propuestas publicitarias proponen una juventud feliz, dinámica, alegre y con un gran poder adquisitivo. Para vender moda, coches, tecnología, viajes, etc. utilizan temas como los estudios, el estatus, la figura, la imagen, las discrepancias con los padres, la música, la velocidad y el deporte entre otros. Todos ellos son manipulados por los publicistas para posicionar en su mente la necesidad de consumir productos muchas veces innecesariamente. Es imperioso que los jóvenes hagan consciencia sobre estos trucos publicitarios para poder tener una actitud crítica hacia la publicidad, usándola como fuente de información para tomar sus propias decisiones de compras racionales, sin emociones y sin dejarse persuadir.

Según algunos analistas, los creativos de medios publicitarios tienen montado todo un método de manipulación colectiva que sigue un proceso sistemático muy bien estructurado:

- **Modelación estratégica de la mente, la voluntad y los sentimientos, orientándolos en una determinada dirección**: Que las personas no piensen por sí mismas, que los pensamientos se los den hechos y razonados oportunamente. Que las personas sientan lo que les digan que han de sentir. Que las gentes quieran hacer lo que les digan que han de querer hacer.

- **Adoctrinamiento cultural**: A partir de unas ideas motrices, se interpreta todo, como la historia, la religión, la ética, la moral, los valores tradicionales, etc., y se va mentalizando a todas las personas de que "todo lo anterior es retrógrado" y se da lugar a una crítica de lo que sea anterior o tradicional, de "lo que no es nuevo". De esta manera se va haciendo una nueva base sin que el espectador se dé cuenta. Las normas de vida en que las personas se educaron: todo ha quedado delegado al "halago de los sentidos, a lo que gusta oír y a lo que no suponga esfuerzo alguno".

- **Configuración de la conducta:** las ideas motrices que se han convertido en ideales ya se consideran como los valores decisivos de la nueva sociedad.

Una discusión teórica permanente entre los estudiosos del consumo, es si realmente la publicidad puede crear nuevas necesidades, o solo saca a la luz y se aprovecha de las necesidades latentes de los seres humanos. Lo cierto es que en muchos casos no solo debe hacer que prefiramos un determinado producto frente a otros, sino que debe hacer surgir en el sujeto la necesidad de comprar algo nuevo, es decir, debe hacer que deseemos poseer algo que no teníamos y que, por lo tanto, tampoco habíamos echado de menos anteriormente. Esto sucede cada vez que a través de un cambio tecnológico o a través del diseño se tratan de introducir en el mercado productos novedosos.

En la llamada fiebre del celular, la persona puede tener un celular que cumple con todos las necesidades y requerimientos que necesita, pero tan pronto sale una nueva versión, ésta quiere comprarlo a como dé lugar para estar "en la moda".

Los consumidores estamos expuestos, en nuestra cultura, a más de mil anuncios diarios, aunque, por supuesto, sólo percibe una mínima parte de ellos, y sólo una parte, aun menor, tiene alguna influencia sobre su comportamiento como comprador. Desde luego no todas las personas resultan igualmente vulnerables a los mensajes publicitarios, de forma que, aunque todos los recibimos en porcentajes muy similares, su impacto en cada uno es muy distinto. La "vulnerabilidad a los mensajes publicitarios" es una de las características de las personas que tienen mayores problemas de consumo y se relaciona con los factores de personalidad de los consumidores cuya manipulabilidad y conformidad social les convierten en sujetos a los que resulta muy fácil seducir e influenciar.

Los niños son los más vulnerables a esta gran cantidad de anuncios publicitarios a través de la televisión y demás medios de comunicación. Como ya sabemos la publicidad pretende manipularnos para que consumamos aquello que se anuncia, apelando para ello a nuestras emociones y motivaciones y relacionando la posesión de ese objeto con un mayor bienestar o con la felicidad. Y en este sentido, los niños son fácilmente manipulables, desconocen los mecanismos que utilizan los publicitarios para conseguir sus fines y carecen del sentido crítico necesario para evitar ser engañados. Pero a fin de cuenta el niño no tiene autonomía económica y como resultado de esta manipulación tenemos que el niño obliga a los padres de la forma que le sea posible para que estos les compren el producto que vio en el comercial de la televisión.

La crítica a los efectos de la publicidad está indisolublemente unida a la crítica de la sociedad tecnohedonista. Quien analiza la sociedad de consumo no tarda en pasar al análisis del papel que en ella juega la publicidad. Se considera que los mensajes comerciales son los auténticos portavoces del sistema de vida actual, incluso mucho más que los factores sociales y políticos, que inciden en los valores institucionales.

Es obvio que cada esfuerzo publicitario tiene un objetivo limitado, que no es otro sino el de la promoción de marcas comerciales concretas; sin embargo esto resulta aparente, cómo nos explicaría la hermenéutica, el arte de interpretar textos, los efectos que cada mensaje tiene sobre los receptores. Con el propósito de ofrecer información, se muestran algunas variables influyentes que han sido objeto de estudio:

- **Memorización, bien espontánea o ayudada:** largo del anuncio en cintillo de texto en la pantalla. La distinción básica es entre tamaño, color, frecuencia, tiempo y velocidad de movimiento. La mejora en la memorización es proporcional según el tamaño, la velocidad y el tiempo, pues en promedio el aumento del tamaño y/o la frecuencia supone una ganancia en la memorización, al igual que lo hace una reducción de tiempo y/o velocidad. Se utilizan recursos, como el mencionado, para reforzar la memorización, la permanencia de la imagen y sonido en la memoria del individuo.

- **Asociación anuncio-marca:** Cada vez que la persona vea un producto o servicio traerá a la mente la imagen de la publicidad, y si la publicidad llegó muy bien al receptor el producto o servicio tendrá una buena acogida.

- **Comprensión del mensaje básico del anuncio:** El mensaje enviado por la publicidad al ser comprendido tiene más posibilidades de ser recordado porque por el hecho de ser comprendido ya está dentro de la memoria, pero asegura que sea una permanencia duradera.

- **Incremento de las actitudes positivas:** El que un producto ya tenga aceptación transmite una imagen positiva a las personas que todavía no son consumidores de ese producto, lo que muchas veces termina en una actitud positiva para el producto.

- **Buen Posicionamiento:** Si el producto está bien posicionado en la mente del consumidor, produce un efecto positivo en los incrementos de ventas. Por ejemplo en cualquier parte que usted mencione las palabras refresco o soda, todo el que esté presente recordará en su mente "Coca Cola".

Hoy en día, la gran mayoría de los niños y adolescentes tienen acceso a la red de Internet desde sus propias casas, y de ellos, muchos lo pueden utilizar a cualquier hora. Es por ello, que todo aquello que ven en Internet lo terminan aprendiendo, al igual que ocurre con la televisión. En la mayoría de las páginas aparece publicidad, por no hablar de los portales, que están plagados de ella. Es un tipo de publicidad diferente a la de la televisión, pero está ahí, en la parte superior, o a un lado de la página, y con un simple clic, se consigue mucha más información sobre ese producto. Al producirse interacción para ver la publicidad, resulta mucho más simple para la mente aprender lo que ve.

El texto, link o enlace, banner, web, weblog, blog, logo, anuncio, audio, video, y animación son los elementos que generalmente incluye la publicidad online, con el objeto dar a conocer un producto al usuario que está en línea. Desde que comenzó a incrementarse el número de audiencias de internet, se impuso la necesidad de medir la eficiencia publicitaria de este nuevo medio. Las diferentes estrategias para evaluar el interés de los internautas en una publicidad van desde la contabilización de la cantidad de cliks que un usuario realiza sobre un hipervínculo dentro de una página web, pasando por la herramienta page view (páginas vistas) o página impresa, hasta terminar en la posibilidad de medir el total de minutos que los usuarios pasan ante un sitio web como medida clave de su involucramiento.

Los medios que se utilizan para implementar una campaña publicitaria en la red de Internet son los siguientes:

Buscadores: Uno de los mejores medios para dar a conocer un sitio web. Los buscadores suelen derivar visitantes muy interesados en lo que un sitio ofrece. Sin embargo, su principal desventaja es la alta competencia que existe entre las millones de páginas web.

Directorios: Cumplen la función de una guía en la que se puede encontrar una página según la categoría y tema. Sirven de referencia a algunos buscadores que los utilizan para organizar sus propios directorios. Por ello, es fundamental que un sitio web sea listado en este directorio.

Programas de anuncios: Son programas que permiten colocar un anuncio (imagen o texto) que será mostrado en páginas web relacionadas con el tema del anuncio. Sólo se paga cuando una persona hace click en el anuncio.

Sitios de intercambio de banners: Son sitios que favorecen el intercambio de banners entre diferentes sitios webs.

Boletines electrónicos: Algunos boletines electrónicos ofrecen un espacio (para colocar un banner o un texto) en los correos electrónicos que envían regularmente a sus suscriptores.

Espacios en páginas web para publicidad: La mayoría de los sitios webs ofrecen un espacio pago en sus diferentes páginas para que algún anunciante pueda colocar un banner o un texto.

Anuncios clasificados: Diversos espacios webs ofrecen la posibilidad de colocar un anuncio en un sector acorde al rubro del anuncio. Algunos brindan este servicio previo pago, otros, en cambio, lo hacen gratis.

Los datos más destacables que tal vez puedan ayudarnos a entender el impacto de la publicidad en Internet son los siguientes:

1.- **La publicidad en Internet es considerada molesta.** Según algunos estudios, un 54% de los internautas dice no sentirse molesto por los anuncios cuando navega.

2.- **El 59% dice percibir la publicidad.** Más de la mitad de las personas que navegan a través de sus teléfonos celulares prestan atención a la publicidad. Y de este porcentaje, casi la mitad realiza alguna acción al respecto, como buscar información de la empresa, clicar en el anuncio, etc.

3.- **La búsqueda de información influye en la compra.** Dos de cada cinco usuarios que compraron a través del teléfono móvil afirmó sentirse influido por la información encontrada tras una búsqueda sobre el producto, el servicio o la marca.

Por otro parte, un aspecto que influye en la eficacia de la publicidad en Internet es la experiencia previa de los usuarios, junto a la familiaridad de la marca. Ambos han mostrado tener un papel moderador de los efectos de la publicidad e Internet. Los usuarios con poca experiencia en Internet se muestran más influenciados por la exposición a la publicidad que los que cuentan mayor experiencia. Igualmente, la exposición a publicidad de marcas no familiares incrementaba el conocimiento y la actitud positiva hacia la marca, pero no en las marcas muy familiares.

En este sentido, si la exposición a los contenidos de Internet influye en la actitud del usuario cabe preguntarse cómo se genera ese efecto. Para Ducoffe (1996) el origen de esta relación está en la teoría del intercambio, en concreto, el mensaje a través del medio de comunicación constituye un intercambio entre el consumidor y el anunciante. Como en cualquier intercambio, el consumidor espera que el valor de la comunicación satisfaga o supere sus expectativas, es decir, que le dé lo que espera. Según este autor la percepción de los usuarios y consumidores de las acciones de comunicación a través de la página web vienen determinadas por tres factores: el valor informativo que aporta al consumidor; el grado de entretenimiento o la experiencia placentera de la publicidad y la irritabilidad o grado de molestia que puede generar la comunicación (Ducoffe, 1996). Respecto a este último factor, los estudios han mostrado que los usuarios se muestran cada vez menos receptivos a exponerse a contenidos no deseados durante la sesión de navegación. En concreto, hay una tendencia a rechazar los contenidos que se escapan de su control (pop-up, layer, pop-under, por ejemplo) que se califican como molestos.

Si esto es importante desde el punto de vista de los adultos, para los niños aún lo es más; ya que son mucho más susceptibles y tienen menos criterio sobre lo que ven, quedando en la mayoría de los casos anonadados por los diferentes productos. Una actuación lógica para que no se produzca esta situación, sería que los padres controlaran el uso que sus hijos hacen de la red y fomentaran el uso de la lectura para entender las cosas; quedando Internet como un recurso más para encontrar información, pero no la única forma de hacerlo. También es necesario eliminar del alcance de los niños toda la publicidad que hable de sexo, violencia, etc. Es fundamental el control de padres y profesores para que todas esas informaciones no lleguen a los pequeños, ya que la percepción que puedan obtener de ellos no será la adecuada para sus edades.

La publicidad, igual que lo hacen los medios de comunicación e información, proyecta una visión estereotipada de los jóvenes y adolescentes, que aparecen despreocupados y divertidos, pendientes únicamente de su imagen personal. Se trata de una imagen sesgada, muy alejada de la diversidad que caracteriza al universo juvenil, de las diferentes maneras de sentir y actuar de los jóvenes. Pese a ello, en la medida en que la publicidad sobre representa esa imagen simplificada de los jóvenes y adolescentes, la refuerza y acaba convirtiéndola en el referente indiscutible para muchos. De hecho, esta visión estereotipada es aceptada como propia por muchos jóvenes, que perciben que ese es el modelo con el cual la sociedad espera que ellos se identifiquen. En un contexto histórico donde los referentes culturales tradicionales (la religión, la política, los ideales colectivos, etc.) han perdido influencia, la publicidad y los medios de comunicación ofrecen a los jóvenes una imagen con la que identificarse. Ser joven o adolescente significa actuar y posicionarse tal y como estas instancias nos muestran que piensan, sienten y se comportan ellos. Esta identificación con los modelos juveniles fortalece en ellos la vivencia de normalidad, un elemento central en la cultura juvenil, íntimamente ligado a los procesos de integración social. En la medida en que los jóvenes actúan como creen lo hacen los demás jóvenes se sienten más aceptados e integrados.

Un estudio llevado a cabo en 1998 notó que los comerciales de televisión muestran a los niños como activos y dominantes, pero a las niñas como risueñas y tímidas. Estos comerciales también demuestran qué tipo de comportamiento es apropiado para los niños y las niñas al dictar qué juguetes son para cada uno de ellos. La representación de cómo deberían actuar los niños y las niñas y a qué deberían jugar envía un mensaje al espectador de qué es apropiado, y por lo tanto, formando una identidad de género en él. Las publicidades de televisión muestran al personaje femenino en una de dos formas: la ama de casa o el objeto sexual. Inicialmente, la mujer se muestra consistentemente en la casa, supermercado o comprando para poder reforzar el rol de la mujer en la esfera doméstica. Por otro lado, las mujeres también se muestran como objetos sexuales, siempre con ropa provocativa enviando un mensaje sexual muy claro. Al decirles a las mujeres continuamente que deberían estar haciendo esas cosas, los espectadores ven tal comportamiento como una norma y forman su identidad de género alrededor de eso. Los publicistas de televisión colocan a los hombres en dos roles distintos: el sostén de la familia y el varón heterosexual. Inicialmente, las publicidades de la televisión representan comúnmente al hombre como sabio, gran trabajador, poderoso y exitoso; esta representación les dice que para ser un hombre tienes que cuidar a tu esposa e hijos y poseer esas cualidades. Además, las publicidades de la televisión representan que los hombres tienen que ser heterosexuales. Colocando a las mujeres como el objeto sexual directo para los hombres, envían un mensaje diciendo que la heterosexualidad es una norma, y por lo tanto, se forma la identidad de género en los hombres.

A medida que los esfuerzos de publicidad y de comercialización de productos se han hecho más presentes en nuestra cultura, la industria ha sufrido la crítica de grupos tales como Adbusters por fomentar el consumismo usando técnicas propias de la propaganda. La industria es acusada de ser uno de los motores que activan el sistema de producción en masa que promueve el consumismo. Se ha criticado que algunas campañas publicitarias también han promovido sexismo, racismo, y discriminación inadvertidamente o incluso intencionadamente. Tales críticas han planteado preguntas sobre si este medio es el que crea estas actitudes o si simplemente es un mero reflejo de estas tendencias culturales. Los grupos de interés público, tales como New Etchic y librepensadores están sugiriendo cada vez más que el acceso al espacio mental ocupado por los publicistas sea gravado. Actualmente el espacio está siendo aprovechado libremente por los publicistas sin pagar una remuneración al público sobre el que se están imponiendo. Esta clase de impuesto sería un gravamen que actuaría para reducir lo que ahora se ve cada vez más como desperdicio público. Los esfuerzos a tal efecto están cogiendo ímpetu, en los estados de Arkansas y Maine que están estudiando poner tales impuestos en ejecución. En el estado de Florida se decretó este impuesto en 1987 pero fue forzada a derogarse al cabo de seis meses, como resultado de un esfuerzo concertado por los intereses comerciales nacionales, que indicaron que causaban una pérdida de 98 millones de dólares únicamente a la industria de la difusión.

En términos generales, existen dos maneras básicas a través de las cuales los publicistas tratan de posicional un producto en la audiencia: apelando a sus emociones o apelando a su intelecto y necesidades. Estas distinciones pueden y se han separado en varias capas, pero estos son los dos elementos básicos en el juego. Las apelaciones basadas en la emoción están construidas en la psicología de imágenes en las cuales éstas conectan en la mente del espectador con una memoria o respuesta emocional. Las apelaciones intelectuales están construidas en proporcionar información relacionada en cómo el producto o servicio cumplirá las necesidades del espectador.

La aplicación científica dentro del campo de la publicidad en la televisión ha permanecido dividida en la cuestión de si los publicistas tienen que enfocarse en construir vínculos emocionales con los clientes potenciales o en los aspectos superficiales de la marca. En el "Periódico de Historia del Diseño", Thomson indica que la mayoría de agencias de publicidad en Estados Unidos han abarcado la psicología de las imágenes para influenciar al consumidor de elección. Sin embargo, los negocios han empezado a reconocer la necesidad de evitar dar la impresión de ser vendedores de aceite de serpiente ofreciendo soluciones inútiles.

En la "Reseña de Historia Económica", Church sugiere que el mercado británico tomó la posición de que era la responsabilidad del comerciante el educar a un público anteriormente no consciente sobre las marcas y productos disponibles, proporcionando efectivamente toda la información necesaria para que ellos tomen la decisión a su juicio correcta. Aunque los investigadores como Millar concluyen que presentar argumentos basados en las características es la manera más efectiva de promover un producto o servicio, otros como Edwards y von Hippel ahora insisten en las apelaciones basadas en la emoción porque son el mejor método de provocar el comportamiento deseado en el consumidor.

Existe evidencia de que los enfoques ideológicos fundamentales son transferidos a través de técnicas emocionales usadas por empresas publicitarias. Roland Barthes explica cómo funciona esto en sus discusiones sobre semiología, que nuestras emociones se vinculan con imágenes simbólicas usadas a propósito para animar o no ideas específicas. Estas imágenes simbólicas son combinadas con colores específicos, líneas, texto y formas para hablarle a una población específica e influenciarte a tomar la decisión con casi ninguna información.

Aunque la apelación emocional parece tener buenos resultados, los estudios de Rothschild y Hyun muestran que el cerebro izquierdo (función cognitiva) se impone después de los segundos iniciales en una publicidad televisiva. En un estudio realizado por Franzen, también se encontró que un poco de consciencia cognitiva de las características del producto era necesario para que una publicidad fuera efectiva, sin importar el grado de apelación emocional. Por lo tanto, las publicidades más efectivas buscan específicamente influenciarnos a través de una apelación emocional que golpee fuerte como también un argumento lógico y cognitivo.

En definitiva las personas que son particularmente susceptibles a la publicidad pueden encontrarse gastando su dinero compulsivamente en cosas que han visto en comerciales. Si esta urgencia por gastar no es controlada, puede causar dificultades financieras serias. La imagen del "adicto a las compras" es humorística para mucha gente, pero es un problema muy real para cualquiera que lo sufre. La gente demasiado sugestionable puede internalizar el mensaje de que no serán felices, aceptables o atractivos para los otros hasta que hayan comprado un artículo más.

El peligro de la invisibilidad de la publicidad subliminal constituye la parte más temible del Dragón de la avaricia, aquellos anuncios que incluyen imágenes y/o sonidos no inmediatamente visibles o audibles en condiciones normales de atención, es decir que se encuentren ocultos y envueltos entre el resto de elementos perceptibles del mensaje. El analista, J. Luis León, destaca seis procedimientos de creación de mensajes subliminales: a) imágenes escondidas. b) ilusiones virtuales. c) doble sentido. d) emisiones de ultrafrecuencia. e) luz y sonido de baja intensidad. f) ambientación de luz y sonido.

El estudio de la publicidad subliminal nos muestra que es mucho más eficaz cualquier otro tipo de publicidad, aunque como comenta Theus: si se siguen unas condiciones previas se puede dar el caso de que este tipo de publicidad llegue a ser bastante eficaz. En todo proceso de creación de publicidad subliminal debemos respetar las siguientes premisas: a) el umbral de frecuencia debe de estar lo más próximo posible del límite de captación consciente, que por otro lado no es predecible al ser variable por individuo e incluso por día para cada persona. b) los mensajes visuales son más probablemente efectivos que los aurales. c) los sujetos deben estar pre sensibilizados hacia el contenido del mensaje, preferentemente con una excitación emocional o un entrenamiento para percibir "entre líneas" los mensajes.

Desde el televisor hogareño con su pantalla cada vez más grande y más huérfana de imágenes creativas, hasta el celular inteligente con su pantalla cada vez más pequeña pero coqueta, estamos irremediablemente expuestos al bombardeo multicolor y farandulero, que nos aturde y nos obnubila. Seguimos recibiendo imágenes y mensajes - groseramente directos o astutamente subliminales - que nos van cambiando la mentalidad hasta transformarnos en robots consumistas, programados *hábilmente* desde el computador del departamento creativo de una agencia de publicidad.

¿Quién será el Aquiles de esta Ilíada? el que pueda resistir y salir victorioso de esta influencia, calculada de antemano por especialistas de la economía de mercado y por habilísimos publicitas que conocen al dedillo los anhelos íntimos de tantos millones de consumidores. Cuando vemos a un grupo de jóvenes emborrachándose con sus cervezas vestidas de novias, ni se nos ocurra insinuarles que van camino al alcoholismo... Y al fumador empedernido, ¿quién le pone el cascabel? La tentación es bajar los brazos, y dejarse llevar por la corriente... que el mundo siga dando vueltas... ¡Dale que va! Y, a pesar de todo, tiene que quedar alguien que no se resigne a esta situación que amenaza con el bienestar y la felicidad de la humanidad. Debemos ponerle un alto a la cultura de dejar que el más vivo viva del más pendejo.

No propongo ningún cercenamiento a la libertad de expresión y difusión del pensamiento, bien entendida, ni a la publicidad inteligente y honesta. Simple y llanamente es una alerta a la sociedad en su conjunto, para que no se deje engañar por quienes la tratan de hundir en un consumismo crudamente materialista; y un llamado serio a los empresarios y a los profesionales de la publicidad, quienes deben medir las consecuencias sociales de sus creaciones. No vayan a convertir a la humanidad en un rebaño manejado como por control remoto, que se dirige, mansamente, a tal o cual centro comercial o sitio web donde adquiere, como un autómata, el producto que la propaganda le ha atornillado en el cerebro, sin saber ni para que lo quiere.

"Los hombres somos las víctimas de esos malandrines que nos han despojado de nuestra personalidad; y no bajaremos la guardia; y lo acompañaremos "en esta buena guerra; que es gran servicio de Dios quitar tan mala simiente de sobre la faz de la tierra". (Cervantes, De Miguel. Don Quijote, capítulo VIII).

11

Influencia de la genética humana en la violencia social

Por todo el mundo se escuchan historias desgarradoras acerca de muertes, asesinatos, crímenes, tragedias, homicidios, suicidios, delitos, guerras, actos terroristas, violaciones, violencia doméstica, y muchas otras desgracias. Hay quienes culpan a los medios audiovisuales de comunicación masivas y opinan que los dueños de estos medios no se interesan por la suerte de la sociedad y solo piensan en general dinero para sus bolsillos.

Para entender por qué ha existido siempre tanta violencia en el mundo y por qué los esfuerzos para erradicarla han resultado inútiles, debemos dejarnos de paños tibios y profundizar en las raíces del problema. En primer lugar debemos entender que lo que somos y hemos alcanzado en nuestra vida se debe en gran medida a la suma de pensamientos, acciones y decisiones que hemos ido asumiendo con el paso de los años.

El científico Ginés Morata asegura que la genética determina los sentimientos y el comportamiento de los humanos. Según él, los genes influyen de forma decisiva en la intimidad humana. *"Nos comportamos y somos básicamente como nuestro genoma nos dicta, aunque con los matices de la educación y las condiciones sociales de cada uno", sostiene el Premio Príncipe de Asturias de Investigación.* (EFE, Madrid)

Según este científico y profesor de investigación del Centro de Biología Molecular Severo Ocho: *"el comportamiento humano es principalmente genético. Nos comportamos y somos básicamente como nuestro genoma nos dicta"*, aunque los matices de la educación y las condiciones sociales de cada uno pueden modificar estos patrones. La genética determina la estructura física y la intimidad del ser humano, es decir, el comportamiento, los sentimientos y la respuesta de las personas a los estímulos.

"La secuenciación del genoma humano, ese inventario completo de los genes y proteínas de una persona, "proporciona la clave para entrar en lo más íntimo de la naturaleza del hombre". (Ginés Morata)

Si tomamos en cuenta, por otro lado, que según el gran filósofo ingles Thomas Hobbes, al comienzo, en el estadio antes de la organización de la vida social, el ser humano se encontraba en un estado natural en donde todos eran iguales por naturaleza en facultades mentales y corporales, produciéndose, también de una forma natural, la compensación entre las deficiencias y las cualidades con las que la naturaleza ha dotado a cada cual. Y que desde su creación cada ser humano busca su propia conservación, en primer lugar, lo que da origen a la competición y a la desconfianza entre los seres humanos. Además de que en este estado natural no existían distinciones morales objetivas, por lo que dicha competición daba lugar a un estado permanente de guerra de todos contra todos, en el que cada cual se guiaba exclusivamente por la obtención de su propio beneficio y, no existiendo moralidad alguna, no había más límite para la obtención de los deseos, que la oposición que podía encontrar en los demás.

Al no existir distinciones morales objetivas Hobbes considera, que las acciones humanas se desarrollaban al margen de toda consideración moral, como resultado de la fuerza de las pasiones, únicos elementos por los que se podían guiar, en dicho estado, los seres humanos. Dado que no había lugar para las distinciones morales no se pueden juzgar dichas pasiones como buenas o malas. Podría parecer que Hobbes, al hacer depender de las pasiones la acción de los seres humanos en el estado de naturaleza, y al aparecer caracterizado tal estado como una guerra permanente de todos contra todos, un estado en el que el hombre es un depredador del hombre, sugiere que las pasiones son un elemento negativo de la conducta humana, que el ser humano es malo por naturaleza, pero el mismo ser humano se encarga de no reconocer su propia realidad.

"Pero ninguno de nosotros acusa por ello a la naturaleza del hombre. Los deseos, y otras pasiones del hombre, no son en sí mismos pecado. No lo son tampoco las acciones que proceden de estas pasiones, hasta que conocen una ley que las prohíbe. Lo que no pueden saber hasta que haya leyes. Ni puede hacerse ley alguna hasta que hayan acordado la persona que lo hará." (Leviatán, XIII)

Ya que los factores que inclinan al ser humano hacia la paz o a la no violencia son el temor al rechazo social, al castigo, o a la muerte; así como la esperanza de obtener aquellas cosas que son necesarias para una vida confortable, a través de medios pacíficos. Es por tal razón que fueron creador los códigos de conductas de la antigüedad: Los mandamientos judíos, el código Hammurabi, entre muchos otros.

La necesidad de regir el mundo primitivo con la imposición de los Diez Mandamientos, deja muy claro la naturaleza violenta del ser humano. Solo tenemos que analizar dichos mandamientos para que se haga obvia esta conclusión: De los diez mandamientos solo el primero y el segundo son dedicados a honrar Dios, el tercero es dedicado a la sociedad en su conjunto –incluyendo animales, árboles y cosas-, el cuarto es dedicado a honrar a nuestros padres, y los seis restante, todos son dedicados a evitar la violencia. Esto demuestra que el propio creador sabe de nuestra naturaleza violenta.

A continuación una lista de los Diez Mandamientos para que juzgue usted por sí mismo si lo que digo es cierto o no.

1. Amarás a Dios sobre todas las cosas, 2. No tomarás el Nombre de Dios en vano, 3. Honrarás el séptimo día, 4. Honrarás a tu padre y a tu madre, **5. No matarás, 6. No cometerás actos impuros, 7. No robarás, 8. No dirás falso testimonio ni mentirás, 9. No consentirás pensamientos ni deseos impuros. 10. No codiciarás los bienes ajenos.**

El hecho de que haya factores que inclinan, de forma natural, al ser humano hacia la paz permite colegir que hay algunos factores en la naturaleza humana que nos inclina a la consecución de la violencia; Hobbes cree que esos factores están regulados por leyes de la naturaleza que pueden ser descubiertas por la razón, y proveen al ser humano de un conjunto de normas de egoísta prudencia, no morales, ni metafísicas, que hacen posible la propia conservación y seguridad de la especie humana.

Las leyes de la naturaleza son inmutables y eternas. La injusticia, la ingratitud, la arrogancia, el orgullo, la iniquidad y el favoritismo de las personas no pueden nunca legitimarse, porque no hay forma lógica de demostrar que la guerra preserve la vida y la paz la destruya. Estas leyes de la naturaleza a las que se refiera Hobbes son similares a las de la física, y establecen las formas en que su psicología hace que actúen los egoístas. El estudio de las leyes de la naturaleza nos inclina a pensar que las conductas y acciones conductuales son el resultado de las instrucciones dadas por el código genético humano, estimulado por algunas condiciones del medio ambiente.

En términos generales, las acciones del ser humano están íntimamente ligadas al tipo de creencias culturales y religiosas que se tiene y, por este motivo, el solo planteamiento de que somos violentos por naturaleza, tiene una serie de implicaciones, por demás nocivas y alarmantes, entre quienes pretenden tapar el sol con un dedo por el miedo a aprontar la realidad.

Según estudios científico - genéticos dentro de cada una de las células del cuerpo hay un núcleo en el que se almacena una copia exacta del código que define lo que somos, es decir, en cada una de las células hay una copia de las instrucciones de nuestro organismo, como el plano de una construcción; estas instrucciones indican las características físicas y propensiones conductuales que aparecen en el transcurso de la vida; además, son instrucciones que pasan de padres a hijos a través de generaciones.

Los genes son los responsable de las características innatas del ser humano. Los eruditos de la materia utilizan el término "innata" para afirmar que el organismo la manifiesta tan pronto nace, debido al resultado de las indicaciones hechas por el código genético del mismo. Aunque desde mi punto de vista el ser humano posee características innatas que no necesariamente se manifiestan desde el nacimiento (el deseo sexual podría servir de ejemplo) pero están ahí dentro del ser "dormidas" esperando por un "detonante" que las "despierte", y esto es precisamente lo que pasa con la violencia. Cuando digo que el ser humano es violento y agresivo por naturaleza, intento decir que nuestro código genético nos indica ser violentos en diferentes circunstancias de la vida, y es gracias a nuestra educación, socialización, culturización, creencias, temores, miedos, deseos, aspiraciones y medio ambiente que logramos controlar más o menos nuestro ser violento. Así como el código genético de una persona tiene las instrucciones para que posea cabellos negros, entonces se puede asegurar que una de sus características innatas consiste en poseer cabellos de este color, en tanto que en su genoma heredado se encuentra dicha instrucción, aunque con el tiempo el cabello puede cambiarle de color de forma natural, porque también así estaba establecido en su mapa genético.

Varios estudios han demostrado que la agresión o la violencia, como rasgos conductuales del ser humano, son el resultado de la dinámica cerebral. Según los expertos, las bases neurobiológicas de la agresividad se hallan en la corteza prefrontal y en la amígdala del cerebro, considerada como la estructura dominante en la modulación de la violencia. En consecuencia, las áreas del cerebro denominadas amígdala e hipotálamo trabajan conjuntamente, de forma que el ritmo de ataque o agresión depende de la interacción entre ellas. De esta forma, es posible que la persona que desde temprana edad se acostumbra a utilizar su cerebro para ser violenta o agresiva, tenga esta tendencia porque sus genes indicaron que debería manifestar una propensión a este tipo de comportamientos. Lo cual explica el porqué de la violencia desde muchos siglos antes de que existieran los medios de comunicación con proyecciones de imágenes violentas.

En toda esta teoría hay un elemento practico y real, de gran importancia científica; la serotonina. La serotonina en la regulación de las respuestas agresivas y, es de resaltar que tanto los niveles de concentración como la capacidad de aislamiento de los receptores de las neuronas están determinados por la genética, según un estudio realizado por expertos colombianos. Según estos expertos, se ha encontrado que la ausencia del gen de receptores de la serotonina hace que la síntesis del neurotransmisor sea incorrecta. Continúan señalando que de igual manera, variaciones genéticas que tienen efecto en el funcionamiento del sistema dopaminérgico se traducen en un aumento de las respuestas agresivas.

Todo esto nos conduce a plantear, categóricamente, que la propensión a la agresión está determinada por los genes. Tomando en cuenta que algunos dictámenes de los genes son variables y otros no. Algunas indicaciones genéticas son propensiones cuya incidencia se pueden manipular en el transcurso de la vida. Por ejemplo, frente a desórdenes como la depresión o la ira extrema, la persona que posee los genes que indican la propensión a la agresión o la violencia, no necesariamente está condenada a ser violenta; si bien esta persona es propensa a sufrir ataques de violencia, puede pasar toda su vida sin enfrentar una crisis de este tipo. Así mismo, si una persona que tiene propensión a la depresión, intenta llevar su vida alejada de situaciones de estrés o de tristeza extrema y, por el contrario, busca siempre situaciones y un entorno placentero y agradable, probablemente puede pasar su vida con mínimas manifestaciones de la enfermedad. Mientras que por el contrario, cuando se trata de desórdenes como el síndrome de Down o el autismo, la persona que posee los genes con estos errores genéticos está condenada irremediablemente a padecerlos, al menos hasta que se logren mayores avances en materia genética.

En el mismo orden estos especialistas sostienen que si una persona con propensión a la depresión nace en un hogar estable, donde los miembros se cuidan mutuamente y nunca acuden a la agresión, seguramente no desencadenará constantemente crisis de depresión; sin embargo, si esta misma persona crece en un hogar conflictivo y con padres agresivos, muy probablemente desencadenará constantes crisis de depresión desde temprana edad. Así pues, una persona que sepa que es propensa a la violencia puede conducir su vida para evitar el desencadenamiento de una crisis. Esto quiere decir que, salvo en casos de desórdenes como el síndrome de Down, el autismo o errores fenotípicos evidentes, los genes no condenan a los seres humanos a adoptar determinadas conductas de por vida.

La mayor parte de propensiones conductuales se desencadenan por efectos del medio ambiente y los medios de comunicación de masas; de forma tal, si una persona tiene facilidades auditivas que se traducen en destreza para interpretar un instrumento musical, pero nunca encuentra la condición adecuada para interpretarlo o sus padres se lo prohíben, puede pasar su vida entera sin el desarrollo de tal cualidad. Lo mismo sucede para el caso de la propensión a la violencia; si la persona con esta tendencia pasa su vida sin enfrentar situaciones de ira, podría llevar una vida normal.

Esto quiere decir que, mientras los genes determinan un grado de predisposición, el medio ambiente es un factor desencadenante de dicha propensión. Determinados estímulos provenientes del entorno pueden desencadenar conductas programadas en nuestra naturaleza; así, es posible que se tenga una gran cantidad de conductas programadas que nunca han sido ni serán desencadenadas.

En conclusión una persona puede nacer con predisposición a la violencia y, sin embargo, desencadenarla en la menor proporción posible. De hecho, los desencadenamientos que resulten del entorno, no solamente consisten en influencias sociales y culturales, pues factores como la alimentación o la temperatura del hogar pueden cumplir funciones desencadenantes o inhibidoras de conductas programadas, concluye el estudio.

12

Cómo afrontar la violencia sin morir en el intento

Desde el preciso momento en que la evolución de las tecnologías trajo consigo la aparición y rápida expansión de nuevos medios de comunicación, como el cine y la televisión, o más recientemente la computadora, el celular inteligente, la tableta electrónica y el Internet, en los hogares de todo del mundo moderno, han estado penetrando las imágenes de comportamientos y argumentos altamente violentos o morbosamente violento.

Pero hoy más que nunca los expertos de todas partes del mundo están dando la voz de alerta de que vivimos en una época violenta y que existe una tendencia a incrementarse. Solo basta con ver los noticieros para aceptar que esta hipótesis es cierta ya que la violencia es un mal que corroe los cimientos de nuestra sociedad. Pero para abordar con rigurosidad este fenómeno es imprescindible saber cuánta violencia emiten los medios audiovisuales de comunicación, cómo influye la violencia en la audiencia o los usuarios, qué efectos puede provocar ver reiteradamente imágenes violentas y que soluciones o recomendaciones puede haber a este problema. También cabe preguntarse ¿Están los medios audiovisuales de comunicación creando la violencia social, o está la violencia social creando las imágenes de violencia de dichos medios? Si fuimos creados naturalmente violentos ¿podremos nosotros mismos erradicar la violencia?

Los que están a favor de la primera hipótesis se apoyan en una serie de estudios, uno de los cuales es llamado "Columbia Country", en el cual se tomó una muestra de 800 niños de 8 años de edad de una ciudad de los Estados Unidos. Luego, diez años más tarde se tomaron 184 individuos de la misma muestra, que para entonces tenían 18 años. Se encontró que en la variable "ver muchos programas violentos en televisión a la edad de 8 años" y la variable "ser violento a la edad de 18 años" había una correlación positiva. De forma tal, que según este estudio la visión de las imágenes de violencia se extrapola al mundo real.

Las redes sociales extraen nuestro ser interno hacia la pantalla y lo nuestra al mundo, esta es la razón por la cual los términos ira, cólera, enojo, odio, etc. son el pan nuestro de cada día en dichas redes. Imagina esos momentos cuando juega mal tu equipo favorito, o cuando uno de tus amigos hace un comentario que te desagrada. Precisamente un estudio realizado por un grupo de investigadores de la Universidad Beihang en China ha revelado que la ira es uno de los sentimientos que más influencia tienen en las redes sociales. Dicho estudio analizaba el alcance de un mensaje, por ejemplo, si tiro un "tuit" de enojo qué tanto alcance puede tener con otros contactos por medio de interacciones, y que tan probable es que ellos repliquen el mensaje. De las cuatro emociones (ira, felicidad, disgusto y tristeza) los investigadores encontraron que la ira contaba con mayor influencia y se esparcía mucho más rápido por la red. La mayoría de mensajes de odio se centró en dos eventos político-sociales en China.

En términos generales, los efectos de un ambiente más violento incrementan considerablemente la predisposición a responder de forma violenta, siendo ese incremento mayor en las personas que ya tienen una propensión hacia la violencia. Empíricamente se supone que las personas que los medios de comunicación pueden incitar a cometer crímenes violentos, son más susceptibles desde el punto de vista psíquico.

Algunos especialistas del "National Institute of Mental" y de la "Academy of Sciencie" de los Estados Unidos, señalan que ver imágenes de violencia es un factor que contribuye de forma importante a la aparición de la violencia y la agresión en el mundo real. Según estos analistas, existen tres tipos de efectos provocados por la violencia emitida a través de los medios audiovisuales de información y comunicación, y estos son: El aprendizaje de actitudes y conductas agresivas, la insensibilidad ante la violencia y el temor a ser víctima de la violencia.

Los estudios realizados por estas instituciones concluyen planteando que las representaciones mediáticas de la violencia tienen una relación compleja con la ansiedad. Los individuos que padecen ansiedad prefieren ver programas violentos. Ver programas violentos les aplaca la ansiedad por un tiempo corto, tras el cual caen en estados todavía de mayor ansiedad. Por otra parte, la estructura programática de los videojuegos y la temática de las películas y series actuales permiten que los individuos se pongan en el lugar de un malhechor perseguido por la justicia, hecho que nos devuelve a nuestro papel usual de ciudadanos buenos, este aspecto de la violencia suele, además, reconfortarnos, ya que parece confirmar que nuestros prejuicios personales son correctos, aunque en realidad no lo sean. De estas formas estos individuos se van convirtiendo en adictos a la violencia.

Muchos son los casos que se suscitan diariamente en todo el mundo, y que pueden ser tomados como muestras de los hechos sangrientos que supuestamente provocan las proyecciones de violencia en los medios audiovisuales de información y comunicación de masas. Por ejemplo, en la primavera de 1999 un par de estudiantes disfrazados de Neo, el protagonista de la saga Matrix, entraron en el "Columbia Institute" de Denver y dispararon contra sus compañeros y profesores, el resultado fue escalofriante ya que mataron a trece personas. La reacción inmediata de los analistas fue señalar hacia la televisión y el cine, y responsabilizarlos de lo sucedido. Se dio a conocer, a través de los medios, que al parecer estos jóvenes se pasaban diez horas al día enfrascados con videojuegos violentos y películas de asesinos en serie. Al parecer, y por la similitud, éstos se basaron en la película "Diario de rebelde" en la cual el protagonista vestido con un gabán negro (como el usado por Neo el protagonista de Matrix) entra en una clase y dispara a discreción contra profesores y alumnos, aunque en la película todo fue un sueño.

Si me pusiera a describir todos los casos de hechos sangrientos que se han suscitados en todas partes del mundo y que le han achacado a las emisiones de los medios audiovisuales de comunicación e información me tomaría todo este libro y algunos más. Pero pienso que antes de estigmatizar dichos medios como principales responsables de la violencia de nuestra sociedad, es necesario analizar el entorno social en que se desarrollan los individuos que cometen estos tipos de actos. Vivir en un hogar en que se padezcan u observen malos tratos, en el que el alcohol o la droga estén presentes, haya relaciones aversivas entre padres e hijos, no se tenga el apoyo familiar o de amigos, en el que los padres se desatienden por completo de los hijos por estar imbuidos en sus trabajos, en el que los padres tienen doble familias, en el que los padres compensan su ausencia con regalos materiales a sus hijos, son circunstancias que pueden estimular un entorno favorable a la violencia, en donde una "chispa" pueden detonar con gran facilidad actitudes y conductas violentas preexistentes, que vienen innatas a través de los genes de violencia de los seres humanos.

Puedo aseverar, sin temor a equivocarme, que más de la mitad del contenido de los medios audiovisuales de comunicación e información tienen algún tipo de violencia. Normalmente se trata de violencia física, pues es la más gráfica y fácil de representar, pero también contienen violencia verbal y subliminar. Estudios han demostrado que los niños de primaria pasan más horas al año frente a uno de los Ojos Manipuladores del Dragón que en un salón de clases, muchas son las imágenes violentas que ven los niños en la pantalla antes de alcanzar la edad de adultos. Se dice que durante un mes normal un individuo que ve televisión regularmente está expuesto a ver unos 3000 asesinatos y unos 1000 secuestros, torturas y robos. No existe ninguna película, ya sea para niños o adultos, que no tenga algún tipo de violencia ya sea verbal o física.

Pero, el que las películas y series cada vez sean más violentas es una clara demostración de que a los seres humanos nos atrae la violencia. Entonces surge una pregunta interesante y que no debe ser pasada por alto; ¿Por qué somos atraídos por la violencia? La respuesta es difícil de responder, ya que por ejemplo la literatura refleja opiniones para todos los grupos, según se tome en consideración teorías activas o pasivas. Existe una teoría en la cual se dice que la violencia atrae a los individuos por el componente ilusorio que conlleva: vemos reflejado en la pantalla aquello que no existe, lo que sólo unos desalmados serían capaces de hacer. Llama la atención cómo algunas personas son capaces de realizar lo que nadie sería capaz de hacer. Todos tenemos una serie de sentimientos innatos, que pueden ser estimulados y controlados a través de la inculcación de valores morales y éticos necesarios para que podamos sobrevivir y progresar, a través de la amenaza de castigos, o de la necesidad o promesa de lograr algo deseado.

Pero yo te pregunto, ¿Es verdad que somos más violentos hoy que antes, o simplemente es que antes se hacía difícil saber acerca de un crimen cometido a 20 casas de la nuestra, mientras que hoy nos enteramos al instante de cualquier hecho violento realizado al otro lado del mundo? Se nos olvida que mucho antes de la televisión y los demás TICs, Caín asesino a su hermano Abel, el Príncipe de Siquem violó sexualmente a Dina la hija de Jacob y luego sus padres arreglaron un matrimonio entre ellos el cual fue aceptados por sus hermanos para más tardes en venganza asesinar a todos los niños y adultos, de dicha ciudad. Luego estos mismos hermanos trataron de matar a su hermano José por ser el preferido de su padre Jacob, quienes al no poder lograr su muerte terminaron vendiéndolo como esclavo. Acasos los que azotaron a Jesús vieron imágenes de violencia en televisión o jugaron sus videojuegos violentos por más de cinco horas al día. Sabía usted que los libros sagrados de las 4 principales religiones del mundo actual, narran acerca de más de 30 millones de asesinatos que ocurrieron antes del nacimiento de Jesucristo. Y si a estos les súmanos los millones y millones de asesinatos narrados en la historia universal antes de la inversión de las tecnologías de la comunicación y la información, nos daríamos cuenta que en verdad hoy somos menos violentos que antes. De hecho los más atroces asesinatos de todos los tiempos se han cometido en las infinitas "Guerras Santas" en nombre de "nuestro Dios".

Por esto me inclino a pensar que si el hombre fuera bueno por naturaleza -como aseguraba Aristóteles- ¿Por qué esos niveles de violencia en épocas antiguas? ¿Por qué los países desarrollados y con sistemas democráticos vigentes son más pacíficos y sufren menos revueltas bélicas y guerras que países con otros sistemas de gobierno? Si la cultura surge de la vida en sociedad ¿Por qué procesos como el de socialización nos construyen como personas racionales? Todas estas cuestiones responden a una única respuesta, la socialización cultural, la cual surge de la interacción del individuo y la sociedad, contiene en ella muchos valores vigentes en la actualidad, nos constituye como personas racionales y menos violentas, nos hacen ponernos en el lugar de las otras personas y tener sentimientos de amistad, amor, y compasión. Por lo tanto, la única conclusión es que en verdad el hombre es malo por naturaleza pero el buen proceso de socialización lo hace bueno o menos violento.

Sin embargo, todos y cada uno de estos asesinatos han sido justificados, en su momento, con la frase de que todo lo que pasa está dispuesto por Dios, porque nada sucede en esta tierra si Dios no quiere que ocurra. Entonces porque los expertos cuando un joven toma el arma de su padre y sale a asesinar a docenas de niños y niñas en una escuela o sala de cine, apuntan a la televisión, a las películas de Hollywood, a los videojuegos, etc. Ningunos de los dioses de la antigüedad, ni el propio Dios se ha hecho alabar o querer solo por amor, siempre ha primado el miedo, el temor, el castigo, o la muerte. Aún hoy día se piensa que si no te entrega a Dios serás castigado con el infierno o cuando menos con el purgatorio. O será que Dios no tiene nada que ver en esto y todo ha sido una invención del hombre en su afán por manipular a sus semejantes desde que el mundo es mundo.

Esta mezcla de sociedad y religión es importante tomarla en cuanta ya que en realidad nuestros sentimientos son la fuente de donde emanan nuestros pensamientos y son estos los que modelan nuestra forma de ser. Si albergamos en nuestra mente pensamientos de odio, el dolor y la frustración nos seguirán como sigue el relámpago al trueno. Pero si en cambio nuestros pensamientos son de amor, la dicha se aferrara a nosotros como el aroma a la rosa.

Los seres humanos tenemos una naturaleza propia e intrínseca. En ella se incluyen: Capacidades físicas como oír, oler o ver; Capacidades de actuar por reflejos e instintos. Capacidades para sentir emociones y estímulos. Capacidades de sentir y general amor, odio, ira, rabia, egoísmo, felicidad, alegría, frustración, agresión, violencia, etc. Estas capacidades se consideran naturales porque nacemos con ellas; son innatas y no es necesario aprenderlas durante nuestra vida. Son universales ya que todos los individuos de la especie las tenemos; son fijas a lo largo de toda nuestra vida, excepto que las cambiemos – mejorándolas o empeorándolas - tras una buena o mala socialización, o una buena o mala educación.

El desarrollo humano está gobernado por leyes, y una de ellas es la ley de causa y efecto. Un carácter positivo no es asunto del azar, sino el resultado natural de un constante esfuerzo por mantener pensamientos correctos. Un carácter negativo es el resultado de pensamientos incorrectos. Ambos tipos de carácter pueden ser alimentados y estimulados por agentes o experiencias externas. La armonía del pensamiento forja las armas con las que se destruye la paz. Pero también puede elaborar las herramientas con las que se construyen las fortalezas de la felicidad. Con los pensamientos correctos el ser humano asciende al "Reino Divino"; Con los pensamientos incorrectos, el hombre desciende al "Reino animal".

De esta manera el pensamiento y el carácter quedan relacionados en un todo, de tal forma, el carácter sólo se manifiesta a través de las circunstancias, mientras el entorno del individuo siempre debe estar en armonía con su estado interior. Pero cuando se pierde la armonía entre el estado interior y el entorno de la persona, las circunstancias se convierten en catalizadores para la realización de acciones inapropiadas. Esto no significa que las circunstancias de una persona en un momento dado son un indicador de todo su carácter, sino que aquellas circunstancias específicas se conectan íntimamente con algún elemento vital del pensamiento del individuo, y en ese momento, se dispara el gatillo. Así como sucede cuando coinciden en un mismo punto un derrame de gas inflamable, un dispositivo creador de chispa o fuego y un elemento que manipula el dispositivo para que encienda, creando una explosión.

De esta manera nos damos cuenta que no todas las manifestaciones de violencia en los medios audiovisuales de comunicación e información tienen el mismo riesgo de perjudicar a los espectadores. La investigación científica ha fijado de forma clara que exponerse a la violencia visual repetitiva es algo que contribuye a la aparición de una serie de efectos antisociales o agresivos. Pero los efectos de la violencia no son uniformes, en el caso de todas las representaciones, ya que la violencia puede aparecer de forma explícita y gráfica en la pantalla, o aparecer implícita. Hay diferencias entre los personajes que cometen actos y entre las razones que les llevan a actuar así. De hecho, algunas representaciones violentas incrementan el riesgo de que se produzcan efectos antisociales, mientras que otras lo disminuyen. Por eso es importante analizar el contexto de las escenificaciones violentas, con el fin de estimar el impacto en las audiencias.

El entorno social, la existencia real de violencia cotidiana, la falta de contexto explicativo que sea especialmente pertinente para la audiencia y/o usuarios más jóvenes, la gana de lucro fácil divulgada por programas de contenido violento, morboso y corruptivo, y la ausencia de reglas eficaces para regular la transmisión de esos mensajes son elementos que contribuyen, por igual, a la proliferación de la violencia en el entorno social.

Si bien es cierto que los padres tienen su cuota de responsabilidad en el desarrollo de este flagelo, ya que en los últimos tiempos ellos han dejado de lado a sus hijos, para dejarlos en manos de entidades carente de humanismo como los medios de comunicación e información, que educan a sus hijos a la vez que los entretienen, pero que al mismo tiempo los manipulan hacia propósitos propios que no necesariamente les favorecen a la familia. De esta forma el niño queda desprovisto de alguien que de verdad se preocupe por él y le haga comentarios críticos acerca de las imágenes que ve en los medios audiovisuales de comunicación. Los padres deben procurar medidas para prevenir los efectos dañinos que la televisión puede tener en áreas como la violencia y el estereotipo racial o sexual. Así como limitar el tiempo que los niños dedican a esta actividad, ya que los saca de actividades más provechosas como lo son el jugar físicamente con sus amigos, la interacción familiar, el estudio y la lectura.

Por otra parte los políticos que suelen considerar y utilizar como tema de campaña todas estas consideraciones de que a mayor telebasura y violencia habrá mayor audiencia, deberían fomentar la educación crítica y organizar consejos formados por personas intelectuales que fueran capaces de analizar contenidos televisivos y que dieran las recomendaciones pertinentes. Así como pautar que las escuelas y universidades orienten a los alumnos acerca de las consecuencias que trae consigo la visualización de imágenes de violencia y el uso excesivo de los medios tecnológicos de comunicación e información.

A todas estas carencias familiar y social se suma la alarmante manipulación de los directivos de la industria de la comunicación y el entretenimiento. Los ejecutivos de estos medios les tiran toda la responsabilidad a los padres y exigen que éstos se responsabilicen más por sus hijos a la hora de ver televisión o usar los demás medios de comunicación e información. Pero los productores de películas, programas de televisión y videojuegos no pueden obviar su responsabilidad y esperar, así, que sean los padres, gobiernos y otros los que ejerzan el control de las emisiones dañinas. El argumento de que se le da a la gente lo que quiere ver no es válido en una sociedad consciente y moderna. No es realista esperar que los padres controlen completamente lo que los niños ven en una sociedad en la que cada casa tiene múltiples aparatos de televisión, videojuego, computadora, celular, etc., y en la que los dos progenitores trabajan.

El interior de la persona atrae aquello que secretamente alberga; aquello que ama, aquello que odia y también aquello que teme; alcanza la cúspide de sus más preciadas aspiraciones, cae al nivel de sus más puros / impuros deseos. No cae una persona de pensamientos puros de repente en el crimen por estrés o por fuerzas meramente externas; acciones criminales han sido secretamente albergadas en pensamientos perversos de odio, envidia, ira, etc., que se acumulan y son detonados en su momento. Por tal razón se puede asegurar que las imágenes de violencias de los medios audiovisuales de comunicación podrían determinar la forma en la que se comete el acto, pero el fondo o la razón que conlleva al hecho de violencia se viene acumulando, en muchos casos, desde el propio vientre de la madre; aquellas madres embarazadas que sufre de violencia intrafamiliar, en el trabajo o en la propia sociedad han tenido que vivir una experiencia desagradable, su criatura es propensa a nacer con un cumulo de sentimientos impropios que arrastrara de por vida, si no es tratado a tiempo. De igual manera niños, niñas y adolescentes que viven una constante y sistemática experiencia de violencia familiar, en su grupo escolar, de amigos, o social, acumulan estos sentimientos insanos que los llevan con el paso del tiempo a cometer actos de violencia social.

Ha sido bien documentado a lo largo de la historia cómo los seres humanos en su afán por apoderarse de riquezas, territorios y, más que nada, por tener poder y control han ido destruyendo la sana relación con sus semejantes. Se supone que el hombre debería evolucionar y perfeccionarse con el paso del tiempo, pero el deseo de poder y lucro individual ha sido más fuerte que el deseo del bienestar colectivo, durante más de diez mil años de civilización, tiempo suficiente para aceptar que ésta es una condición innata del ser humano y que debemos de comenzar a considerarla y tratarla como tal.

El hombre, desde mi punto de vista, es naturalmente violento e instintivo al defender su integridad. En verdad el hombre es violento con razón o sin razón aparente alguna, todos nacemos con los genes de amor, compasión, ternura, esperanza, fe, pero también con los genes de odio, ira, pasión y violencia. Estos sentimientos pueden desarrollarse unos más que otros, dependiendo de las experiencias de vida de cada individuo, como ya vimos anteriormente. Son las situaciones que vivimos las que nos forjan y las que determinan los diferentes tipos de personas que existen.

Debido a las imperfecciones heredadas, todos somos propensos a equivocarnos. Además tenemos una lucha contra el impulso de dejarnos llevar por los deseos de riqueza y poder. La gran batalla debe librarse cuando surge un mal deseo y se presenta la oportunidad de llevarlo a cabo, a sabiendas que si cedemos, las consecuencias pueden ser devastadoras. Los deseos intensos y las adicciones de cualquier tipo: al alcohol, a los juegos, a la televisión, al celular, a los videojuegos, al Internet, a las drogas, al cigarrillo, al sexo, etc., arruinan cada día la vida de muchos individuos, acarreándole mucho sufrimiento a familiares, amigos y a la propia sociedad.

"La gran mayoría de nuestros sufrimientos se deben a nuestra propia lujuria, a nuestra ardiente búsqueda de placer y excesivos caprichos, a nuestra codicia y ambición." (Phiroz Mehta)

Dentro del proceso evolutivo, los humanos hemos heredado de nuestros antepasados animales una tendencia hacia la violencia. La misma lucha que se produce en las especies animales, en donde domina el más fuerte o más astuto, es la misma que se ha producido en las sociedades humanas desde el comienzo de los días. Es cierto que el raciocinio y la cordura imperan por momentos, pero estos intentos no son más que pequeños focos de luz en un mundo oscurecido por el Dragón de la avaricia. La capacidad de pensamiento puede hacer del humano el ser de mayor virtud, pero al mismo tiempo lo convierte en el ser más agresivo y despiadado con las demás especies y con sus propios semejante. Por ejemplo, la actividad de la guerra es un fenómeno peculiarmente humano y no se produce en los animales. Los animales cazan por hambre, pero el hombre no es por hambre que sale a cazar.

La guerra, como todas las acciones violentas, son el resultado de la envidia, del egoísmo, de la ira, de la rabia, de los celos, de la avaricia de poder y control que están genéticamente programadas en nuestra naturaleza humana. Los genes están implicados en todos los niveles de función del sistema nervioso y proporcionan un potencial que solo puede ser actualizado en base a una socialización en conjunción con el entorno social y ecológico de cada individuo en particular. Ya que los individuos varían en sus predisposiciones al ser afectados por la experiencia, es la interacción entre sus aspectos genéticos y las condiciones de crianza que determina las personalidades respectivas de cada uno.

Debido a nuestra genética, todos los individuos somos propensos a la violencia, unos más que otros, pero son las condiciones de crianza, la socialización, la buena educación en el hogar y los buenos grupos de apoyo los que nos moldean y nos hacen unos diferentes a los otros. Es por esta razón que a pesar de que están implicados en el establecimiento de nuestras capacidades de conducta, los genes no necesariamente determinan el resultado final de nuestro carácter.

Los humanos poseemos el aparato neural que nos permite actuar violentamente, el mismo se activa mediante estímulos internos y externos. Ahora bien, nuestros procesos superiores pueden filtrar dichos estímulos antes de activar el tipo de respuesta. De tal forma nosotros actuaremos mediatizados por la manera como hemos sido condicionados y socializados en el transcurso de nuestras vidas. De modo que así como la guerra comienza en la mente del hombre, también la violencia empieza en la mente del hombre.

La guerra moderna supone un trayecto desde la primacía de factores emocionales y motivacionales hasta la primacía de factores cognitivos. Pero al mismo tiempo implica el uso conceptual de características personales como la obediencia, la subjetividad y el idealismo; así como consideraciones racionales como entrenamiento, preparación física y mental, cálculo de costes, planeación y proceso de información. Lo cual ha llevado a que la tecnología de la guerra moderna este totalmente ligada a las tecnologías de la comunicación y la información y a que hoy existan videojuegos especialmente diseñados para enseñar a los soldados y superiores a pelear en los diferentes tipos de guerras.

Lamentablemente, en el mundo en el que vivimos el hombre vale por lo que tiene o por lo que pueda llegar a ser y no por su pura existencia, ni por las acciones que demuestren que es una persona que por su sola existencia mejora el mundo en el que vive. Hecho éste que estimula el incremento de acciones corruptas, de violencia social y de guerras. Sin embargo, no todo está perdido por completo, aún existen personas que cultivan la bondad, el amor y la paz, y que están dispuestas a ayudar a los demás. Y es precisamente a esos grupos de personas que hago un llamado para que hagan consciencia y comiencen a abogar por que se dediquen recursos al estudio de las características de los genes que estimulan los sentimientos impuros y los puros, con la finalidad de conocer más acerca de ellos. Por lo que creo que si se puede llegar a cambiar las situaciones intrínsecas en la que vivimos en donde todos nuestros sentimientos apuntan a la consecución de poder y riqueza, si podemos cambiar estas actitudes desde nuestro propio ser, desde nuestro interior, con una mejor socialización, podríamos dar un mejor sentido a nuestra existencia.

Es también por naturaleza humana que somos dados a olvidar quiénes somos y cuál es nuestro rol, pero más aún nos olvidamos que la posición de los demás es precisamente cuestión de circunstancias. Por ejemplos los directivos y productores de medios acusan a los padres, los padres acusan a los directivos de medios y a los gobiernos, y los gobiernos se lavan las manos y acusan a los otros dos sectores. Pero en definitiva ¿No son los directivos y productores, padres de familia? ¿No son los políticos, padres de familia? De forma que el simple padre de hoy será el gobernante de mañana, igual que el gobernante de hoy fue un simple padre ayer y lo sigue siendo hoy. Así como el director de medio es un padre de familia, también. Entonces, esto quiere decir, que todo es cuestión de: "El Hombre, el Momento y sus Circunstancias", y creo sinceramente que la ciencia podrá darnos una solución definitiva a esta problemática y a muchas otra.

El pensamiento de los jóvenes es maleable, influenciable y susceptible a los cambios por lo que requiere un importante refuerzo emocional y educativo del entorno, especialmente de la familia, y en general de la sociedad. Si durante el periodo de evolución alguno de estos elementos falla, se facilitará la manipulación de agentes externos que pudieran ser positivos o negativas, dependiendo de la intensión de la fuente.

Los aspectos económicos, sociológicos, demográficos y culturales que hacen que un individuo utilice los medios audiovisuales de información y comunicación en mayor o menor grado que otro, el tipo de personalidad, las características emocionales y el contexto de creencias de un determinado individuo o grupo de individuos, son factores que definitivamente influyen en el impacto sobre las actitudes de los individuos que conforman la audiencia de los diferentes medios audiovisuales y de los internautas del ciberespacio. Y de ellos depende cuán fácil o cuán difícil queden éstos hechizado por los Ojos Manipuladores del Dragón.

Nuestros hijos e hijas están creciendo bajo un ambiente altamente manipulado por los medios tecnológicos de comunicación e información. Los niños comienzan cada vez más temprano a interactuar con esta alta tecnología, de hecho mientras los padres o cuidadores realizan otras actividades, ellos se relacionan con su celular, su tableta, su videojuego, su computadora o su televisor. Sin embargo, no debemos perder de vista que todos estos medios no sólo tienen potenciales efectos negativos, sino que también pueden ejercer efectos positivos en los individuos. Los seres humanos aprendemos por medio de la observación y son estos medios audiovisuales los mejores exponentes de la repetición de imágenes y sonidos que quedan grabados en nuestro interior mental. Así como el niño puede imitar conductas negativas, como la violencia, la corrupción, el odio racial, la morbosidad, el sexo prostituido, presentados en los medios audiovisuales, también puede imitar conductas positivas como el juego amistoso y la solución pacífica de conflictos, el altruismo, la humildad, y en general puede modelar positivamente sus relaciones sociales.

Algunos estudios han demostrado que los niños que se identifican con los personajes agresivos de los dibujos animados, series, películas y videojuegos no se perciben a sí mismos en la realidad de su entorno familiar ni social. Estas dinámicas psicológicas y conductuales demuestran que estos poseen una mayor frecuencia de signos de inmadurez cognitiva luego de ver una película violenta. También existe un nivel significativo de supresión de las figuras de los padres y hermanos mayores luego de ver con frecuencia películas violentas. Sin embargo, es importante resaltar que los niños que rechazan la violencia de las películas y demás medios demuestran signos de mayor maduración cognitiva que aquellos que la toleran.

De hecho, la exposición de los niños y adolescentes a situaciones de violencia, reales o virtuales, en los medios audiovisuales de información y comunicación, o las redes virtuales, generan un impacto mental, emocional, cognitivo y conductual, que le afecta de forma inmediata y a largo plazo. Lo que demuestra que esta exposición influye en el comportamiento de los individuos favoreciendo una propensión hacia una conducta violenta.

El problema de la exposición de los niños a la violencia se agrava más ya que incluso la mayoría de los dibujos animados presentan situaciones de violencia y los cartones animados que presentan una visión positiva y sana de la vida son menos atractivos para los menores. Es un hecho que los niños de 3 a 17 años prefieren ver los muñequitos más violentos. De igual manera estos son atraídos por los videojuegos más violentos. En estos programas la violencia es especialmente física y su aparente motivo es provocar risas, es decir, una comedia animada.

Ciertamente, aunque parezca mentira, los dibujos animados son unos de los programas de televisión que contienen un mayor número de actos violentos y lo que es peor aún, es que precisamente esa violencia es la que le da mayor atractivo entre los niños. Mientras que los padres juzgan estos programas como menos dañinos para sus hijos. No obstante, la importancia de este género televisivo, el cual moldea las bases de la futura teleaudiencia, requiere un tratamiento profundo desde sus inicios con el fin de demostrar que unos programas aparentemente inofensivos pueden manipular en forma considerable a su audiencia.

Podría mencionar decenas de dibujos animados, con un gran contenido de violencia, que atraían gran atención desde la década del 1960, pero me voy a limitar a los que más me gustaban en mi infancia: Popeye el marino, El Corre caminos, Risitas, Huckleberry Hound, El Pájaro Loco, El Capitán América, El Capitán Cavernícola, Don Gato y su pandilla, Tom y Jerry y, Pixie Dixie y el Gato Jinks. Los cuales eran los más violentos desde mi punto de vista, aunque podría mencionar cientos de violentos animados más. Precisamente estudios realizados en los Estados Unidos demuestran que los niños que veían frecuentemente estos programas eran a su vez los más violentos en sus escuelas.

En Suecia, en 1982, se hizo un estudio comparativo entre niños de 5 y 6 años de edad que habían visto un 75% del total de capítulos de unos dibujos animados violentos, y otros niños de la misma edad que habían visto menos del 50% de esta serie. Donde se puso de manifiesto, en primer lugar, que los niños que vieron más capítulos de los dibujos animados veían, en líneas generales, más horas de televisión que el otro grupo de niños, fenómeno que se repetía también con sus padres; en segundo lugar, estos mismos niños percibían la violencia como un modo normal de solucionar los problemas o conflictos personales en mayor número que los niños que veían menos dibujos animados.

Un comercial de esta época navideña puede ser tomado como ejemplo para ilustrar como graciosamente se puede incitar a la violencia. En la primera trama se ve a Santa Claus (símbolo de paz navideña americano) haciéndole maldad al camello de los reyes Magos (símbolo latino de la paz navideña). En la segunda trama se ven a los reyes Magos cuando salen de una tienda y ven a Santa Claus escondiéndose detrás de un automóvil, después de haber hecho la broma. En la tercera trama se presenta a los reyes Magos en la sala de una casa avivando el juego de la chimenea para que Santa Claus que está dentro de la misma se queme. En la cuarta trama se ve a Santa Claus cuando sale de la chimenea quemándose y botando humo y juego de los fundillos del pantalón. En la trama final del comercial se ven los cuatros celebrando y riéndose por las "bromas" que se hicieron unos a otros.

En un estudio realizado en los Estados Unidos se asignaron al azar 78 niños y niñas de entre 5 y 9 años y se dividieron en tres grupos. El primer grupo vio diferentes juegos deportivos; el segundo, vio dibujos animados violentos; y el tercero, dibujos animados sin violencia. Se hizo una clasificación de las conductas físicas y verbales, incluyendo otras subcategorías más amplias delineadas debajo de cada una. Luego del estudio se le puso a compartir a todos juntos, en un parque, y se pudo observar que aquellos niños que vieron los dibujos animados violentos se comportaron considerablemente de manera más agresiva con sus compañeros.

Los estudios presentados aquí son una muestra del gran número de investigaciones realizadas al respecto y que demuestran que series o programas como los dibujos animados, de apariencia inofensiva para los niños, tienen importantes repercusiones en las actitudes y comportamientos de la infancia.

Verónica, una niña de 13 años adicta a la televisión, vivía con sus padres y hermanos en una linda y tranquila ciudad, como otros chicos y chicas, pasaba muchas horas hechizada frente a la televisión. Esta niña en febrero de 1999 diseño un plan para asesinar a toda su familia. El método para el crimen, frustrado por suerte, lo aprendió en la televisión. Como quien narra el programa que acaba de ver, Verónica contó los detalles a la policía: esperó que sus padres y su hermana se durmiesen, abrió el gas, contó los minutos y llamó desde un teléfono público calculando que el contacto eléctrico de la llamada desencadenase, como había sucedido en la televisión, la explosión en que los suyos morirían abrasados. Fue llevada al reformatorio, por su intento de parricidio. El proceso puso en evidencia, según el fiscal, la existencia de una juventud atosigada de telenovelas que tiene una necesidad impostergable de autoridad y de educación.

Debemos hacer consciencia de que los niños que desde pequeños se acostumbran a ver televisión acompañados de sus padres, tienden a cuando jóvenes ver programas de contenidos menos violentos; e incluso, aunque contemplen programas violentos son más conscientes de lo perjudiciales que pueden llegar a ser esos actos violentos. Las criticas acertadas de los padres en cuanto a la violencia ayuda al niño a estructurar sus ideas, diferenciar lo bueno y lo malo, y saber escoger el camino correcto para llegar a ser autónomo. Los niños que están menos tiempo con sus padres, ven la televisión y todo tipo de programas sin ningún control, sin marcarse sus propios límites y sin distinguir la realidad de la ficción, por lo que tienen confusiones éticas más frecuentes.

Otra situación típica en la mayoría de los medios audiovisuales de comunicación e información son las imágenes del mal trato que se da a las mujeres en un sin fin de muertes, violaciones sexuales y otros actos violentos que apenas nos conmueven y otras imágenes, también típicas, en donde el hombre siempre aparece sacando de apuros a la mujer, que tiende a representarse en un rol "decorativo" de debilidad y sumisión.

A todas luces se puede ver que en los medios audiovisuales de comunicación y de información se tiene una visión machista de la mujer, enfatizando una imagen de ésta como objeto de deseo y placer para el hombre y para la propia mujer, acentuando su proyección erótica. Es por esta razón que las presentadoras de programas televisivos, incluyendo los noticieros, tienen que aparecer sexys, jóvenes y muy escotadas, contrastando con la manera más formal y discreta de vestir de los presentadores varones, que no aparecen nunca escotados. Estos estereotipos, de lo que tienen que ser el hombre y la mujer, crean frustraciones y tensiones.

Un estudio realizado por el Instituto de Higiene Mental de The Johns Hopkins University, analizó la proyección de la mujer en las cadenas de televisión en varios países de América Latina, Europa y Norteamérica y mostró que a mayor machismo en la cultura de un país, más escotadas y sexys aparecían las mujeres en los programas de televisión, incluidas las presentadoras de noticieros. Este estereotipo de mujeres como objeto de deseo crea patología. Y la evidencia de ello es abrumadora. Promueve una imagen de la mujer en la que se identifica belleza y atractivo con mujer joven, que atraiga eróticamente al hombre. Esta definición normativa crea gran frustración en aquellas mujeres que no encajan en los parámetros de la norma de belleza. Lo cual estimula que cada vez más mujeres arriesguen su vida con el bisturís para verse más atractivas a través de los Ojos manipuladores del Dragón.

Es obvio que debemos preguntarnos qué podemos hacer para solucionar estos importantes problemas, qué papel debemos jugar los padres, los educadores, los medios, el gobierno y la sociedad en general en este tema de tal transcendencia. Particularmente pienso que la prohibición social de ver determinados programas de televisión para determinadas edades no es una solución viable, ya que los niños podrían acceder a ella en ausencia de los padres, o podrían verla en casa de los amigos o en cualquier otro lugar. De hecho, ha quedado demostrado que incluso en aquellos hogares en los que no existe la televisión, los niños suelen ver varias horas diarias de programación. Resulta curioso ver cómo los padres suelen tener un instinto de protección hacia sus hijos evitando la exposición de estos a determinadas circunstancias de la vida, y sin embargo, los dejan desprotegidos frente a los Ojos manipuladores del Dragón.

Se suele culpar a los medios audiovisuales de comunicación e información de los problemas de la violencia social. Pero estos medios no son más que el resultado de las relaciones de fuerza, de la realidad económica, social, cultural y de poder político de cada sociedad. Lo que equivale a sostener que, como parte integral de lo público, los medios audiovisuales, en tanto y en cuantos medios articuladores de discursos sociales, son un escenario de lucha simbólica por el poder donde se dirimen los conflictos sociales, políticos, culturales e incluso religiosos.

Porque los sistemas de gobiernos necesitan, para su propia reafirmación y desarrollo, debatir sobre el poder, sobre su constitución y formas de construcción, es preciso construir mecanismos políticos, sociales y culturales para que la agenda de los medios audiovisuales de información y comunicación no sean apenas el resultado de una lógica de mercado, que es apenas otra forma de nombrar los intereses de quienes controlan la economía del sistema tecnológico de medios.

Todo lo anterior tiene que ver con los derechos humanos, por lo que es preciso parafrasear a Benito Juárez, diciendo: "El respeto al derecho ajeno es la paz", ya que hoy por hoy este es un sistema complejo que no se limita al ejercicio del derecho a votar ni sólo de hacer cumplir la Constitución. El sistema social es un entramado mucho más complejo del cual el sistema de medios tecnológicos es parte inseparable. Por ese motivo la discusión sobre el accionar y la influencia de estos medios, sobre los sistemas de derechos es parte integral del debate político ciudadano de todas las ciudades del mundo. No se puede concebir un sistema social genuino con concentración de la propiedad en los medios, con "potentados" de la palabra que tienen el privilegio y la potestad de construir la oferta mediática de los individuos desde el punto de vista programático, a través de la producción de los contenidos, ya sean realidad, ficción o entretenimiento. No se debe dejar de lado el análisis de la demanda de la diversidad cultural, un capítulo que también suelen dejar fuera los medios. El discurso hegemónico que atraviesa la mayoría de la oferta de los medios se apoya en estereotipos excluyentes, haciendo desaparecer identidades y diversidades que forman parte innegable de la historia de los diferentes pueblos.

Con la llegada de las nuevas tecnologías de la información y la comunicación a nuestros hogares, las paredes de la casa se han convertido en múltiples pantallas, las cuales miramos como espectadores o interactuamos como usuarios. Desde los tres años de edad, la convivencia con las pantallas es la prioridad máxima en el ocio de los individuos. Primero pasamos por la televisión, luego los videojuegos, más tarde, al salir de casa, entran en el escenario la tableta electrónica y el celular inteligente. Ya que la interacción entre los jóvenes, los móviles y la mensajería electrónica prolonga el rito de convivencia en el grupo de amigos y fuera del espacio familiar, los padres han dejado de ser el referente principal de los hijos adolescentes y ahora son los modelos musicales, artísticos y deportivos que protagonizan los diferentes relatos audiovisuales y multimedia los que se posicionan en ellos.

Si bien años atrás la televisión era el medio con el que más tiempo compartían los menores su tiempo de ocio, en los últimos años esta tendencia cambió reflejando que el "placer del jugador" le está quitando terreno al "placer del espectador". Los medios tradicionales están sufriendo un desplazamiento por las nuevas tecnologías interactivas con Internet. Sin embargo, aquellos que piensan que los medios nuevos van a desplazar los tradicionales están muy equivocados. Las nuevas tecnologías han respetado las anteriores; el cine respetó a la imprenta, la televisión respetó al cine, y ahora el Internet no solo ha respetado las tecnologías tradicionales, sino que se ha unido a ellas y ha servido de enlace entre estas y las tecnologías emergentes. Gracias al Internet actualmente funcionan en un mismo sistema de redes las computadoras, las tabletas, los celulares, las videoconsolas y la televisión, y el cine y la imprenta también se han beneficiado de esta alta tecnología.

Los cambios tecnológicos que se están produciendo están provocando una transformación de los medios audiovisuales, particularmente el cine y la televisión, y están generando nuevos medios y servicios electrónicos audiovisuales de comunicación e informáticas que tienen como eje la tecnología digital interactiva en la que se transforma el modelo unidireccional por el nuevo modelo interactivo en el que el emisor y el receptor alternan sus funciones. Hemos pasado de una cultura audiovisual a una multimedia interactiva.

La cuestión de fondo que aquí subyace, tal y como se deduce fácilmente, es como se realiza la adaptación dentro del proceso de transformación. Frente a los métodos tradicionales, el cine y la televisión provocan que el espectador -en este caso los niños y los adolescentes- concedan a estos medio una autoridad tanto epistemológica como deontológica. En este sentido, desde épocas muy tempranas, las instituciones sociales tradicionales como la familia, la escuela, la iglesia y el estado, han considerado el cine y la televisión como "una poderosa fuente de educación informal" que hay que aprovechar, en lugar de combatir. A partir de entonces, esta recurrencia popular al cine y la televisión como fuente de educación y socialización primaria ha sido una constante en el proceso cultural de las sociedades modernas, si bien, en la actualidad, se trata de una función compartida, en mayor o menor grado, por los nuevos medios de comunicación e información social.

"Lo maravilloso del cine es que se trata verdaderamente de un medio internacional. Cuando viajo con las películas

que he producido, mi experiencia es que la gente responde de igual manera ante el reflejo de ellos mismos que observan en la pantalla". David Puttnam

Aquí el educador y productor de cine británico alude de manera clara al doble efecto que explica la eficacia de la experiencia fílmica como agente culturizante: por un lado la universalización o multiplicación de contenidos dramáticos, la misma historia se ve en cualquier parte del mundo, y por otro la homogeneización de un público de por sí heterogéneo, todos reaccionan de manera similar ante esos contenidos.

Dentro de este proceso de socialización y culturización que los medios de información y comunicación promueven en la sociedad, existe una mutua interacción entre la realidad social y la realidad virtual audiovisual. Por un lado, los medios audiovisuales influyen en la sociedad; la televisión, el cine, y los demás medios en general, nunca tienen un efecto neutral en nuestras vidas; de una manera explícita o implícita contribuye a que la sociedad se enriquezca o se degrade; y, por otro, se ven afectados por la realidad social, existe una relación muy precisa entre la sociedad en que vivimos y la naturaleza de las imágenes que muestran el cine y la televisión y las demás TICs.

Precisamente, los Medios Audiovisuales de Comunicación e Información operan como espejos de la sociedad. En consecuencia, cuanto mayor es la violencia en la vida real, mayor será la violencia en los medios, y cuanto mayor sea la violencia en los medios mayor será la violencia en la vida real. El incremento de la violencia cotidiana es un hecho real, que ha provocado un cambio radical en la interacción social de los seres humanos. Como también es un hecho, que los Medios Audiovisuales y todos los demás Medios de Comunicación de masas, no pueden evitar reflejar dicha situación. De forma tal, el comportamiento agresivo de los personajes y la actitud adoptada frente a la violencia cotidiana, se representa de forma cada vez menos simulada y, con mayor agresividad que el suceso real en el cual se basa, con la finalidad de atraer audiencia. En ocasiones se disfraza la violencia con el humor o la parodia, lo cual hace la violencia más divertida pero no menos violenta.

Debido a la progresión de la violencia en los medios audiovisuales de comunicación con el paso del tiempo los espectadores son cada vez menos sensibles. Esto conduce a una escalada, ya que los autores intentan llevar a cabo escenas más impactantes a lo largo de los años. Esta violencia incluye muerte y escenas más difíciles que las escenas más terribles de las películas de épocas anteriores. Escenas terribles pueden incluir la observación de un asesino torturando a una persona en "Reservoid Dogs" o las escenas de soldados en batalla en "Salvar al Soldado Ryan".

Todo esto ha hecho que los analistas hayan llegado a la conclusión de que la exposición repetida a niveles altos de violencia en los medios de comunicación les enseña a algunos niños y adolescentes a resolver los conflictos interpersonales con violencia, y, a muchos otros, a ser indiferentes a esa solución. Bajo la tutela de los medios de comunicación y a una edad cada vez más temprana, los niños están recurriendo a la violencia, no como último sino como primer recurso para resolver los conflictos. Es aquí donde entramos en "la Teoría de la Aguja Hipodérmica, la cual nos menciona que los medios de comunicación nos inyectan la información que ellos desean, y nosotros como espectadores la tomamos como verídica sin necesidad de comprobarla, además, legitima la capacidad de éstos para moldear conductas y estimular a las masas para que éstas respondan como a un grupo sin criterio que puede ser manipulado por los medios, los cuales, a su vez, son instrumentos de los poderes públicos y privados." (La violencia en la televisión y el cine es perjudicial para los niños. Ángela Martínez)

El pensamiento acerca de la responsabilidad social de los medios audiovisuales de información y comunicación no se debe quedar en planteamientos genéricos, sino que debe concretarse en diversas manifestaciones prácticas, tales como, la utilización como medios de socialización y culturización, el tratamiento de temas socialmente polémicos, el equilibrio entre entretenimiento y reflexión y la necesidad de una autorregulación profesional, plantea la especialista.

La función principal de los productores de medios audiovisuales consiste en atraer al público de modo inteligente, ofreciendo una imagen audiovisual capaz de hechizar la audiencia. Por ejemplo, para muchos, las películas y series deberían mostrar lo mejor de la sociedad, o lo que debe llegar a ser. Sin embargo, existe una actitud despreocupada de los productores con respecto a los contenidos de las películas y series que ha provocado una degradación de los estándares que la sociedad misma necesita. Primando, únicamente, la "tiranía de las taquillas". Lamentablemente las historias que no tienen un villano bien despiadado no venden taquillas.

Los analistas distinguen tres efectos bajo la tiranía de las taquillas, los cuales se enfocan en la búsqueda exclusiva de la máxima rentabilidad comercial sin importar los fines sociales ni culturales. Este fenómeno origina una tendencia al sometimiento de la producción a los imperativos comerciales, a una apelación directa a los sentimientos humanos y la consiguiente degradación moral del espectador. Por otro lado, "la tiranía de la taquilla", convierte al cineasta en un esclavo de las apetencias del público, de modo que, en lugar de educar el gusto del espectador, permanece sujeto a sus requerimientos. Siendo la violencia, el sexo y la morbosidad los emperadores de las taquillas.

Si una compañía de bebidas refrescantes accidentalmente fabrica diez millones de botellas de bebida defectuosa, con seguridad que el contenido de esas botellas iría a parar a las aguas del océano sin más contemplaciones, y sin importar en absoluto su posible incidencia en los beneficios anuales. Pero, ¿Qué ocurre en el caso de una película "basura"? La sociedad en su conjunto debe hacer consciencia de que así como una bebida defectuosa puede dañar nuestro cuerpo a nivel físico, una mala película puede dañar nuestro cuerpo a nivel mental y espiritual. No cree usted que ya es tiempo de que se tomen acciones positivas en cuanto a esta situación.

Sin embargo, es justo reconocer que muchas películas y series tienen un mensaje constructivo y ejemplarizante en contra de la violencia, el sexo y la morbosidad, aunque son una minoría, pues generalmente las películas constructivas son poco premiadas por la tiranía de las taquillas. Pero pienso que la industria cinematográfica y televisiva debe darse cuenta de su enorme influencia en la creación de patrones de conducta, y por ende reconocer su responsabilidad compartida con otros agentes culturales al difundir comportamientos reprochables o que conllevan riesgos a la sociedad. Así, mientras se hace un llamado a la conciencia de los productores y patrocinadores de dichos productos culturales, es necesaria una mayor orientación a los jóvenes que disfrutan estas diversiones, supuestamente sanas, tanto por parte de padres y educadores, como de los mismos medios, para así tratar de neutralizar ciertas influencias malsanas que contradicen su supuesto propósito culturizador.

En fin, según los expertos, como cualquier herramienta con un potencial impresionante de hacer daño a las mentes de los individuos los medios audiovisuales deben ser usados con prudencia, sin considerarlos sólo como un inofensivo entretenimiento de masas. Ya que son mucho más que eso, y posiblemente la mayor frecuencia de actos criminales o accidentes trágicos en nuestras sociedades, son una prueba fehaciente de ciertos contenidos nocivos de los medios. De forma que la constante exposición de la violencia a través de los medios, la apatía de los gobernantes ante dicho flagelo, la lejanía de los padres de sus hijos e hijas, la educación deficiente y la genética humana son la mezcla perfecta para el sostenimiento y mantenimiento de la espiral de violencia social y su propagación a través de "Los Ojos Manipuladores del Dragón".

13

Bibliografía

- Aboites, H. (1990). "Medios de comunicación y organizaciones populares: Hacia una propuesta de recepción crítica a partir de los movimientos sociales". En M. Charles y G. Orozco (Eds.), Educación para la recepción (pp. 227-240). México: Trillas.

- Aceves, F. (1991). "La televisión y los tapatíos: Un atisbo al entreveramiento horario de transmisión, menú programático y patrones de exposición". Comunicación y Sociedad.

- Acuña Limón, A. (1986). "Familia y televisión". En M. A. Rebeil (Coord.), Propuestas para asociaciones de televidentes. México: AMIC/UIA.

- Acuña Morales, M. L. (1976). "La inteligencia y su relación con los efectos de la televisión sobre la preferencia por el comportamiento violento en los niños". Tesis de Licenciatura, Universidad Iberoamericana, México.

- Albo, Xavier. (2001). "Los medios de comunicación social, vehículos de Interculturalidad". La Paz- Bolivia. Anuario COSUDE.

- Almacellas, María Ángeles.(2004). "El cine como instrumento educativo en el ámbito de la familia y en el de la escuela", Educadores: Revista de renovación pedagógica, ISSN 0013-1113, N° 211, pp. 322-343.

- Argenta, D.M., Stoneman, Z. y Brody, G.H. (1986)."The effects of three different television programs on young children's peer interactions and toy play" Journal of Applied Developmental Psychology, Vol. 7, pp. 355-371.

- Atkins, C., Greenberg, B.S., Korzenny, F. y McDermott, S. (1979). Selective exposure to televised violence. *Journal of Broadcasting*, Vol. 21, pp. 5-13.

- Badia, F. (2003). Internet: situación actual y perspectivas. Barcelona, La Caixa, colección de estudios económicos, n° 28.

- Bandura, A. y Walters, R.H. (1963). "Social learning and personality development". Nueva York: Holt, Rinehart y Winston.

- Bandura, A., Ross, D. y Ross, S. (1961). "Transmission of aggression through imitation of aggression models". Journal of Abnormal and Social Psychology, Vol. 63, pp. 575-82

- Bauman, Zigmunt "Vida de consumo". Wikipedia.com

- Belson, W.A. (1978). "Television violence and the adolescent boy". Farnborough, Gran Bretaña: Saxon House.

- Berlyne, D.E. (1960). "Conflict, arousal and curiosity". Nueva York: McGraw-Hill.

- Black D, Newman M.(1995). "Television violence and children". BMJ.1995; 310(6975):273-4.

- Blumer, Herbert y Hauser, Philip. "Movies, Delinquency and Crime".

- Cabero Almenara, J. y Bermejo Campos, B.(2003). "Familia y medios de comunicación". Medios de comunicación y familia. Monografía virtuales: *Ciudadanía y democracia y valores en sociedades plurales*, nº1, Revista bienal.

- Cabero, J. y Loscertales, F. (1995) "La imagen del profesorado y la enseñanza en los medios de comunicación de masas". Revista de educación, 306, 86-123.

- Cabero, P. (1994). "Los padres como mediadores en la formación en medios de comunicación". Sevilla, Grupo de investigación en comunicación y rol docente.

- Carrera, Maria y Pereira, Maria. (2005). "El caso Winslow: Familia y transmisión de valores. Una propuesta de intervención pedagógica con el cine". ISBN: 84 96223-96-5, pp. 232-267.

- Ciment, Michel. (1985). "Entretien avec David Puttnam, producteur", Positif, n. 288.

- Clemente Díaz, Miguel y Vidal Vázquez, Miguel Ángel. (1996). "Violencia y televisión". Editorial Noesis, Madrid.

- Clemente, M y Vidal Vázquez.(1997)."Investigación de contenidos violentos emitidos por Tele Madrid y Onda Madrid susceptibles de afectar a los menores". Editorial Noesis, Madrid.

- Comstock y E.A. Rubinstein (Eds.), "Television and social behavior": *Vol.III*. "Television and adolescent aggressiveness" (pp. 336-366).

- Comstock, E.A. Rubinstein y J.P. Murray (2003), "Television and social learning" (pp. 202-317).

- Cortés, José Ángel. (2013)."Hay público para programas de altura". Aceprensa.com

- Cortina, Adela. "Por una ética del consumo". Wikipedia. com

- Dennett, Daniel. (1999). "La peligrosa idea de Dar win". Barcelona, Galaxia Gutenberg.

- Dorr, A. (1986). "Television and children: A special medium for a special audience". Beverly Hills, California: Sage Publications.

- Eron, L.D. (1980). "Prescription for reduction of aggression". American Psychologist, Vol. 35, Num, 3, pp. 244-252.

- Fagoaga, Concha.(1999)."La violencia en medios de comunicación". Dirección General de la Mujer, CAM, Madrid.

- Fellous, J-M, "The Neuromodulatory Basis of Emotion" en The Neuroscientist, N° 5, Vol. 5, págs. 283-294.

- Fenigstein, A. (1979). "Does aggression cause a preference for viewing media violence?" Journal of Personality and Social Psychology, Vol. 37, Num. 812, pp. 2307-2317..

- Freedman, J. (1984). "Effect of television violence on aggressiveness". Psychological Bulletin, Vol. 96, Num. 2, pp. 227-246

- Freedman, J. y Newtson, R. (1975). "The effect of anger on preference for filmed violence". Paper presented at the annual conference of American Psychological Association, Chicago.

- Freeman, Linton. (2006). "The Development of Social Network Analysis". Vancouver: Empirical Press.

- Friedman, H. L. y Johnson, R.L. (1972). "Mass media use and aggression: A pilot study". En G.Z.

- Galeano, Eduardo. (2003). "El imperio del consumismo". Editorial caminos SRL.

- García Galera, C. (2000). "Televisión, Violencia e Infancia. El impacto de los medios". Editorial Gedisa, Barcelona.

- García-Uceda, Mariola. "Las claves de la publicidad". Wikipedia.com

- Gerbner, G. y Signorielli, N. (1990). Violence profile, 1967 through 1988-89: Enduring patterns. Unpublished manuscript, University of Pennsylvania, Annenberg School for Communications.

- Goldstein, J.H. (1979). "Preference for aggressive movie content: The effects of cognitive salience". Unpublished manuscript, Temple University, Filadelfia.

- Gorenstein, EE y Newman, JP. (1980). "Disinhibitor y Psychopathology: A New Perspective and a Model for Research", Psychological Review 37, págs. 301-315.

- Gould, SJ y Lewontin, Richard. (1979). "The Spandrels of San Marco and the Panglossion Paradigm: a Critique of the Adaptationist Programme", en P. R. Soc. Lond. B 205, págs. 581-598.

- Granovetter, Mark. (2007). "Introduction for the French Reader," *Sociologica* : 1-8.

- Greenberg, B.S. (1990). "Antisocial and prosocial behavior on television". Norwood, Nueva Jersey: Ablex.

- Greenberg, B.S. y Reeves, B. (1976). "Children and the perceived reality of television". Journal of Social Issues, Vol. 32, pp. 86-97.

- Gunter, B. (1985). "Dimensions of television violence". Nueva York: St. Martin's Press.

- Gunter, B. y McAleer, J.L. (1990). "Children and television. The one eyed monster?". Nueva York: Routledge.

- Hansen, William B. and Reese, Eric L. (2009). Network Genie User Manual. Greensboro, NC: Tanglewood Research.

- Harris, R.J. (1994). "A cognitive psychology of mass communication". Hillsdale, Nueva Jersey: Lawrence Erlbaum Associates.

- Hernández R, Fernández C., y Baptista.(1992). "Metodología de la Investigación". 2da. Edición Editorial MC Gran Hill. Interamericana, S.A.

- Himmelweit, H.T., Oppenheim, A.N. y Vince, P. (1958). "Television and the child". Londres y Nueva York: Oxford University Press.

- Hooft, M. y Thunissen, E. (1980). "Kinderen en massamedia: Een exploratief onderzoek naar de functies van het boek vergeleken met die van andere massamedia voor kinderen". Amsterdam, the Netherlands: University of Amsterdam.

- Huerta Floriano, Miguel Ángel.(2005)."La visión de la familia en el cine español (1994-1999): análisis fílmico", Familia: Revista de ciencias y orientación familiar, ISSN 1130-8893, N° 30, pp. 50-70.

- Huston, A. y Friedrich, L.K. (1972). "Television content and young children's behavior". En G.A.

- Huston, A., Wright, J.C., Svoboda, H.C., Truglio, R. y Fitch, M. (1992). "What children in middle childhood understand about the reality of news and fictional television". Manustript submitted for publication.

- Jeffres, L. W. (1986). "Mass media process and effects". Nueva York: Waveland Press.

- Jimenez, Cesar E. (2003). "La TV. ¿un medio de comunicación o un Instrumento de influencia sobre la sociedad y el joven?". MEXICO.

- Kavoussi, Armstead. (1997). "The Neurobiology of Impulsive Aggression", Clinical Neuroscience Research Unit, Allegheny University of the Health Sciences, Philadelphia, Pennsylvania, USA. Psychiatr Clin North Am., 20 (2), págs. 395-403.

- Kotler, P, Amstrong, G. "Marketing: versión para latinoamérica". www.wikipedia.com

- Landsberg, M. (1985). "Women and children first". Markham, Ontario: Penguin Books.

- Llinás, Rodolfo. (2002). "El cerebro y el mito del yo". Bogotá, Norma Editorial, 2002.

- Lorenz, Konrad. (1978). "Sobre la agresión: el pretendido mal". México, Siglo XXI.

- Maccoby, E. (1954). "Why do children watch television?". Public Opinion Quarterly, Vol. 18, pp. 239-244.

- Mander, Jerry. (1981)."Cuatro buenas razones para eliminar la televisión". Gedisa, Barcelona.

- Marcos Ramos, María.(2012). "Cómo medir la violencia audiovisual". Aposta revista de ciencia sociales. ISSN 1696-7348

- Martin, Jerónimo José. (2007)"Modelos de familia en el cine contemporáneo", Carthaginensia: Revista de estudios e investigación, ISSN 0213-4381, Vol. 23, Nº 44, pp. 429-440.

- Martínez, Angela. (2010) La violencia en la televisión y el cine es perjudicial para los niños y los adolescentes.

- Martínez, Enrique y Peralta, Ilda. (1996)."La educación para el consumo de la televisión en la familia", Comunicar, n° 7, pp. 49-66.

- Méndiz, Alfonso.(2008). "La influencia del cine en jóvenes y adolescentes". Universidad de Málaga. www.cinemanet. info.

- Muñoz, Dr. Serafín Aldea. (2003)."La Influencia de la televisión y de los Videojuegos en la educación de los niños: Violencia Infantil". Revista Internacional de Psicología, Vol.4, No.2, ISSN 1818-1023 www. revistapsicologia.org

- Muñoz, Mario. "Estudian efectos del celular en la salud salud". http://mensual.prensa.com

- Nadel, S F. (1957). "The Theory of Social Structure". London: Cohen and West.

- Nojhout, Frederik.(2004). "Impor tancia del contexto en la genética en Investigación y ciencia". 2004, págs. 62- 69.

- Osorio, Dra. Valeria Rojas.(2012). "Influencia de la televisión en el aprendizaje y la conducta del niños y adolescente". Viña del Mar Universidad de Valparaíso.

- Palmitesta, Roberto. *(2008)*. "La influencia negativa del cine y la televisión". (Cit. Thamas Hobbes, Leviata, cap XIII.

- Pardo, Alejandro.(1998). "Cine y sociedad en Puttnam", Comunicación y sociedad, Universidad de Navarra, vol. XI, n° 2, pp. 50-89.

- Pardo, Alejandro.(2001). "El cine como medio de comunicación y la responsabilidad social del cineasta". EUNSA, Pamplona, pp. 111-147.

- Pardo, Alejandro.(2003). "La grandeza del espíritu humano". Ediciones Internacionales Universitarias, Madrid, pp. 42-49.

- Parnavelas, John. (1998). "The Human Brain: 100 Billion Connected Cells", en From Brain to Consciousness? Steven Rose, editor, New Jersey, Princeton University Press, págs. 18-32.

- Pearl, L. Bouthilet y J. Lazar (Eds.), Television and social behavior: Ten years of scientific progress and implications for the eighties: *Vol. 2. Technical reviews.* (pp. 158-173). Washington: National Institutes of Mental Health.

- Perreira, Carmen. (2005). "Los valores del cine de animación. Propuestas pedagógicas para padres y educadores", PPU, Barcelona.

- Pinker, Steven, "Language is a Human Instict", en The Third Culture, John Brockman, editor, New York, Touchstone Books, 1996, págs. 223 - 238.

- Raine, A. (1996). "Autonomic Nervous System Factors Underlying Disinhibited, Antisocial and Violent Behaviour. Biosocial Perspective and Treatment Implications", en Annals of the New York Academy of Sciences, págs. 46-59.

- Restak, Richard. (2001). "Mysteries of the Mind". Washington D.C., National Geographic, 2001.

- Robinson, J.P. y Bachman, J. (1972). "Television viewing habits and aggression". En G. A.

- Ryle, Gilber t. (1967). "El concepto de lo mental". Buenos Aires, Paidós, 1967.

- Sanmartín, José.(1998). "Ética y televisión". Editorial ARIEL, Barcelona.

- Sanmartín, José.(2000). "La violencia y sus claves". Editorial ARIEL, Barcelona.

- Schramm, W. Lyle, J. y Parker, E. (1961). "Television in the lives of our children". Stanford, California: Stanford University Press.

- Scott, John. (1991). "Social Network Analysis". London: Sage.

- Signorielli, N., Gross, L. y Morgan, M. (1982). "Violence in television programs: Ten years later".

- Sontog, Susan.(2003). "Ante el dolor de los demás". Alfaguara. Madrid.

- Tamayo y Tamayo, M.(1997). "El Proceso de la Investigación Científica". Fundamentos de la Investigación. México. Editorial Limura.

- Teijeiro, José. (2007). "La Rebelión permanente Crisis de la Identidad y persistencia Étnico Cultural Aymará en Bolivia". La Paz. PIEB.

- Tejedor, Valentín J. (2013). "Influencia de los medios de comunicación en la sociedad contemporánea". www. mundoculturalhispano.com

- Tutor, A. (1975). "Cine y comunicación social". Gustavo Pili, Barcelona, pp. 265-273.

- UPEL.(1998). Manual de Trabajos de Grado de Especialidades y Maestría de Tesis Doctorales. Fondo. Editorial de la Universidad Pedagógica Experimental el Libertador. Caracas.

- Urra, Javier (1995). "Menores: la transformación de la realidad". Editorial siglo XXI.

- Wasserman, Stanley, and Faust, Katherine. (1994). "Social Network Analysis: Methods and Applications". Cambridge: Cambridge University Press.

- Watt, Ninfa. (2005)."La familia en el cine español". Universidad Pontificia de Salamanca, ISBN 84-7299-671-9, pp. 121-139.

- Wellman, Barry and S.D. Berkowitz. (1988). "Social Structures: A Network Approach". Cambridge: Cambridge University Press.

- Wellman, Barry y S.D. Berkowitz. (1988). "Social Structures: A Network Approach". Cambridge: Cambridge University Press.

- Wellman, Barry. (1988). "Structural Analysis: From Method and Metaphor to Theory and Substance." pp. 19-61 in *Social Structures: A Network Approach*, edited by Barry Wellman and S.D. Berkowitz. Cambridge: Cambridge University Press.

- White, Stephanie A; Nguyen, Tuan y Fernald, Russell D. (2002). "Social Regulation of Gonadotropin-releasing Hormone", en The Journal of Experimental Biology, págs. 2,567-2,581.

- Sitio web consultados:

- tecnologia.edu.us.es/revistaslibros

- afi.com/tvevents/100years.

- aimc.es/aimc.php

- campusoei.org/valores/monografia.

- campusred.net/articuloperspectiva.asp.

- chicosperdidos.org.ar/internetyfamilia

- educared.net/escuela/Articulos.

- ine.es/inbase/cgi.

- monografias.com/trabajos/influencia-internet-en-ninos

- slideshare.net "Influencia de los medios de comunicación".

- vidadigitalradio.com/influencia-de-las-redes-sociales.

- Wikipedia.com